舍与得的人生经营课

全新升级版

文德◎编著

北京联合出版公司
Beijing United Publishing Co.,Ltd.

图书在版编目（CIP）数据

舍与得的人生经营课 ： 全新升级版 / 文德编著. —北京 ： 北京联合出版公司, 2015.8（2018.11重印）

ISBN 978-7-5502-5223-3

Ⅰ.①舍… Ⅱ.①文… Ⅲ.①人生哲学—通俗读物 Ⅳ.①B821-49

中国版本图书馆CIP数据核字（2015）第087138号

舍与得的人生经营课： 全新升级版

编　　著：文　德

责任编辑：王　巍

封面设计：韩立强

责任校对：刘雅君

美术编辑：李丹丹

北京联合出版公司出版

（北京市西城区德外大街83号楼9层　100088）

北京市松源印刷有限公司　新华书店经销

字数360千字　720毫米×1020毫米　1/16　20印张

2018年11月第2版　2018年11月第3次印刷

ISBN 978-7-5502-5223-3

定价：68.00元

前言

著名作家贾平凹说：“会活的人，或者说取得成功的人，其实懂得了两个字：舍得。不舍不得，小舍小得，大舍大得。”树舍灿烂夏花，得华实秋果；鸣蝉舍弃外壳，得自由高歌；壁虎临危弃尾，得生命保全；雄蜘蛛舍命求爱，得繁衍生息；溪流舍弃自我，得以汇入江海；凤凰舍其生命，得以涅槃重生。人舍墨守成规，得别具一格；舍人云亦云，得独辟蹊径。可见，只有懂得了舍得的人生大智慧，才能够将自己的人生经营得有声有色，拥有成功而幸福的生活，从而活得精彩，活得快乐。

人生就是一个舍与得的过程，人们常常面临着舍与得的考验，“得”是本事，“舍”是学问，正如一位高僧所说的：“舍得，舍得，有舍才有得！”关于舍得，佛家认为：舍就是得，得就是舍，如同“色即是空、空即是色”一样；道家认为：舍就是无为，得就是有为，即所谓“无为而无不为”；儒家认为：舍恶以得仁，舍欲而得圣；而在现代人眼里“舍”就是放下，“得”就是成果。其实，懂得舍与得的智慧和尺度，就懂得了人生的真谛。我们需要通过“取舍”来丰富人生，在“舍得”中体现智慧，在“舍得”后感悟人生。

舍与得是一种哲学，更是一种处世的艺术。我们生活的世界原本纷繁复杂，很多东西在追求和面对的时候，需要我们不断地去选择，去割舍。大部分时候，鱼和熊掌不可兼得，在得与失当中想要做出正确的选择，是一件艰难而痛苦的事，所以，需要我们有“看开、放下、平和、淡然”的良好心态来面对。其实，人要有所得，必要有所失，只有学会舍，才会有得，才有可能登上人生的巅峰。舍和得的关系，就如因和果，因果是紧密相连的。舍，并不是全部舍掉，而是舍掉那些沉重的、让你走不远的负累，留下那些轻快的、灵性的美好，从而让你闪耀着含蓄、内敛、从容的光芒。

舍与得是一种精神，更是一种对生活的领悟。有人说，世上从来没有命定的不幸，只有死不放手的执著。患得者得不到，患失者必失去。佛教导我们要舍得，只有舍掉陈旧不堪的执著，才能得到新的观念、新的思维；只有放下不切实际的妄想，轻松上路，你才有机会比别人跑得快，才有体力比别人跑得远。人生充满变数，所以人生必然是一个不断选择、不断获得与失去的过程，如果没有一种乐观豁达的心态，那么不管是多么幸运的人，都不会拥有真正完美快乐的人生。人不可能永远只是获得，而从不失去，珍惜曾经的拥有，就是一种最好的生活方式。

舍与得是一种智慧，更是一种人生境界。在人生的旅途中，懂得舍与得的智慧，你才会快乐，才会让自己无怨无悔。星云大师说：“心随境转则不自在，心能转境则无处不自在。”舍得是一种好心态，会让你拥有一个好人生。对于想要成就大业者来说，看破了得与失的玄机，学会从得到中失去，就能从失去中获得，成功即是由此而来。我们都希望长命百岁、荣华富贵、眷属和谐、名誉高尚、身体健康、聪明智慧，但先要问：你想要秋天的硕果，可否在春时播种？只有真正懂得舍与得的智慧，才能更好地善待自己，要知道，人生苦短，不过是来去匆匆的几十年，与其在抱怨中度过，不如为自己营造一方快乐的天地。

泰戈尔说过：当鸟翼系上了黄金，就再也飞不远了。从某种意义上讲，人生是愈得愈少，愈舍愈多。本书围绕“舍与得”这个似乎人人熟悉、却又难以参悟透彻的命题进行了系统全面的探讨，从不同的角度，不同的方向，为读者提供一种健康智慧的人生心态、一种正确的哲学态度、一种走向幸福与成功的方法，让你能够更好地享受生活、成就大业，经营好自己的人生。舍得是一种境界，不计付出，舍己为人，体现出了胸怀宽广的做人高度；舍得是一种智慧，小舍小得，大舍大得，体现出了明朗大气的做事风格；舍得是一种心态，有取有弃，低调淡泊，体现出了坦荡洒脱的人生追求。学会取舍的智慧，懂得进退的真谛，就能够享受美好的人生！

目录

第一章　有一种境界叫舍得

第二章　睿智人生，取舍间彰显智慧

第五章　先予后得，为人处世的良方

第六章　取舍自如，人生何必太计较

第七章　情感天地，取舍中见真心

第八章　智慧理财，舍得间成大家

第九章　舍小求大，做生意吃亏也是福

第十章　舍得之道，职场上的付出与收获

第十三章　学会选择，懂得放弃

第十四章　让一步山高水长，退一步海阔天空

第一章

有一种境界叫舍得

舍，修身养性的最高境界

俗话说：“万事有得必有失。”得与失就像小舟的两支桨、马车的两个车轮，相辅相成。佛家讲：“舍得，舍得，有舍才有得。”失去是一种痛苦，但也是一种幸福。所以，丧失与收获、追求与放弃，本就是生活中最平常不过的事情，我们应该以一种平和、乐观的心态看待得失。

要想采一束清新的山花，就得放弃城市的舒适；要想做一名登山健儿，就得放弃娇嫩白净的肤色；要想永远拥有掌声，就得放弃眼前的虚荣。梅、菊放弃安逸和舒适，才能得到笑傲霜雪的艳丽；大地放弃绚丽斑斓的黄昏，才会迎来旭日东升的曙光；春天放弃芳香四溢的花朵，才能走进硕果累累的金秋；船舶放弃安全的港湾，才能在深海中收获满船鱼虾。

郁达夫说：“勇者并不是蛮勇之谓，凡见义不为为非勇，欺凌弱小为非勇，贪图便宜、使乖取巧、自私自利皆为非勇。”

一位作家多年前在日本某寺求得一帖，是为上上大吉。帖中许多内容都已忘怀，唯有一句因为经常炫耀的缘故他牢牢记下了：遗失之物能够找到，等待之人一定会来。的确，没有比这更值得炫耀的预言了，把它移赠给谁都是吉祥祝福：前者为失而复得，后者则是如愿以偿，人生几乎不再有缺憾。

一个青年非常羡慕一位富翁取得的成就，于是他跑到富翁那里询问他成功的诀窍。富翁弄清楚了青年的来意后，什么也没有说，而是转身从厨房拿来了一个大西瓜。青年有些迷惑不解，不知道富翁要做什么，他只是睁大眼睛看着，只见富翁把西瓜切成了大小不等的三块。

“如果每块西瓜代表一定的利益，你会如何选择呢？”富翁一边说一边把西瓜放在青年面前。

“当然选择最大的那块！”青年毫不犹豫地回答。

富翁笑了笑说：“那好，请用吧！”

于是富翁把最大的那块西瓜递给了青年，自己却吃起了最小的那块。当青年还在津津有味地享用最大的那一块的时候，富翁已经吃完了最小的那一块。接着，富翁很得意地拿起了剩下的一块，还故意在青年眼前晃了晃，然后又大口吃了起来。其实，那块最小的和最后那一块加起来要比最大的那一块分量大得多。

其实，人要有所得必要有所失，只有学会放弃，才能得到人生的大收获。

该放就放，当松则松，这是一种智慧，也是一种洒脱。生活并不是完美无缺的圆，正因有了残缺，我们才会有梦。放手也需要一种勇气，洒脱地将目光放在前方，才有可能远眺极致的风景。

放弃是一种智慧，放弃是一种豪气，放弃是真正意义上的潇洒，放弃是更深层次的进取！你之所以举步维艰，是你背负太重，你之所以背负太重，是你还不会放弃，功名利禄常常微笑着置人于死地。你放弃了烦恼，你便与快乐结缘；你放弃了利益，你便步入超然的境地。

今天的放弃，是为了明天的得到。干大事业者不会计较一时的得失，他们都知道放弃、如何放弃、放弃些什么。

学会放弃吧，放弃失恋带来的痛楚，放弃屈辱留下的仇恨，放弃心中所有难言的负荷，放弃浪费精力的争吵，放弃没完没了的解释，放弃对权力的角逐，放弃对金钱的贪欲，放弃对虚名的争夺……凡是次要的、枝节的、多余的，该放弃的都应放弃。

放弃，是一种境界，是通往幸福的一条必由之路。

“舍”是一种觉悟，更是一种自由

一老一少两个和尚一起到山下化斋，途经一条小河。两个和尚正要过河，忽然看见一个妇人站在河边发愣，原来妇人不知河的深浅，不敢轻易过河。

老和尚立刻上前去，把那个妇人背过了河。

两个和尚继续赶路，可是在路上，老和尚一直被小和尚抱怨，说作为一个出家人，不应该沾女色，你怎么能背个妇人过河？

老和尚一直沉默着，最后他对小和尚说：“你之所以到现在还喋喋不休，是因为你一直都没有在心中放下这件事，而我在放下妇人之后，同时也把这件事放下了，所以才不会像你一样。”

小和尚听了，顿时哑口无言。

故事里的小和尚确实很可笑，喋喋不休地指责同伴。背的人还没说什么，看的人却这般过不去，实在是因为他的心胸有些狭窄。

其实，生活原本是有许多快乐的，只是我辈常常自生烦恼，“空添许多愁”。许多事业有成的人常常有这样的感慨：事业小有成就，但心里却空空的，好像拥有很多，又好像什么都没有。总是想成功后坐豪华游轮去环游世界，尽情享受一番。但真正成功了，仍然没有时间、没有心情去了却心愿，因为还有许多事情让人放不下……

对此，台湾作家吴淡如说得好："好像要到某种年纪，在拥有某些东西之后，你才能够悟到，你建构的人生像一栋华美的大厦，但只有硬件，里面水管失修，配备不足，墙壁剥落，又很难找出原因来整修，除非你把整栋房子拆掉。你又舍不得拆掉。那是一生的心血，拆掉了，所有的人会不知道你是谁，你也很可能会不知道自己是谁。"仔细咀嚼这段话其中的味道，我辈不就是因为"舍不得"吗？

很多时候，我们舍不得放弃一个放弃了之后并不会失去什么的工作，舍不得放弃已经走出很远很远的种种往事，舍不得放弃对权力与金钱的角逐……于是，我们只能用生命作为代价，透支着健康与年华。但谁能算得出，在得到一些自己认为珍贵的东西时，有多少和生命休戚相关的美丽像沙子一样在指掌间溜走？而我们却很少去思忖：掌中所握的沙子数量是有限的，一旦失去，便再也捞不回来。

自在的快乐便是佛家所说的那种境界，"要眠即眠，要坐即坐"，如果一个人茶饭不宁，百种需求，千般计较，自然谈不上是真正的放下，又如何去感受快乐？

舍下一切，才是开始处

有人说，世上从来没有命定的不幸，只有死不放手的执著。所以，不要总是羡慕他人的自在与洒脱。他们获得幸福的原因也很简单：不执著于缘。懂得放下，就可以开始新的人生，也便易得逍遥，快乐无穷。

南怀瑾心中对那些逍遥的人很倾慕，认为这些人真正能够做到"放下"二字。做了好事马上要丢掉，这是菩萨道；相反的，有痛苦的事情，也是要丢掉。所以得意忘形与失意忘形都是没有修养，都是不够的，换句话说，便是心有所住，不能解脱。一个人受得了寂寞，受得了平淡，这才是大英雄本色。无论怎样得意也是那个样子，失意也是那个样子，到没有衣服穿，饿肚子仍是那个样子，这是最高的修养，就像孟子说的"富贵不能淫，贫贱不能移，威武不能屈"。不过，达到这步修养太难。

真正的人生该如何过呢？南先生认为重点在"随"字。时空的脚步永远是不断地追随回转，无休无止。子在川上曰：逝者如斯夫。河水能够冲走泥沙与污浊，时间能够抹去人类的一切活动痕迹，世间没有永恒不变的东西，也没有绝对的真理和绝对完美的事物，人所能做到的就是"随"，顺时顺应，随性而走。

庄子临终前，弟子们已经准备厚葬自己的老师。庄子知道后笑了笑，幽了一默：

“我死了以后，大地就是我的棺椁，日月就是我的连璧，星辰就是我的珠宝玉器，天地万物都是我的陪葬品，我的葬具难道还不够丰厚？你们还能再增加点什么呢？”学生们哭笑不得地说：“老师呀！若要如此，只怕乌鸦、老鹰会把老师吃掉啊！”庄子说：“扔在野地里，你们怕飞禽吃了我，那埋在地下就不怕蚂蚁吃了我吗？把我从飞禽嘴里抢走送给蚂蚁，你们可真是有些偏心啊！”

一位思想深邃而敏锐的哲人，一位仪态万方的大师，就这样以一种浪漫达观的态度和无所畏惧的心情，从容地走向了死亡，走向了在一般人看来令人万般惶恐的无限的虚无。其实这就是生命。

在上个世纪，一位美国的旅行者去拜访著名的波兰籍经师赫菲茨。他惊讶地发现，经师住的只是一个放满了书的简单房间，唯一的家具就是一张桌子和一把椅子。

“大师，你的家具在哪里？”旅行者问。

“你的呢？”赫菲茨回问。

“我的？我只是在这里做客，我只是路过呀！”这美国人说。

“我也一样！”经师轻轻地说。

既然人生不过是路过，便用心享受旅途中的风景吧。每个人的一生都像一场旅行，你虽有目的地，却不必去在乎它，因为你的人生不只拥有目的地而已，你还有沿途的风景和看风景的心情，如果完全忽略了一路的风情，人生将会变得多么单调和无趣，活着还怎么称得上是一种享受呢？

每一道风景从眼前过了，每段缘分与自己重逢再离别，你仔细回味一番，充分享受个中的滋味，不必耿耿于怀得失，在痛苦时想想快乐，快乐时忆苦楚，始终保持心情的平和，生命才会充满温暖柔和的色彩。等到缘分过了，风景没了，等待你的还有另一波风光和快乐，之前的一切便可放下，享受眼前此刻。开始的背后是放下，为什么人们悟不到呢？

时间公平地对待每一个瞬间，但人在生命的旅程中却不能停滞不前，总沉湎于过去。只有不停地向前走，才能摆脱重重阻碍，得见白云处处、春风习习的旅行终点。

一念放下，万般自在

一位哲人曾说：“每个人都有错，但只有愚者才会执迷不悟。”事实的确如此，生活中有两种爱抱怨的人，一种是爱抱怨别人的人，另外一种人则是喜欢抱怨自己的人。前者容易清醒，后者则经常执迷不悟，一旦认为自己错了，就消沉，不再振作，让抱怨在心理生出“毒瘤”，并任由这颗“毒瘤”毁掉自己的一生。

在南美洲，有两个人因为偷羊而被官府抓获，官府要将他们刺字、发配。家人不想就此见不到自己的亲人，于是筹了钱款来赎他们，结果这两个人都被赎了回来，可是烙在前额的两个英文字母 ST 却再也不能去掉。ST 是“偷羊贼”（sheep thief）的缩写，这种刑罚在现在的人们看来有些不人道，但在当时却被认为是惩罚犯罪的最佳手段，因为烙在前额上的字母永远都去不掉，所以人们要想不遭受这种羞辱，不到万不得已就不会以身试法。

可是这两个偷羊人却因为一时贪心，犯下了偷盗之罪，所以就不得不带着那两个代表着耻辱标记的字母，继续在人们面前生活和工作。这对于任何一个有羞耻之心的人来说，都是一种难堪，也是一种考验。

当时，在这两个偷羊人之中的一位，每天从镜子中看到自己前额上的烙印，都觉得这实在是一种奇耻大辱。他简直不能想象自己无时无处都要带着这种耻辱去面对异样的目光。他整天都不敢出门，最后终于连家里人看自己的眼神他也忍受不了，于是他移居到了另一个国家，希望到一个从来没有人认识自己的地方去开始新的生活。

可是，当他来到了这个陌生的国家后，每逢碰到不认识的人时，对方仍旧会奇怪地问他这两个字母究竟是什么意思，他的心情始终不能平静，每天都感觉生活痛苦不堪，终于抑郁而终。死后，有好心人按照他的遗愿将他埋在了一处荒山野岭之中。那个地方只有他的一座孤坟，也许从此以后他才算免去了心头的羞辱，因为那个地方几乎没有人去。

与前面那个偷羊人不一样的是，他的那个伙伴虽然也深知自己以后的处境，而且他同样对自己过去犯下的罪行感到羞愧。可是他并没有像前面的那位一样远走他乡，而是在人们异样的目光下和一些人明里暗里的嘲讽中留了下来。他心想：虽然我无法逃避偷过羊的事实，但我仍旧要留在这里，赢回我曾经亲手葬送的声誉，赢回众人对我的尊敬。

从此以后，他靠自己的双手辛勤地劳动，用自己的劳动果实来孝顺父母、养育家人，而且每当邻居有困难的时候，他都会义不容辞地主动帮助。一年一年过去，他又重新建立起正直的名誉。邻居们每逢有困难时，首先想到的就是他这个大好人，在邻居的介绍下他还娶了一位温柔美丽的妻子，并且生下了一个聪明可爱的孩子。

时间一晃而过，他的孩子也已经长大成人，而他则成了一位白发苍苍的老人。

有一天，有个陌生人看到这位老年人头上有两个字母，就问当地人，这究竟是什么意思。那个当地人说：“他的额上有两个字母，已经是多年以前的事了，我也忘了这件事的细节，不过我想那两个字母是‘圣徒’（saint）的缩写吧。”

第一个偷羊人之所以一辈子闷闷不乐，最后郁郁而终，是因为他心理放不下对自己的抱怨，所以面对自己已经犯下的错误，选择了逃避。而第二个偷羊人能够放下抱怨，理智地面对曾经犯下的错，并努力改正，这是一种明智的选择，因为逃避不能改变任何事情，而只会使自己的心灵受到更大的伤害。

可见，不抱怨自己，也是我们需要学习的一课。没有人是圣人，所以，没有人能够一辈子不犯错误，犯了错误不可怕，可怕的是不改正，同时还抱怨自己。因此，宽容别人的同时，也要学会宽容自己，不一味抱怨自己，这样，忧愁就会离你越来越远，而快乐则会离你越来越近。

记住：一念放下，万般自在！

心里舍下，方为真舍下

我们常说，苦海无边，回头是岸。事实上，回头未必是岸，所以人要自救。有一种说法，人会身处苦海，是因为心中横亘着一根梁木，只要将这根梁木放下，就能做生命之舟的船桨，带我们离开苦海，驶向无忧的彼岸。

彼岸人人想去，难的，是放下。弘一法师出家时，离别了两位妻子，这万缕柔情一头牵曳着两位幽怨女子的苦心，一头牵曳着无上光明的法心，怎么斩、怎么断？可是法师毅然放下了，一去不回头。这是万缘放下自逍遥的洒脱。

有位中年人，觉得自己的日子过得非常沉重，生活的压力太大，想要寻求解脱的方法，因此去向一位禅师求教。

禅师给了他一个篓子要他背在肩上，指着前方一条坎坷的道路说：“每当你向前走一步，就弯下腰来捡一颗石子放在篓子中，然后看看会有什么感受。”

中年人照着禅师的指示去做，他背上的篓子装满了石头后，禅师问他一路走来有什么感受。

他回答说：“感到越来越沉重。”

禅师说：“每一个人来到这个世界上时，都背负着一个空篓子。我们每往前走一步就会从这个世界上捡一样东西，因此才会有越来越累的感慨。”

中年人又问：“那么有什么方法可以减轻人生的重负呢？”

禅师反问他：“你是否愿意将名声、财富、家庭、事业、朋友拿出来舍弃呢？”

那人默然，不能回答。

这人向往解脱，但禅师告诉他解脱的方法时，他就默然了，由此可见，放下有多难。

放不下，是因为没看破。佛法在分析人生的基础上更是看破人生。看破人生实际上是对于人生价值的肯定，因为我们只有透过醉生梦死的虚幻人生，看破功名利禄是过眼烟云，把人生的恶习一点一点克服掉，才能够显示出人生的价值。不看破这虚幻、迷惑的人生，我们人生的价值是永远不会显现出来的。看得破就能“放下”，“放下”了也就看破了，也就不再执著于小我，这样就能步入离苦得乐的解脱之道。

抚州石巩寺的慧藏禅师，出家前是个猎人，他最讨厌见到和尚。

有一天他追赶一只猎物时，被马祖道一拦住。这位讨厌和尚的猎人，见有个和尚干扰他打猎，就抡起胳膊，要与马祖动粗。

马祖问他：“你是什么人？”

石巩说：“我是打猎的人。”

马祖问：“那，你会射箭吗？”

石巩说：“当然会。”

马祖说：“你一箭能射几个？”

石巩说：“我一箭能射一个。”

马祖哈哈大笑：“你实在不懂射法。”

石巩很生气：“那么，和尚你可懂得射法？”

马祖回答：“我当然懂得射法。”

石巩问：“你一箭又能射得几个？”

马祖回答：“我一箭能射一群。”

石巩叫道：“彼此都是生命，你怎么会忍心射杀一群？”猎人虽以杀生为本，但杀取有道，这叫不失本心。

马祖语含机锋地问：“哦，看来你也懂一箭一群的真义，可怎么不去照一箭一群的法则去射呢？”

石巩说：“我知道和尚一箭一群的意思，可要让我自己去射，真不知道如何下手！”

马祖高兴地说：“呵！呵！你这汉子旷劫以来的无明烦恼，今日算是断除了。”于是，石巩便扔掉弓箭，出家拜马祖为师。

慧藏禅师真可谓放下屠刀，立地成佛，这是慧根，是机缘，其中的因果妙不可言。杀生的猎人，转眼间就成了救世的和尚。所以说，放下，不在明天，不在后天，就在此刻。

有人想放弃什么不适合自己的东西，总是犹犹豫豫，一次一次下决心，一次一次要改过，却总没能成功。本来可救渡你的梁木，总横亘在心中，没有成为桨的机会。可笑，可叹，又可怜。

功名利禄过眼忘，荣辱毁誉不上心

俗话说："天下熙熙，皆为利来；天下攘攘，皆为利往。"贪腐者们追求的那些东西其实不外乎身体的安适、丰盛的食品、漂亮的服饰、绚丽的色彩和动听的乐声，到头来终究是一场空而已。

有位信徒对默仙禅师说："我的妻子贪婪而且吝啬，对于做好事、行善，连一点儿钱财也不舍得，你能慈悲到我家里来，向我太太开示，行些善事吗？"

默仙禅师是个痛快人，听完信徒的话，非常爽快地就答应下来。

当默仙禅师到达那位信徒的家里时，信徒的妻子出来迎接，可是却连一杯水都舍不得端出来给禅师喝。于是，禅师握着一个拳头说："夫人，你看我的手天天都是这样，你觉得怎么样呢？"

信徒的夫人说："如果手天天这个样子，这是有毛病，畸形啊！"

默仙禅师说："对，这样子是畸形。"

接着，默仙禅师把手伸展开成了一个手掌，并问："假如天天这个样子呢？"

信徒夫人说："这样子也是畸形啊！"

默仙禅师趁机立即说："夫人，不错，这都是畸形，钱只能贪取，不知道布施，是畸形。钱只知道花用，不知道储蓄，也是畸形。钱要流通，要能进能出，要量入而出。"

握着拳头，你只能得到掌中的世界，伸开手掌，你能得到整个天空。握着拳头暗示过于吝啬、张开手掌则暗示过于慷慨，信徒的太太在默仙禅师这么一个比喻之下，对做人处事和经济观念，用财之道，豁然领悟了。

有的人过于贪财，有的人过分施舍，这都不是禅的应有之处。吝啬、贪婪的人应该知道喜舍结缘是发财顺利的原因，因为不播种就不会有收成。布施的人应该在不自苦不自恼的情形下去做。否则，就是很不纯粹的施舍了。

《圣经》中有这样一句话：人降临世界的时候，手是合拢的，似乎在说："世界是我的。"他离开世界的时手是张开的，仿佛在说："瞧，我什么都没有带走。"

世间的道理大多都是相通的。

一个人是否追求名利，往往取决于一个人的荣辱观。有人以出身显赫作为自己的荣辱，公侯伯爵，讲究某某“世家”、某某“后裔”；有的人则以钱财多寡为标准，所谓“财大气粗”，“有钱能使鬼推磨”，“金钱是阳光，照到哪里哪里亮”，以及“死生无命，荣辱在钱”，“有啥别有病，没啥别没钱”，等等，这些俗话正揭示了以钱财划分荣辱的现状。

以家世、钱财来划分荣辱毁誉的人，尽管具体标准不同，但其着眼点、思想方法并无二致。他们都是从纯客观、外在的条件出发，并把这些看成是永恒不变的财富，而忽视了主观的、内在的、可变的因素，导致了极端、片面的形而上学错误，结果吃亏的是自己。持这种荣辱观的人，往往会拼命地追逐名利，最终导致这些身居要职的人总是铤而走险，走向贪污、腐败的道路。攫取这种不义之财，必然会遭受一定的报应。

一切功名利禄都不过是过眼烟云，得而失之、失而复得等情况都是经常发生的。要意识到一切都可能因时空转换而发生变化，就能够把功名利禄看淡、看轻、看开些，做到“荣辱毁誉不上心”。

悬崖深谷处，撒手得重生

禅宗认为，一个人只有把一切受物理、环境影响的东西都放掉，万缘放下，才能够逍遥自在，万里行游而心中不留一念。在圣严法师看来，“必须放下”归因于因缘的聚散无常。

人的聚散离合，都是基于种种因缘关系，有因必有果，“因”既有内因，又有外因，还有不可抗拒的“无常”，事情的发展不会总是按照我们的主观想象进行，沟沟坎坎不可避免，大多数时候，万事如意只是一个美好的心愿罢了。

有个书生和未婚妻约好在某年某月某日结婚。但到了那一天，未婚妻却嫁给了别人，书生为此备受打击，一病不起。

这时，一位过路的僧人得知这个情况，就决定点化一下他。僧人来到他的床前，从怀中摸出一面镜子叫书生看。书生看到茫茫大海，一名遇害的女子一丝不挂地躺在海滩上。

路过一人，看了一眼，摇摇头走了。

又路过一人，将衣服脱下，给女尸盖上，走了。

再路过一人，过去，挖个坑，小心翼翼地把尸体埋了。

书生正疑惑间，画面切换。书生看到自己的未婚妻，洞房花烛，被她的丈夫掀起了盖头。书生不明就里，就问僧人。

僧人解释说："那具海滩上的女尸就是你未婚妻的前世。你是第二个路过的人，曾给过她一件衣服。她今生和你相恋，只为还你一个情。但她最终要报答一生一世的人，是最后那个把她掩埋的人，那个人就是她现在的丈夫。"

书生听后，豁然开朗，病也渐渐地好了。

书生之所以会病倒，是因为他不能承受这样的打击，也无法坦然地放下曾经的感情，但是前世的因造就今生的果，前世只有以衣遮身的恩情，今生也就只有短暂相恋的回报。书生放下了，也就解脱了，病自然也就好了。

适时的放开不仅是治病的良药，有时甚至会成为救命的法宝。

过去有一个人出门办事，跋山涉水，好不辛苦。有一次经过险峻的悬崖，一不小心掉到了深谷里去。此人眼看生命危在旦夕，双手在空中攀抓，刚好抓住崖壁上枯树的老枝，总算保住了性命，但是人悬荡在半空中，上下不得，正在进退维谷、不知如何是好的时候，忽然看到慈悲的佛陀，站立在悬崖上慈祥地看着自己，此人如见救星般，赶快求佛陀说："佛陀！求求您慈悲，救我吧！"

"我救你可以，但是你要听我的话，我才有办法救你上来。"佛陀慈祥地说。

"佛陀！到了这种地步，我怎敢不听你的话呢？随你说什么？我全都听你的。"

"好吧！那么请你把攀住树枝的手放下！"

此人一听，心想，把手一放，势必掉到万丈深坑，跌得粉身碎骨，哪里还保得住性命？因此更加抓紧树枝不放，佛陀看到此人执迷不悟，只好离去。

悬崖深谷得重生看似一种悖论，实际上却蕴涵着深刻的禅理。佛法中有言：悬崖撒手，自肯承担。"悬崖撒手"是一种姿态，美丽而轻盈。放手之后，心灵将获得一片自由飞翔的广袤天空，在瞬间释放与舒展。在英雄传奇与武侠故事中，我们常常看到这样的情景：集万千宠爱于一身的主角被逼到了悬崖边上，下面是湍急的流水，身后是凶悍的追兵，主角仰天一叹，回眸一笑，纵身一跃，与飞流激湍融为一体，令众人不由得扼腕叹息。但是，似乎所有的故事都没有摆脱这样的后续：崖壁上的一棵怪松，或崖下的一泓深潭，总会像母亲温暖的手掌一样，稳稳地将其托起，备受青睐的勇士们还往往能够在这常人到达不了的奇异之地意外发现千年宝藏或旷世秘籍。

这样的故事无意中契合了禅宗的某些观点，禅修者必须有所舍得，才能有所收获。圣严法师说唯有能放下，才能真提起。放得下的人，不仅要放下自己，还要放下周遭所有的一切。放下也并非完全失去自我，而是指不再存对抗心，也不再有舍不得，要随时随地对任何事物没有丝毫的牵挂或舍不得，能如此，才谈得上是自在，是解脱。

所谓回头是岸，岸貌似远在天涯。天涯远不远？不远。放下的时候，天涯就在面前。

提放自如，可得大自在

人生的境界有高有低，境界高者像一面镜子，时刻自我观照，不断自省，又像一支蜡烛，燃烧自己，泽被四方，更像一只皮箱，提放自如，得大自在。

世事变幻，风云莫测，缘起缘灭，众生在岁月的洪流中渐行渐远，一路鲜花烂漫鸟语虫鸣，也仍旧不能湮没斗转星移、沧海桑田的无常。承担与放下都非易事，都需要勇气与魄力，而做到提放自如，淡然处之，更非常人所能达到。

圣严法师将人分为三类：第一类，提不起、放不下；第二类，提得起、放不下；第三类，提得起、放得下。

第一类人占据了芸芸众生中的大多数，他们只懂享受，却从不承担，内心却又放不下对功名利禄的追求，像是寄居在荨麻茎秆上的菟丝子，攀附在其他植物之上，毫不费力地汲取着养分，却从不奉献什么；第二类人有担当，有责任心，而且往往目标明确，会一直凭借着自己的能力向上攀登，而一旦有所获得时，却舍不得放下，只会拖着越来越重的行囊，艰难上路；第三类人有理想、有魄力、有担当，而且心地坦然，头脑睿智，可攻可守，可进可退。

一天，山前来了两个陌生人，年长的仰头看看山，问路旁的一块石头："石头，这就是世上最高的山吗？""大概是的。"石头懒懒地答道。年长的没再说什么，就开始往上爬。年轻的对石头笑了笑，问："等我回来，你想要我给你带什么？"石头一愣，看着年轻人，说："如果你真的到了山顶，就把那一时刻你最不想要的东西给我，就行了。"年轻人很奇怪，但也没多问，就跟着年长的往上爬去。斗转星移，不知又过了多久，年轻人孤独地走下山来。

石头连忙问："你们到山顶了吗？"

"是的。"

"另一个人呢？"

“他，永远不会回来了。”

石头一惊，问：“为什么？”

“唉，对于一个登山者来说，一生最大的愿望就是战胜世上最高的山峰，当他的愿望真的实现了，也就没了人生的目标，这就好比一匹好马折断了腿，活着与死了，已经没有什么区别了。”

“他……”

“他自山崖上跳下去了。”

“那你呢？”

“我本来也要一起跳下去，但我猛然想起答应过你，把我在山顶上最不想要的东西给你，看来，那就是我的生命。”

“那你就来陪我吧！”

年轻人在路旁搭了个草房，住了下来。人在山旁，日子过得虽然逍遥自在，却如白开水般没有味道。年轻人总爱默默地看着山，在纸上胡乱抹着。久而久之，纸上的线条渐渐清晰了，轮廓也明朗了。后来，年轻人成了一个画家，绘画界还宣称一颗耀眼的新星正在升起。接着，年轻人又开始写作，不久，他就以他的文章回归自然的清秀隽永一举成名。

许多年过去了，昔日的年轻人已经成了老人，当他对着石头回想往事的时候，他觉得画画写作其实没有什么两样。最后，他明白了一个道理：其实，更高的山并不在人的身旁，而在人的心里，只有忘我才能超越。

故事中从山上跳下去的那位登山者就属于圣严法师所说的第二类人，他执著地追求着攀登上世界最高峰的荣誉，而一旦愿望实现，他却不能将之放下，再继续前行，所以他自认为只有绝路可寻；而另一位年轻人之前也有了轻生的念头，但因为不能违背和石头的承诺，所以他才有机会了悟真正的禅机——世界上更高的山在人的心里。

收放之间，人们总能不断得到提升，只有放下名利世俗的牵绊，怀有朴质自然的初心，才能不为外物烦扰，真正提起生命的意义。

得失常挂心，宠辱皆心惊

有一只木车轮因为被砍下了一角而伤心郁闷，它下决心要寻找一块合适的木片重新使自己完整起来，于是离开家开始了长途跋涉。

不完整的木车轮走得很慢，一路上，阳光柔和，它认识了各种美丽的花朵，并与草叶间的小虫攀谈；当然也看到了许许多多的木片，但都不太合适。

终于有一天，车轮发现了一块大小形状都非常合适的木片，于是马上将自己修补得完好如初。可是欣喜若狂的轮子忽然发现，眼前的世界变了，自己跑得那么快，根本看不清花儿美丽的笑脸，也听不到小虫善意的鸣叫。

车轮停下来想了想，又把木片留在了路边，自个儿走了。

失去了一角，却饱览了世间的美景；得到想要的圆满，步履匆匆，却错失了怡然的心境，所以有时候失也是得，得即是失。也许当生活有所缺陷时，我们才会深刻地感悟到生活的真实，这时候，失落反而成全了完整。

从上面故事中我们不难发现，尽善尽美未必是幸福生活的终点站，有时反而会成为快乐的终结者。得与失的界限，你又如何准确地划定呢？当你因为有所缺失而执著追求完美时，也许会适得其反，在强烈的得失心的笼罩下失去头上那一片晴朗的天空。

据说，爱斯基摩人捕猎狼的办法世代相传，非常特别，也极甚有效。严冬季节，他们在锋利的刀刃上涂上一层新鲜的动物血，等血冻住后，他们再往上涂第二层血；再让血冻住，然后再涂……

就这样，很快刀刃就被冻血掩藏得严严实实了。

然后，爱斯基摩人把血包裹住的尖刀反插在地上，刀把结实地扎在地上，刀尖朝上。当狼顺着血腥味找到这样的尖刀时，它们会兴奋地舔食刀上新鲜的冻血。融化的血液散发出强烈的气味，在血腥的刺激下，它们会越舔越快，越舔越用力，不知不觉所有的血被舔干净，锋利的刀刃暴露出来。

但此时，狼已经嗜血如狂，它们猛舔刀锋，在血腥味的诱惑下，根本感觉不到舌头被刀锋划开的疼痛。

在北极寒冷的夜晚里，狼完全不知道它舔食的其实是自己的鲜血。它只是变得更加贪婪，舌头抽动得更快，血流得也更多，直到最后精疲力竭地倒在雪地上。

生活中很多人都如故事上的狼，在欲望的旋涡中越陷越深，又像漂泊于海上不得不饮海水的人，越喝越渴。

可见，得与失的界限，你永远也无法准确定位，自认为得到越多，可能失去也会越多。所以，与其把生命置于贪婪的悬崖峭壁边，不如随性一些，洒脱一些，不患得患失，做到宠辱不惊，保持一份难得的理智。

坦然地面对所有，享受人生的一切，得到未必幸福，失去也不一定痛苦。得到时要淡定，要克制；失去时要坚强，要理智。兜兜转转，寻寻觅觅，浮浮沉沉，似梦似真，一路行走一路歌唱。像圣严法师所言："做一个虔诚的朝圣者，可以不拜佛不敬神，永远地感恩生活的赐予，便会获得最美好的祝福。"

有拿得起的勇气，更要有放得下的魄力

提放自如，并非一件简单的事情。提起需要承担责任的勇气，放下也需要斩断妄念的魄力。圣严法师说人生因果不可思议，因缘不可思议，所以当提即提，当放即放。我们应该将自己的心当做布袋和尚手中的口袋，既要提得起，也要放得下。

在唐代，有一位著名的禅僧布袋和尚。一天，有一位僧人想看看布袋和尚有何修为，问道："什么是佛祖西来意？"布袋和尚放下口袋，叉手站在那儿，一句话也没说。僧人又问："只这样，没别的了吗？"布袋和尚又布袋上肩，拔腿便走。那僧人看对方是个疯和尚，也就起身离去了。哪知刚走几步，却觉背上有人抚摸，僧人回头一看，正是布袋和尚。布袋和尚伸手对他说："给我一枚钱吧！"

布袋和尚放下口袋，是在警示我们要放下，随即又布袋上肩，是在教我们拿起。其实哪里有什么放下与拿起呢？只不过有时我们需要放下，有时需要拿起，而我们却常常该拿起时拿不起，该放下时放不下。放下时不执著于放下，自在；拿起时不执著于拿起，也自在。不论是拿起与放下，都不要被染着，那才真自在。

大多数人，总是提不起意志和毅力，却放不下成败；提不起信心和愿心，却放不下贪心和嗔心。他们渴望成功的辉煌，惧怕失败的窘迫，却又不能为了成功而坚定意志，付出努力；他们热衷于享乐，渴望获得而不愿付出，一旦愿望落空，即会怨天尤人，怨恨心搁在心中，挥之不去。这样的人，度己不成，又不肯接受他人的教导，难堪大任，期待他们去救济众生简直是妄想。

布袋和尚口袋的提起放下看上去一切自然，实际上也是有所选择的，就像是我们在修行过程中，什么应该提起，什么应该放下，都不是灵光一现就能确定的。在这个问题上，圣严法师为信徒们做了引导。

首先，要把去恶行善的心提起，把争名逐利的心放下。"诸恶莫作，众善奉行，自净其意，是诸佛教。"去恶行善是佛教的基本教义之一，行善是分内事，止恶也是该主动承担的责任。善恶的标准不能以个人的价值观为判断，而应该以佛法因果

为准则。名利的纠缠如毒蛇猛兽，只要贪心起，必定会招致厄运。古语云“嚼破虚名无滋味”，真正的智者应该孑然一身，不受虚名牵绊，也不为富贵诱惑。

其次，要把成己成人的心提起，把成败得失的心放下。成就自己的目的是为了成就别人，只有充实了自己，才能有足够的能力去帮助别人。在充实提高的过程中，失败是难免的，要能够在成功中积累经验，在失败中汲取教训，而并不只是沉醉在成功的快乐或者失败的痛苦中不能自拔。

最后，要把众人的幸福提起，把自我的成就放下。佛陀的慈悲心与智慧心是所有信徒应该学习的，只有这样，才能时刻把世人的幸福挂在心上，而抛却自我的观念。

释迦牟尼成佛后，走在街上，遇见了一个愤怒的婆罗门。这个婆罗门对释迦牟尼有仇视的态度，他一直仇视佛教，已经到了疯狂的地步。他看到众生都这么尊敬释迦牟尼，心头更是难受，便生出一个毒计，想害死释迦牟尼。

他和众生一样，跟在释迦牟尼的身后，在释迦牟尼没有注意的时候，他蹑手蹑脚地靠近释迦牟尼的背后，趁世尊讲佛法的时候，便抓了两大把沙子，向世尊的眼睛扔去。

终究应准了那句话：善有善报，恶有恶报。就在沙子扔出去的那一瞬间，突然来了一阵风向婆罗门吹来，沙子全部都吹到婆罗门的眼中，他疼痛不已，倒在地上。

他气急败坏地在地上翻滚，整个脸都涨得通红。

众生看到这一幕，都嘲笑他。面对这么多锐利的目光，那个狠毒的婆罗门不得不向世尊跪下。

这时，释迦牟尼平静而洪亮的声音响起：“如果想玷污或是陷害善良的东西，最终会伤害了自己，众生切记！婆罗门，你也起来吧。”

婆罗门听后感慨万千，也终于大彻大悟。

觉悟之前的婆罗门，并没有清醒地认识到什么是应该在乎的，什么是应该放下的，所以才会被自己的心魔所困，以至误入歧途。释迦牟尼面对提放已经自如自在，所以才能够平静面对心怀不轨的婆罗门，并诚恳地教诲他，使婆罗门得以开悟。

圣严法师提醒我们要放下散乱的心，提起专注的心；放下专注的心，提起统一的心；放下统一的心，提起自在心。唯有这样，才能放松身心，提起正念，彻底放下，从头提起。

人生难有真圆满，输赢得失且笑看

在河的两岸，分别住着一个和尚与一个农夫。

和尚每天看着农夫日出而作、日落而息，生活看起来非常充实，令他相当羡慕。而农夫也在对岸，看见和尚每天都是无忧无虑地诵经、敲钟，生活十分轻松，令他非常向往。因此，在他们的心中产生了一个共同念头："真想到对岸去！换个新生活！"

有一天，他们碰巧见面了，两人商谈一番，并达成交换身份的协议，农夫变成和尚，而和尚则变成农夫。

当农夫来到和尚的生活环境后，这才发现，和尚的日子一点也不好过，那种敲钟、诵经的工作，看起来很悠闲，事实上却非常烦琐，每个步骤都不能遗漏。更重要的是，僧侣刻板单调的生活非常枯燥乏味，虽然悠闲，却让他觉得无所适从。于是，成为和尚的农夫，每天敲钟、诵经之余都坐在岸边，羡慕地看着在彼岸快乐工作的其他农夫。

至于做了农夫的和尚，重返尘世后，痛苦比农夫还要多，面对俗世的烦忧、辛劳与困惑，他非常怀念当和尚的日子。

因而他也和农夫一样，每天坐在岸边，羡慕地看着对岸步履缓慢的其他和尚，并静静地聆听彼岸传来的诵经声。

这时，在他们的心中，同时响起了另一个声音："回去吧！那里才是真正适合我的生活！"

其实，人生不需要太圆满，有个缺口让福气流向别人也是件很美的事。而面对这不圆满的人生最重要的是要有知足之心，能够笑看输赢得失。以下几个方面可助你达到这种境界：

1. 赞美孤独

笑看输赢的人总是能够给自己留出时间，享受独处的欢乐，整理往事、展望前程，想象未来的美好生活。内心贫乏的人，生性急躁，喜欢喧嚣和热闹，一刻也离不开从他人眼中找寻自己赖以生存的保障，独处将倍感寂寞，但自身环境却又窄得令人窒息。笑看输赢的人，独自承受个性滋润、修身养性。他享受宁静和孤寂，在反省中看见自身的不足。他把自己准备得很充分，再投入步调紧凑的生活中去。

2. 帮助他人而不求回报

笑看输赢的人发自真心帮助别人，不计较名利，因为他知道奉献能让自己的内心充满快乐，更加丰盈。

3. 笑看输赢

笑看输赢的人不计较得失，因为他相信相对于整体而言，损失的不过是小小的局部。他们不会耿耿于怀，不会老是对自己怨艾和指责。知道谁都有犯错的时候，他们勇于承认错误，并宽恕自己和他人，他只是采取行动来挽回损失。满心喜悦地做着自己能力范围内的事。

4. 放弃“多多益善”的想法

人的欲望是无穷的，倘若不断追求物质上的“更多、更好”，那么精神上永远不会得到满足。

总之，懂得每个人的生命都有欠缺，笑看人生中的输赢得失，同时珍惜自己所拥有的一切慢慢的，你会发现自己所拥有的其实很多。

凡事不可强求，顺其自然者成大器

北方的一个农家小院里严重缺水，院子里有一个大缸，承接雨水，用来洗衣服。此刻，一个小女孩正在生着闷气，原来，是几个淘气的孩子把这缸水搅得浑浑浊浊的而每当她闻声而来，那几个淘气包早就跑得无影无踪了，小女孩气得直跺脚。奶奶看她被几缸水弄得心神不宁，便安慰她道：“你的心怎么比水缸里的水还容易混乱？那些恶作剧的孩子，你越在乎，他们就越高兴，如果不理他们，时间一长，他们就只会觉得自讨没趣。不要担心水，只要不去管它，它最后会变清的。”

听了奶奶的话，小女孩不再去理会那群调皮的孩子。他们果然很快就失去了兴趣，水，自然也就澄清了。

那群淘气的孩子就如同淘气的命运，总是时不时地给你捣点乱，被搅浑的水，则如同遭遇困境的人生，然而只要不过分在意，以平和的心态坦然应对，正如睿智的奶奶所开导的那样，顺其自然，自然会柳暗花明、水清见底。

迪斯尼乐园建设时，迪斯尼先生为园中道路的布局大伤脑筋，所有征集来的设计方案都不尽如人意。迪斯尼先生终于无计可施，一气之下，他命人把空地都植上草坪后就开始营业了。几个星期过后，当迪斯尼先生出国考察回来时，看到园中几条蜿蜒曲折的小径和所有游乐景点有机地结合在一起时，不觉大喜过望。他忙喊来负责此项工作的杰克，询问这个设计方案是出自哪位建筑大师的手笔。杰克听后哈哈笑道："哪来的大师呀，这些小径都是被游人踩出来的！"

过分追求，不得其道，顺其自然，反而浑然天成。生活中似乎有着一双无形的手，操控着世间的一切，而它就像是一个顽皮的孩子，你越是挖空心思去追求一种东西，它越是想方设法不让你得偿所愿，而当你放下心中的执念，听从命运的召唤，许多事情，自然将水到渠成。

生命是一种缘，是一种必然与偶然互为表里的机缘。许多事情无法为人事所全然掌控，正所谓谋事在人，成事在天，命运的机缘，充满着无限的奥妙。面对生活的困境和内心的烦恼，痴愚之人往往不能自拔，好像脑子里缠了一团毛线，越想越乱，陷在了自己挖的陷阱里；而明智之人则明白知足常乐的道理，他们会顺其自然，不去强求不属于自己的东西，静下心来，世间的一切烦恼与忧愁自然也就烟消云散了。

禅学告诉我们应当有一颗平常心，切切实实地把握住眼前的一切，实实在在、平平淡淡地去过有意义的生活。生命中的许多东西是不可以强求的，那些刻意强求的某些东西或许我们终生都得不到，而我们不曾期待的灿烂往往会在我们的淡泊从容中不期而至。太过在意一些东西，只能徒增烦恼，一切顺其自然，生活反而会十分惬意。因此，面对生活中的顺境与逆境，我们应当保持"随时""随性""随喜"的心境，顺其自然，以一种从容淡定的心态来面对人生，这样我们的生活就会有意想不到的收获，顺其自然者，当成大器。

随遇而安，尽心就是完美

人生百年，能够完全顺着自己的想法而来的事情不多，所以先人说"不如意之事十有八九"，我们一生中不可能永远都是一帆风顺。有些挫折、失败等不是个人力量所能左右的，而在这些不如意的事情已经发生后，唯一能使我们的心灵保持平静的方法就是保持一颗平常心，不急不躁、不对人发难，让自己"随遇而安"。正如林清玄所说，快乐活在当下，尽心就是完美。

一天，一位中年人从农村搭公家运东西的车子回城里，车到中途，忽然抛锚，那时正是夏天，午后的天气闷热难当。在赤日炎炎的公路上无法前进，真是让人着急。可是，他当时一看情形，就知道急也没有用处，反正得慢慢等车子修好才可以走。于是，他问了问司机，知道要三四个小时才可以修好，就独自步行到附近的一条河里游泳去了。河边清静凉爽，风景宜人，在河水中畅游之后，暑气全消。等他游泳兴尽回来，车子已修好待发，趁着黄昏晚风，直驶城里。

经过这件事情后，他逢人便说："真是一次愉快的旅行！"随遇而安的妙处由此可见一斑。

假如换了别人，在这种情形之下，可能只好站在烈日之下，一面抱怨，一面着急，而那个车子也不会提早一分钟修好，那次旅行也一定是一次最痛苦、最烦恼的旅行。

在突然遭遇危难之时，随遇而安也能让人拥有一份平静的期待，这更胜过绝望的呐喊。

一条航行在南太平洋上的船，突然遭遇飓风。风如利刃，把船体劈得伤痕累累。飓风过后，船的功能差不多已损毁，它只能如一艘小艇般在茫茫无际的海洋中游荡。

船上的人在等了几天后见还没有救援的船来，开始变得慌乱、焦躁了，他们漫骂，他们哭喊，他们到处扔自己的东西，好像死亡即将来临。

这时，有一人对他们说，他近日拥有了一项特异功能：可以半年不吃任何东西而活着。所以他希望船员和乘客们把东西和写下的遗嘱交给他，他会带给他们的亲人。

这样的话语，居然没有人怀疑。所有的人都把希望寄托在那人身上，而他们因为没有了后顾之忧，变得冷静下来了，彼此倾诉着心事。

遇险的船终于被另一条船发现，船上人员得救了，因为最终那份随遇而安的冷静，他们避免了因疯狂而船毁人亡。

陶渊明说：俯仰终宇宙，不乐复何如？一个睿智之人是不会抱着忧虑而愁眉不展的。就像古人说的那样：世上本无事，庸人自扰之。无论生活在什么环境下，聪明豁达之人都会用乐观平和的心态面对生活。

对于随遇而安，林清玄是这样说的：在人生里，我们只能随遇而安，来什么，品位什么，有时候是没有能力选择的。学会随遇而安，你能够轻松地挫败生活中许多看似不可战胜的困难。如果你不幸被生活中的黑暗偷袭，那就把它当做一次疾病好了。这，是面对生活最为强硬的方式。而且，也是现实生活中很多人所缺乏的。

每个人的能力各不相同，因此不是每个人都有反抗命运的能力。如果无力反抗，那么，就安然地接受命运的安排，放松心情，快乐地度过每一天。这种随遇而安的生活态度是获得幸福的关键。

时时勤拂拭，越过人性三重门

佛门中人要求戒色戒欲等，其中的这些“戒”就是人生旅途中的关隘。不同阶段有不同的关隘，人生最难过的是君子三戒：少年戒之在色，男女之间如果有过分的贪欲，很容易毁伤身体；壮年戒之在斗，这个斗不只是指打架，而指一切意气之争，如事业上的竞争，处处想打击别人，以求自己成事立业，这种心理是中年人的毛病；老年人戒之在得，年龄不到可能无法体会。曾经有许多人，年轻时仗义疏财，到了老年反而斤斤计较，钱放不下，事业更放不下，在对待很多事情上都是如此。

青年时代，最具吸引力的是异性，最令人神往的是爱情，最难以节制的是情欲。饮食男女，原本无可厚非，但一旦过分便会贻误终生。

到了壮年，名誉、地位、权力、财富，都匍匐在脚下，但又不是可以无限开采的资源，进退、得失、上下、去留，现实残酷地摆在每个人的面前。于是，争中有斗，斗中有争，争斗之中，用尽了心计，阴的、阳的，明的、暗的，文的、武的，君子的、小人的，三十六计、七十二招数……无所不用其极。斗争中的人生又何谈恬淡的乐趣?

及至老年，一切皆已定局，再发展已无能为力。这时，一个“得”字，害人匪浅。在乎已得，对待事业，就会无所用心，意志衰退，贪图享受，得过且过；对待官职，就会恋恋不舍，把玩不已，不肯让位。在乎未得，就会眼红心跳，孤注一掷，猛捞一把，贪得无厌。

三戒如同人生的三个关隘，闯过去，便是踏平坎坷成大道；闯不过，便是拿了一张不合格的人生答卷，轻则半生虚度，重则一生荒废，甚至坠入万劫不复的深渊。

有一座泥像立在路边，历经风吹雨打，它多么想找个地方避避风雨，然而它无法动弹，也无法呼喊，它太羡慕人类了，它觉得做一个人，可以无忧无虑、自由自在地到处奔跑。它决定抓住一切机会，向人类呼救。

有一天，智者圣约翰路过此地，泥像用它的神情向圣约翰发出呼救。“智者，请让我变成人吧！”圣约翰看了看泥像，微微笑了笑，然后衣袖一挥，泥像立刻变成了一个活生生的青年。“你要想变成人可以，但是你必须先跟我试走一下人生之路，假如你受不了人生的痛苦，我马上可以把你还原。”智者圣约翰说。

于是，青年跟智者圣约翰来到一个悬崖边。“现在，请你从此岩走向彼岩吧！”圣约翰长袖一拂，已经将青年推上了铁索桥。青年战战兢兢，踩着一个个大小不同的链环的边缘前行，然而一不小心，一下子跌进了一个链环之中，顿时，两腿悬空，胸部被链环卡得紧紧的，几乎透不过气来。

“啊！好痛苦呀！快救命呀！”青年挥动双臂大声呼救。“请君自救吧。在这条路上，能够救你的，只有你自己。”圣约翰在前方微笑着说。青年扭动身躯，奋力挣扎，好不容易才从这痛苦之环中挣扎出来。“你是什么链环，为何卡得我如此痛苦？”青年愤然道。“我是名利之环。”脚下铁链答道。

青年继续朝前走。忽然，隐约间，一个绝色美女朝青年嫣然一笑，然后飘然而去，不见踪影。青年稍一走神，脚下又一滑，又跌入一个环中，被链环死死卡住。可是四周一片寂静，没有一个人回应，没有一个人来救他。这时，圣约翰再次在前方出现，他微笑着缓缓道：“在这条路上，没有人可以救你，只有你自己自救。”青年拼尽力气，总算从这个环中挣扎了出来，然而他已累得精疲力竭，便坐在两个链环间小憩。“刚才这是个什么痛苦之环呢？”青年想。“我是美色链环。”脚下的链环答道。

经过一阵休息后，青年顿觉神清气爽，心中充满幸福愉快的感觉，他为自己终于从链环中挣扎出来而庆幸。青年继续向前走，然而没想到他又接连掉进了欲望的链环、嫉妒的链环……待他从这一个个痛苦之中挣扎出来，青年已经完全疲惫不堪了。抬头望望，前面还有漫长的一段路，他再也没有勇气走下去。

“智者！我不想再走了，你还是带我回原来的地方吧！”青年呼唤着。智者圣约翰出现了，他长袖一挥，青年便回到了路边。“人生虽然有许多痛苦，但也有战胜痛苦之后的欢乐和轻松，你难道真愿意放弃人生吗？”“人生之路痛苦太多，欢乐和愉快太短暂、太少了，我决定放弃做人，还原为泥像。”青年毫不犹豫地说。智者圣约翰长袖一挥，青年又还原为一尊泥像。“我从此再也不受人世的痛苦了。”泥像想。然而不久，泥像被一场大雨冲成一堆烂泥。

人的一生需要迈过的门槛很多，稍不留神我们就会栽在其中一道坎上。不过对于绝大多数人，或许最重要的则是迈过金钱、权力与美色三道坎，就像孔子所说的“人生三戒”一样。

其实，无论你处于什么阶段，这“三戒”的内容，都应当牢记在心，“时时勤拂拭，莫使惹尘埃”。以“礼”约束，用理性的缰绳去约束情感和欲望的野马，达到中和调适，便能顺利走过人生的几个关口。

生死如来去，重来去自在

面对生命，圣贤之辈没有觉得活很痛快，也没有认为死很痛苦，生死已不存在于心中。“生者寄也，死者归也。”活着是寄宿，死了是回家。明白了生死交替的道理，就懂得了生死。生命如同夜荷花，开放收拢，不过如此。

下面是一则关于庄子和骷髅的寓言故事：

庄子到楚国去，途中见到一个骷髅，枯骨突然呈现出原形。庄子用马鞭从侧旁敲了敲。于是问道：“先生是贪求生命、失却真理，因而成了这样呢？抑或你遇上了亡国的大事，遭受到刀斧的砍杀，因而成了这样呢？抑或有了不好的行为，担心给父母、妻儿子女留下耻辱、羞愧而死了呢？抑或你遭受寒冷与饥饿的灾祸而成了这样呢？抑或你享尽天年而死去成了这样呢？”

庄子说罢，拿过骷髅，用作枕头而睡去。

到了半夜，骷髅给庄子显梦说：“你先前谈话的情况真像一个善于辩论的人。看你所说的那些话，全属于活人的拘累，人死了就没有上述的忧患了。你愿意听听人死后的有关情况和道理吗？”

庄子说：“好。”

骷髅说：“人一旦死了，在上没有国君的统治，在下没有官吏的管辖；也没有四季的操劳，从容安逸地把天地的长久看做是时令的流逝，即使南面为王的快乐，也不可能超过。”

庄子不相信，说：“我让主管生命的神来恢复你的形体，为你重新长出骨肉肌肤，返回到你的父母、妻子儿女、左右邻里和朋友故交中去，你希望这样做吗？”

骷髅皱眉蹙额，深感忧虑地说：“我怎么能抛弃南面称王的快乐而再次经历人世的劳苦呢？”

相传六祖慧能禅师弥留之际，众弟子痛哭，依依不舍，大家都将他视为再生父母。六祖气若游丝地说：“你们不用伤心难过，我另有去处。”

“另有去处”四个字，发人深省。慧能把死当做了一段新的旅程，不但豁达、开朗，而且使生命在时间、空间的价值得以继续延伸，远胜过有些人虽然活着、却只有华美装饰的躯壳、而无真我的风采！

禅的哲学注重真我，所谓真我就是人的精神，也是天地之正气。真我从根本上来说，就是人之所本。人类的文化宝藏，哲学、科学、宗教、教育和任何思想情感，等等，其实都是由无数真我的延续、不断地累积而成的。这些真我，数千年迄今，其实都是活生生地影响着我们的生活，造福于人类，这些真我并没有死去。

禅宗有关超越生死的看法，很值得今天还看不透人生、想不通生活或对死亡心存畏惧的人参考借鉴。禅宗重来去自在，生死也有如来去。参透这一玄机，我们就不必天天再为生老病死而恐惧不安，或对于家庭亲朋甚至世间的虚华富贵有所舍不得，至少可以活得开心一点、快乐一些。

有生必有死，有得必有失，生死是人生必经的旅程，不要把死看做是个终结，也可以同慧能一样，走向“另一个去处”。

一沙一世界，一叶一菩提，生命的收与放，本质都是一样的。面对生死，悠然自得，便是真正懂得了生命。正如丘吉尔谈及死亡，他说，酒吧关门的时候我就离开。

看透死亡，就会达到一种全新的人生高度，站在这个高度上俯瞰生命中的所有悲喜成败、烦恼纠葛，人心中会自然生出一种“会当凌绝顶，一览众山小”的感觉。凭借这种胸怀和气魄，做事又怎么会不成功呢？

第二章

睿智人生，取舍间彰显智慧

取舍之间，唯心而已

弘一大师曾说："不可闲谈、不晤客人、不通信（有十分要事，写一纸条交与护关者）。凡一切事，尽可俟出关后再料理也，时机难得，光阴可贵，念之！念之！"舍掉闲谈，舍掉见客，舍掉与人通信，用留下的时间来闭关修炼、研究佛法，弘一大师因此取得了佛学上的大成就。

《孟子·告子上》："鱼，我所欲也；熊掌，亦我所欲也；二者不可得兼，舍鱼而取熊掌者也。"鱼和熊掌不可得兼，懂得取舍，是人生的一种境界。

有两个禅师是同门师兄弟，都是开悟了的人，一起外出行脚。从前的出家人肩上背着一个铲子。这个铁铲有两个用处，一个是可以随时种植生产，带一块洋芋，把洋芋切四块埋下去，不久洋芋长出来，可以吃饭，不用化缘了。另一个是，路上看到死东西就把他埋掉。两师兄弟在路上忽然看到一个死人，一个挖土把尸体埋掉；一个却扬长而去，看都不看。

有人去问他们的师父："您两个徒弟都开悟了，我在路上看到他们，两个人表现是两样，究竟哪个对呢？"师父说："埋他的是慈悲，不埋的是解脱。因为人死了最后都会变成泥巴的，摆在上面变泥巴，摆在下面也变泥巴，都是一样，所以说，埋的是慈悲，不埋的是解脱。埋也对，不埋也对，取也对，舍也对。"

取舍之间，很多时候，人们向往去取得，并且认为多多益善。然而，"取"却是以"舍"为代价的。取到多少，就会舍掉多少。有时候，取舍是由个人主观意志所决定。例如，弘一大师，他舍去了世俗婚姻家庭，得到了佛法的博大精深；舍掉了红尘爱恨嗔痴，得到了心灵的圆满平静。这取舍，是由他自己做主的，心甘情愿，罔顾周围人的劝阻。而有些时候，取舍是不知不觉间命运的安排。《笑傲江湖》中令狐冲被师父罚到后山面壁思过，因而失去了与小师妹朝夕相处的机会。恰巧林平之到来，令狐冲在师妹心中的重要地位自此被林平之所取代，而正是由于这次面壁思过，使他发现了石壁后的秘密，自此逐渐走向了武学大道。

现实生活中，取舍比比皆是，而很多取舍，并非命运所定、无法摆脱。诸多的取舍，还是掌握在我们自己手中的。

商人重利轻别离，舍掉家庭的和和美美，用孤寂繁忙得来苦苦追逐的利益，这是商人的取舍；玄武门李世民杀兄弑弟得到皇位、这是政治家的取舍；荀巨伯盗贼入关时宁死不弃朋友、程婴忍受世人误解唾骂抚养赵氏孤儿，这是君子的取舍；朱自清宁愿饿死不领美国救济粮、鲁迅弃医从文唤醒浑浑噩噩的国民大众，这是爱国者的取舍……生活中的诸多选择是非常沉重的。因为我们作出一种选择，在得到的同时就意味着放弃、舍弃一些别的东西，一旦放弃，往往意味着不再拥有。如何面对人生中的取与舍呢？俄国作家奥斯托洛夫斯基曾说："人最宝贵的是生命，生命属于我们只有一次。人的一生应当这样度过：当他回首往事的时候，他不因虚度年华而悔恨，也不因碌碌无为而羞耻……这样，在他临死的时候，他就能够说：'我整个的生命和全部的精力，都献给了世界上最壮丽的事业——为人类的解放而斗争！'"或者取，或者舍。当我们回忆往事的时候，不会为自己的取舍感到后悔，这样的取舍便是正确的、值得的。

失去可能是一种福音

人生就像一场旅行，在行程中，你会用心去欣赏沿途的风景，同时也会接受各种各样的考验，这个过程中，你会失去许多，但是，你同样也会收获很多，因为，失去所传递出来的并不一定都是灾难，也可能是福音。

有一位住在深山里的农民，经常感到环境艰险，难以生活，于是便四处寻找致富的好方法。一天，一位从外地来的商贩给他带来了一样好东西，尽管在阳光下看去那只是一粒粒不起眼的种子。但据商贩讲，这不是一般的种子，而是一种叫做"苹果"的水果的种子，只要将其种在土壤里，两年以后，就能长成一棵棵苹果树，结出数不清的果实，拿到集市上，可以卖好多钱呢！

欣喜之余，农民急忙将苹果种子小心收好，但脑海里随即涌现出一个问题：既然苹果这么值钱、这么好，会不会被别人偷走呢？于是，他特意选择了一块荒僻的山野来种植这种颇为珍贵的果树。

经过近两年的辛苦耕作，浇水施肥，小小的种子终于长成了一棵棵茁壮的果树，并且结出了累累硕果。

这位农民看在眼里，喜在心中。嗯！因为缺乏种子的缘故，果树的数量还比较少，但结出的果实也肯定可以让自己过上好一点儿的生活。

他特意选了一个吉祥的日子，准备在这一天摘下成熟的苹果，挑到集市上卖个好价钱。当这一天到来时，他非常高兴，一大早便上路了。

当他气喘吁吁爬上山顶时，心里猛然一惊，那一片红灿灿的果实，竟然被外来的飞鸟和野兽们吃了个精光，只剩下满地的果核。

想到这几年的辛苦劳作和热切期望，他不禁伤心欲绝，大哭起来。他的财富梦就这样破灭了。在随后的岁月里，他的生活仍然艰苦，只能苦苦支撑下去，一天一天地熬日子。不知不觉之间，几年的光阴如流水一般逝去。

一天，他偶然来到了这片山野。当他爬上山顶后，突然愣住了，因为在他面前出现了一大片茂盛的苹果林，树上结满了累累硕果。

这会是谁种的呢？在疑惑不解中，他思索了好一会儿才找到了一个出乎意料的答案。这一大片苹果林都是他自己种的。

几年前，当那些飞鸟和野兽在吃完苹果后，就将果核吐在了旁边，经过几年的生长，果核里的种子慢慢发芽生长，终于长成了一片更加茂盛的苹果林。

现在，这位农民再也不用为生活发愁了，这一大片林子中的苹果足以让他过上温饱的生活。

有时候，失去是另一种获得。花草的种子失去了在泥土中的安逸生活，却获得了在阳光下发芽微笑的机会；小鸟失去了几根美丽的羽毛，经过跌打，却获得了在蓝天下凌空展翅的机会。人生总在失去与获得之间徘徊。没有失去，也就无所谓获得。

生活中，一扇门如果关上了，必定有另一扇门打开。你失去了一种东西，必然会在其他地方收获另一个馈赠。关键是，我们要有乐观的心态，相信有失必有得。要舍得放弃，正确对待你的失去，因为失去可能是一种生活的福音，它预示着你的另一种获得。

从远处看，人生的失意也很有诗意

如果一个人在 46 岁的时候，在一次很惨的机车意外事故中被烧得不成人形，4 年后又在一次坠机事故后腰中部以下全部瘫痪，会怎么办？

接下来，我们能想象他变成百万富翁、受人爱戴的公共演说家、春风得意的新郎官及成功的企业家吗？我们能想象他会去泛舟、玩跳伞、在政坛角逐一席之地吗？这一切，米歇尔全做到了，甚至有过之而无不及。

在经历了两次可怕的意外事故后，米歇尔的脸因植皮而变成一块彩色板，手指没有了，双腿如此细小，无法行动，只能瘫痪在轮椅上。那次机车意外事故，把他身上六成五以上的皮肤都烧坏了，为此他动了 16 次手术。手术后，他无法拿起叉子，无法拨电话，也无法一个人上厕所，但以前曾是海军陆战队员的米歇尔从不认为他被打败了。他说：“我完全可以掌控我自己的人生之船，那是我的浮沉，我可以选择把目前的状况看成倒退或是一个新起点。”6 个月之后，他又能开飞机了！

米歇尔为自己在科罗拉多州买了一幢维多利亚式的房子，另外也买了房地产、一架飞机及一家酒吧，后来他和两个朋友合资开了一家公司，专门生产以木材为燃料的炉子，这家公司后来变成佛蒙特州第二大的私人公司。

机车意外发生后 4 年，米歇尔所开的飞机在起飞时又摔回跑道，把他胸部的十二条脊椎骨全压得粉碎，腰部以下永远瘫痪！

米歇尔仍不屈不挠，日夜努力使自己能达到最高限度的自主。他被选为科罗拉多州孤峰顶镇的镇长，保护小镇的美景及环境，使之不因矿产的开采而遭受破坏。米歇尔后来也竞选国会议员，他用一句“不只是另一张小白脸”的口号，将自己难看的脸转化成一项有利的资产。

尽管刚开始面貌骇人、行动不便，米歇尔却开始泛舟，他坠入爱河且完成终身大事，他拿到了公共行政硕士，并持续他的飞行活动、环保运动及公共演说。

米歇尔坦然面对自己的失意的态度使他赢得了人们的普遍尊敬，同时他也成了《纽约时报》《时代周刊》等知名媒体的封面人物。

米歇尔说：“我瘫痪之前可以做 1 万件事，现在我只能做 9000 件，我可以把注意力放在我无法再做的 1000 件事上，或是把目光放在我还能的 9000 件事上。告诉大家，我的人生曾遭受过两次重大的挫折，而我不能把挫折拿来当成放弃努力的借口。或许你们可以用一个新的角度，来看待一些一直让你们裹足不前的经历。你可以退一步，想开一点，然后，你就有机会说：‘或许那也没什么大不了的！’”

月有阴晴圆缺，不论是圆是缺，它总是天空中一道亮丽的风景，总是会有人为它写出最美的诗章。我们的人生也是如此。情场失意、朋友失和、亲人反目、工作不得志……类似的事情总会在不经意间纠缠你，此时你的情绪可能已经跌至低谷，每到这时候，我们都应该相信，所有的艰难困苦都是人生必经的风景，为何不好好地感受这场风景带给我们的体验？如果真的做到，我们将会得到更多快乐的心境和成长的智慧。当你走过这段失意时回头再看你会发现，那时无比坚强的你其实看起来如此的美丽。

铅华洗尽，才有持久的美丽

某一天，真实和谎言一起到河边洗澡。真实细致地刷洗着自己身上的污垢，而谎言则匆匆忙忙地洗完澡独自上了岸。

它偷偷穿上了真实的衣服，悄悄地溜走了。当真实上岸之后，找不到自己的衣服，却也不愿意穿谎言的衣服，于是只好一丝不挂地走回去，一路寻找着谎言。

从此，人们错把穿着衣服的谎言当做真实，百般敬重；而真实则因为一直赤裸裸地而遭受了别人的白眼和不屑。

披着“真实”外衣的“谎言”赢得了人们的尊重，而这些人，也必然会为自己轻率的判断付出代价，因为真实与谎言的最终结果，必然是“真实归于真实，谎言归于谎言”，正如佛教所说：“佛界的归于佛界，魔世的归于魔世。”

一个谎言需要一千个谎言来维持，这正是星云大师之所以认为虚伪过日子是世上最累人的事的原因。不管多么周密的谎言，总有一天会在阳光的照射下被揭穿。而赤裸裸的真实，也总能够绽放出自己华美的光彩。

浓妆艳抹的风姿虽然能够在第一时间吸引住别人的目光，但洗尽铅华后的本色才更加持久。

浪漫和现实是一对相识已久的恋人。

一次，为了考察现实对自己的忠诚程度，浪漫问：“你到底爱不爱我？”

“十二分地爱你！”现实回答。

“那假设我去世了，你会不会跟我一起走？”

“我想不会。”

“如果我这就去了，你会怎样？”

“我会好好活着！”

浪漫心灰意冷，深感现实靠不住，一气之下和现实分开了，去远方寻觅真爱。

浪漫首先遇到了甜言，接着又碰见蜜语，相处一年半载后，均感不合心意。过烦了流浪的日子，浪漫通过比较，觉得现实还是多少出色一些，就又来到现实身边。

此时，现实已重病在床，奄奄一息。

浪漫痛心地问：“你要是去世了，我该怎么办呢？”

现实用最后一口气吐出一句话：“你要好好活着！”

浪漫猛然醒悟。

现实给出的答案虽然并不能让人动心，但我们却无法不为它的真实所震撼。真正的浪漫，源自爱，也源自责任，甜言蜜语固然能让人得到一时的快乐，可是，它却不能成为终身的依靠。

爱情如是，世间万事哪一件不是如此？

人的生命很脆弱，从牙牙学语到撒手人寰，短暂的几十年我们从轻狂到沧桑，从迷恋刹那间流萤烟火的璀璨到回归冷漠的沉静，从喜欢浓重的斑斓的色彩到挚爱着黑与白的变奏，这是生命成熟的必经阶段，也是铅华洗尽之后骤然的觉悟。

就像我们总是为路边默默开放的野花而感动，它们不施粉黛，无人宠爱，只有大自然的风吹日晒，间或行人匆匆一瞥。它们一簇一簇地开放，平凡而美丽，无闻却伟大，不为惊叹的赞美，只为平凡的一生。

美丽，在洗尽铅华之后，永恒绽放！

舍与得之间，你需要一颗平常心

在奥运会上夺得金牌的冠军，接受媒体采访时，说得最多的就是很简单的一句话：保持平常的心态。的确，在竞技场上保持平常心态，就能使竞技者超水平发挥，取得意想不到的成绩。在职场和人生中更是如此，只有保持平常心，才能取得工作和生活上的成功。

实际上，很多人并不是被自己的能力所打败，而是败给自己无法掌控的情绪。在现实工作中，在激烈的竞争形势与强烈的成功欲望的双重压力下，从业者往往会出现焦虑、欢喜、急躁、慌乱、失落、颓废、茫然、百无聊赖等困扰工作的情绪。这些情绪一齐发作，常常会让人丧失对自身的定位，变得无所适从，从而大大地影响了个人能力的发挥，使自己的工作效能大打折扣。

如古人所云："宁静以致远，淡泊以明志。"不管我们身在何种环境，承受什么样的压力，只要能够坦然面对，就能够轻松地走向成功。

有一次，有源禅师问大珠慧海大师："大师修道是否用功？"大珠慧海大师回答："用功。"

有源禅师问："如何用功？"大珠慧海大师回答："吃饭时吃饭，睡觉时睡觉。"有源禅师说："这和一般人有何不同？"大珠慧海大师说："一般人吃饭时不肯吃饭，百种需索；睡觉时不肯睡觉，千般计较，所以不同。”

在我们的生活中，无论从事何种工作，无论身处什么位置，遇到的问题可能不同，但所面临的压力其实是一样的。漫长的工作生涯中，不分昼夜地加班、工作碰到困难、获得褒奖、遭遇委屈、甚至是挫折连连，这都是我们要经历的事情，它涉及所有的人，并不是单单指向某一个人。而职场中人不同的反应体现的则是个体的素质。所以，我们应当努力学会，而且是必须学会去适应环境，而不是怨天尤人、沾沾自喜抑或是垂头丧气。如果我们能够随时保持一颗平常心，做到宠辱不惊，去留随意，我们就能够简简单单地面对自己的生活。

扬弃才能超常

中国有句古话：有所为就有所不为。有所得，就必有所失。什么都想得到，只能是生活中的侏儒。要想获得某种超常的发挥，就必须扬弃许多东西。盲人的耳朵最灵，因为眼睛看不见，他必须竖着耳朵听，久而久之，耳朵达到了超常的功能。会计的心算能力最差，2 加 3 也要用算盘打一遍，而摆地摊的则是速算专家。生活中也一样，当你的某种功能充分发挥时，其他功能就可能退化。

如果我们发现自己的老板并不是一个睿智的人，并没有注意到我们所付出的努力，也没有给予相应的回报，那么也不要懊丧，我们可以换一个角度来思考：现在的努力并不是为了现在的回报，而是为了未来。我们投身于商业是为了自己，是在为了自己而工作。人生并不是只有现在，而且有更长远的未来。固然，薪水要努力多挣些，但那只是个短期的小问题，最重要的是获得不断晋升的机会，为未来获得更多的收入奠定基础。更何况生存问题需要通过发展来解决，眼光只盯着温饱，得到的永远只有温饱。

暂时的放弃是为了未来更好地获得。尽管薪水微薄，但是，我们应该认识到，老板交付给的任务能锻炼我的意志，上司分配给我们的工作能发展我们的才能，与同事的合作能培养我们的人格，与客户的交流能训练我们的品性。企业是我们生活的另一所学校，工作能够丰富我们的思想，增进我们的智慧。

比如俾斯麦，别的方面我们姑且不谈，但在这一点上，他还是有值得学习的地方。俾斯麦在德国驻俄外交部工作时，薪水也很低，但是他却从来没有因为自己的工资低而放弃努力。在那里他学到了很多外交技巧，也锻炼了自身决策能力，这些对他后来的政治活动影响很大。

许多商界名人开始工作时收入都不高，但是他们从来没有将眼光局限于此，而是始终不渝地努力工作。在他们看来，缺少的不是金钱，而是能力、经验和机会。最后当他们功成名就之时，又如何衡量他们的收入是多少呢！

在你工作时，要时刻告诫自己：我要为自己的现在和将来而努力。无论你的工资收入是多还是少，都要清楚地认识到那只是你从工作中获得的一小部分。不要太多考虑你的工资，而应该用更多的时间去接受新的知识，培养自己的能力，展现自己的才华，因为这些东西才是真正的无价之宝。在你未来的资产中，它们的价值远远超过了现在所积累的货币资产。当你从一个新手、一个无知的员工成长为一个熟练的、高效的管理者时，你实际上已经大有收获了。你可以在其他公司甚至自己独立创业时，充分发挥这些才能，而获得更高的报酬。

也许你的老板可以控制你的工资，可是他却无法遮住你的眼睛，捂上你的耳朵，阻止你去思考，去学习。换句话说，他无法阻止你为将来所做的努力，也无法剥夺你因此而得到的回报。

但是生活中也有不少人为了求得一份收入丰厚的工作，有不少人放弃了个人的兴趣追求。工作时往往超负荷运转，个人空间极小。从社会对劳动力的不同需求来看，这种选择无可厚非。但这往往并不是人们心目中最理想的选择。赚钱当然是必要的，但人们除了工作之外，对其他事物也有追求，如自由的时间、良好的健康、满意的人际关系和幸福的家庭等等。因此，一份相对自由的、能充分发挥个人聪明才智的工作将越来越成为人们的首选择业目标。这样，人们就可能拥有更多灵活的时间，弹性安排自己的生活。这样的工作才是个性化的、理想的工作。

人，必须懂得及时抽身，离开那看似最赚钱，却不再有进步的地方；必须鼓起勇气，不断学习，再去开创生命的另一高峰。

盘小不是问题，有气魄就能钓到“大鱼”

几个人在岸边岩石上垂钓，一旁有几名游客在欣赏海景之余，亦围观他们钓上岸的鱼，口中啧啧称奇。

只见一个钓者竿子一扬，钓上了一条大鱼，约3尺来长。落在岸上后，那条鱼依然腾跳不已。钓者冷静地解下鱼嘴内的钓钩，随手将鱼丢回海中。

围观的众人发出一阵惊呼，这么大的鱼犹不能令他满意，足见钓者的雄心之大。就在众人屏息以待之际，钓者渔竿又是一扬，这次钓上的是一条2尺长的鱼，钓者仍是不多看一眼，解下鱼钩，便把这条鱼放回海里。

第三次，钓者的渔竿又再扬起，只见钓线末端钩着一条不到1尺长的小鱼。

围观的人以为这条鱼也将和前两条大鱼一样，被放回大海，不料钓者将鱼解下后，小心地放进自己的鱼篓中。

游客中有一人百思不解，追问钓者为何舍大鱼而留小鱼。

钓者回答道："喔，那是因为我家里最大的盘子只有1尺长，太大的鱼钓回去，盘子也装不下……"

舍三尺长的大鱼而宁可取不到一尺的小鱼，这是令人难以理解的取舍，而钓者的唯一理由，竟是家中的盘子太小，盛不下大鱼！

在我们的生活中，是不是也出现过类似的场景？例如，当我们好不容易有一番雄心壮志时，就习惯性地提醒自己："我想得也太天真了吧，我只有一个小锅，煮不了大鱼。"因为自己背景平凡，而不敢去梦想非凡的成就；因为自己学历不足，而不敢立下宏伟的大志；因为自己自卑保守，而不愿打开心门，去接受更好、更新的信息……凡此种种，我们画地为牢、故步自封，既挫伤了自己的积极性，也限制了自己的发展。生活中那些人生篇章舒展不开、无法获得大成就的人，往往就是因为没有大格局。

陈文茜，中国台湾无党籍民意代表、电视节目主持人、作家，台湾知名才女，与李敖、赵少康并称"台湾三大名嘴"。1980年，她从台湾大学法律系毕业；1996年，开始主持政论节目《女人开讲》；2000年，又推出《文茜小妹大》，她在节目中针砭时弊，不留情面，获得众多观众的好评；2005年，退出政坛的陈文茜在凤凰卫视开播新栏目《解码陈文茜》，延续她自信敢言、鲜明犀利的风格。陈文茜横跨台湾政治、商业与媒体界，是颇具影响力的风云人物。

与人们印象中温良恭顺、柔肠百转的台湾小女子不同的是，陈文茜性情洒脱、沉稳睿智，她在娓娓道来的语句中很实际地解释了事业对女性和家庭的影响。一次，她在接受白岩松采访时说道：

"其实，世界上可以给一个女人的东西相当的少，她就守住一片天，守住一块地，守住一个家，守住一个男人，守住一群小孩，到后来，她成了中年女子，她很少感到幸福，她有的是一种被剥夺感。这是我慢慢退出政坛以后的一个新的感慨，从政有一个好处，它让我从小就活得跟一般女人不一样……就是说在某种程度上你有这种气魄，这个气魄未必帮助你真正在政治事业上表现杰出，可是真的能帮助一个女人在处理她的私人事情时表现杰出，她会变得很超脱，格局很大。其实，人生处境最怕你格局很小，我觉得从事政治工作有一件事情能帮助我，就是面对自己实际生活里的困境时，很容易比一般人放得开，我觉得这是个很重要的幸福的来源。"

作为一个女人，陈文茜之所以能在政坛叱咤风云，在生活中如鱼得水，正是源于她的人生格局。她有许多女人所没有的宽广视野，她有许多男人所没有的胆识气魄，还有很多专家学者所没有的睿智和担当……“人生最怕格局小”，这正是陈文茜的成功秘诀。你或许正在为自己的平庸无为而苦闷愤懑，那么，自我反思一下，看看你的格局是不是太小了：拘囿于朝九晚五、机械式的工作程序，满足于日常生活的柴米油盐，为同事之间的小摩擦而斤斤计较半天，为了节省几毛钱而绕远道去另一个超市，为了省钱从不买书，从没有展望过自己的未来……想一想自己身上还有哪些“小格局”，把它打开吧，你将拥有一个更加广阔的人生。

量力而行，舍弃才能得到

据说有一年，香港特别行政区政府财政拮据，便想出了一个办法：把中环海边康乐大厦所在的那块土地进行拍卖。这块土地面积大，属于黄金地段。消息传出后，有资产的人都兴致勃勃，连远在港外的富商们也都赶来参加投标。一时间，香港码头机场客流量大，饭店老板个个眉开眼笑。想投标者虽多，但有资格的就那么几个，真正打这块地皮主意的，在香港只有李嘉诚的长江实业有限公司和英国的渣打银行。香港特别行政区政府为了不让港外人士购地，有意让这两家中的一个获胜，便采取了暗中投标的方式，谁也不知道别人所投价格为多少。

李嘉诚心里有打算，地皮虽好，也有个底限，否则买回来也是亏本，而渣打银行必然拼命抬价，以扳回前几次败北丢的老面子，李嘉诚报上28亿港元。那渣打银行活脱脱的英国绅士脾气，底气不足却要打肿脸充胖子，又认为李嘉诚必定拼命抬价，于是豁出了老本，报出了42亿港元的价格。结果当然是渣打银行获胜。正当银行上下举杯欢庆时，打听消息的探子回来报告说，李嘉诚的报价比他们少14亿港元，顿时一个个脸色变得死灰，总裁吃惊得连酒杯都掉在地上摔得粉碎，连连说，英国绅士上了中国商人的大当。

李嘉诚精打细算，忍住了黄金地段的巨大诱惑，果断地抽身而退，把烫手的山芋甩给了渣打银行。如果忍不住，把自己的老本全部押上，可能落个失败的“威风”，又有何价值。这就显示了凡事能够量力而行，就可以保持长久的成功。

懂得量力而行的人，不会在自己的能力之外贸然行动，这样也就不会招来危险。孙武在书中说：“用兵之法，十则围之，五则攻之，倍则分之，敌则能战之，少则能逃之，不若则能避之。”就是说有十倍于对方的兵力，就要围困它；有五倍于它的兵力，就要攻打它；只有对方的一倍多，就分散攻击它；与敌军匹敌，就要能战则战；比敌人的兵力少，则要能逃就逃。量力而为是在危险之中降低伤害的最明智的办法，它不需要太多玄妙的智慧，只要我们对自己有一个客观的认识就可以了。

懂得量力而行也是一种舍得之道。放弃追逐自己能力以外的东西，在力所能及的范围内将自己的能力进行最大限度发挥，便能创造属于有益的社会财富。大凡有成就的人不会计较眼前的得失，他们明白有舍才有得。此时的放弃并不意味着永远的失败，而是另一种对人生的成全，因为你所放弃的是生活的负累。在人生的每一个关键时刻，我们应审慎地运用智慧，做最正确的选择，同时别忘了及时审视选择的角度，适时调整。要学会从各个不同的角度全面研究问题，放弃掉无谓的固执，冷静地用开放的心胸做正确抉择。

不被表象所淹没，集中精力于大事上

《劝忍百箴》告诫人们，顾全大局的人，不拘泥于区区小节；要做大事的人，不追究一些细碎小事；观赏大三圭的人，不细考察它的小疵；得巨材的人，不为其上的蠹蛀而怏怏不乐。因为一点瑕疵就扔掉玉圭，就永远也得不到完美的美玉；因为一点蛀蚀就扔掉木材，天下就没有完美的良材。

关于伯乐相马的故事流传已久。

秦穆公对伯乐说："您的年纪大了，您的家里，有能去寻找千里马的人吗？"伯乐回答说："好马可以从外貌、筋骨上看出来。但千里马很难捉摸，其特点若隐若现，若有若无，我的儿子们都是才能低下的人，我可以告诉他们什么是好马，但没有办法告诉他们什么是天下的千里马。我有一个朋友，名字叫九方皋。他相马的本领不比我差，请您召见他吧！"

秦穆公召见了九方皋，派遣他去寻找千里马。三个月之后，九方皋回来了，向秦穆公报告说："千里马已经找到了，现在沙丘那个地方。"穆公问他："是一匹什么样的马呢？"九方皋回答说："是一匹黄色的母马。"秦穆公派人去取，结果是一匹公马，而且是黑色的。秦穆公非常不高兴，于是将伯乐召来，对他说："真是糟糕，您让我派去的那个寻找千里马的人，连马的颜色和雌雄都分辨不出来，又怎么能知道是不是千里马呢？"伯乐却长叹一声说："他相马的本领竟然高到了这种程度！这正是他超过我的原因啊！他抓住了千里马的主要特征，而忽略了它的表面现象；注意到了它的本领，而忘记了它的外表。他看到他应该看到的，而没有看到不必要看到的；

他观察到了他所要观察的，而放弃了他所不必观察的。像九方皋这样相马的人，才真正达到了最高的境界！”那匹马牵来之后果然是难得一见的千里马。

处理事情的时候，一味强调细枝末节，以偏概全，就会抓不住要害问题，没有重点，不知道从哪里下手。有些人只记得了一些表面的、细微的特征，却无法从根本上解决问题，要做大事，就要纵观全局，不能纠缠在小事上摆脱不出来。

有一句话是这样说的，我们宁愿失去一场战斗而赢得一场战争，也不愿意因赢得一场战斗而失去战争。在做事情前要自问：“这真的很重要吗？”问问自己：“这事值得我那样大动干戈吗？”

没有比这种提问能更好地治疗为麻烦事而烦恼、激动的了。如果我们碰到麻烦事时，问自己一声：“这事真的很重要吗？”那么许多争吵与不和就不会发生了。

不要被一些表象或肤浅的事情所淹没，要集中精力于大事上。

做人学学橡皮筋

人生有两种情境，一是逆境，一是顺境。面对困境和逆境，人有必要向橡皮筋学习学习。在逆境中，困难和压力逼迫身心，这时应懂得一个“屈”字，委曲求全，保存实力，以等待转机。在顺境中，幸运和环境皆有利于我，这时当不忘一个“伸”字，乘风万里，扶摇直上，以顺势应时，更上一层楼。

这就像打牌，输牌和赢牌是常有的事情，我们不能因为一场输牌而沮丧不已。也不能因为赢了一场就洋洋自得，人当有穿梭于输赢之间的能力。

从做人上讲，应该有刚有柔。人太刚强，遇事就会不顾后果，迎难而上，这样的人容易遭受挫折。人太柔弱，遇事就会优柔寡断，坐失良机，这样的人很难成就大事，一味软弱，终究是扶不起的阿斗。做人就要刚柔并济，能刚能柔，能屈能伸，当刚则刚，当柔则柔，屈伸有度。适当的弹性有助于你克服障碍加快你前进的步伐。小草之所以抵得过强风，是因为懂得随风摇曳，随时改变自己的姿态；扁舟之所以抗得住恶浪，是因为能够顺水击流，随时调整自己的航向。

有一个人在社会上总是不得志，有人向他推荐一位得道大师。他找到大师，倾吐了自己的烦恼。大师沉思了一会儿，默然舀起一瓢水，说：“这水是什么形状？”这人摇头：“水哪有形状呢？”大师不答，只是把水倒入一只杯子，这人恍然，道：“我知道了，水的形状像杯子。”大师无语，轻轻地拿起花瓶，把水倒入其中，这人又道：

“哦，难道说这水的形状像花瓶？”大师摇头，轻轻提起花瓶，把水倒入一个盛满花土的盆中。水很快就渗入土中，消失不见了。这人陷入了沉思。这时，大师俯身抓起一把泥土，叹道：“看，水就这么消逝了，这就是人的一生。”

那个人沉思良久，忽然站起来，高兴地说：“我知道了，您是想通过水告诉我，社会就像一个个有规则的容器，人应该像水一样，在什么容器之中就像什么形状。而且，人还极可能在一个规则的容器中消失，就像水一样，消失得迅速、突然，而且一切都无法改变。”

这人说完，眼睛急切地盯着大师，渴盼着大师的肯定。“是这样。”大师微笑，接着说：“又不是这样！”说些，大师出门，这人随后。

在屋檐下，大师伏下身，用手在青石板的台阶上摸了一会儿，然后顿住。这人把手指伸向大师手指所触之地，那里有一个深深的凹口。大师说：“下雨天，雨水就会从屋檐落下。你看，这个凹处就是雨水落下的结果。”此人于是大悟：“我明白了，人可能被装入规则的容器，但又可以像这小小的雨滴，改变这坚硬的青石板，直到容器破坏。”大师点头：“对，这个窝会变成一个洞。”

做人就要像水一样，有弹性，能屈能伸，无论是在工作上还是感情上都是如此，可以和一些人在一起工作；也可以一个人工作。可以被人捧到天上，也要学会忍受别人的责骂。不会因为一次的失败而觉得前途阻力无限，不要因为人生路上的不如意对自己丧失信心，当以一颗坚强的心去面对生活的刁难和挑战。越王勾践也正是这样能够享受尊荣也能够卧薪尝胆，在大喜大悲之后依然能够称王，这便是弹性。在得意的时候能够开怀大笑但也能把握得住分寸，不让扑面而来的掌声鲜花迷失了双眼，这样才能使得自己的人生不断的辉煌。

当我们在行进的过程中，经过不断的努力，发现此路不通，就不要想着不断的钻牛角尖，人要懂得转弯，绕道而行。当我们遇到与对手竞争的时候也不要一味的将对手看作敌人，因为对手身上的优点很可能是你没有的，有时候对手就是一个榜样，值得你学习，而一味的将对手看作敌人的人想尽办法打赢对手的人是不能取得最终的成功的。而只有那些虽然存在竞争关系，但是仍然将对手当朋友做榜样的人才能走得更远，以后的路子会更宽。对于企业来讲，要有的是大企业的气魄，赢得起，输得起，在输的时候能够虚心的学习竞争对手是如何将企业做得更好，并感谢对手的存在让企业能够不断改善自身的弱点越做越强。

当遇到事情失败的时候，看看能不能在败局中找到新的成功之路。给一个曾经伤害过你的人一个悔恨的机会，多一份宽容，或许就在你对他微笑的那一刻起，你已经成了他这一生中最重要的朋友。人很多时候要具有弹性一些，才能更有利于自身的发展。

第三章

大舍大得，小舍小得，不舍不得

不同的选择，不同的人生

阿拉伯古代有一位智者，他以有先知能力而著称于世。有一天，两个年轻男子去找他。这两个人想愚弄这位智者。他们中的一个在右手里藏一只雏鸟，然后问这位智者："智慧的人啊，我的右手里有一只小鸟，请你告诉我这只鸟是死的还是活的？"如果这位智者说"鸟是活的"，那么拿着小鸟的人将手一握，把小鸟弄死；如果他说"鸟是死的"，那么那一个人只需把手松开，小鸟就会振翅而飞。两个人认为他们万无一失，因为他们觉得问题只有这两种答案。老人久久地看着他们，最后微笑起来，回答说："我告诉你答案，我的朋友，这只鸟是死是活完全取决于你的手。"

人生也是如此，无论是取得好的结果还是不好的结果，完全在于我们自己的选择，选择哭泣，选择微笑，选择努力，选择懒惰，选择勤奋……都在于我们自己，有什么样的选择就决定了什么样的人生。

演说家马克·汉森在开始写作之前，经营的却是建筑业，当他在建筑业经营彻底破产之后，果断地选择了放弃，选择了彻底退出建筑业，并忘记有关这一行的一切知识和经历，甚至包括他的老师——著名建筑师布克敏斯特·富勒。他决定去一个截然不同的领域创业。

他很快就发现自己对公众演说有独到的领悟和热情，而这是最容易赚钱的职业。一段时间后，他成为一个最富有感召力的一流演讲师。后来，他的著作《心灵鸡汤》和《心灵鸡汤Ⅱ》双双登上《纽约时报》的畅销书排行榜，并停留数月之久。

选择是一个痛苦的过程，因为选择而放弃，人总怕错过最好的，于是总难抉择。这就需要我们每个人用自己的智慧进行权衡，权衡什么是最重要的，权衡什么是最值得珍惜，明白自己的人生方向在哪，之后，大胆地选择，选择了就不要因为失去的那些而后悔，因为有失才会有得。

人生其实就是一个选择的过程，你选择了什么生活就给予你什么。

“舍”只是“得”的另一个名字

执著地对待生活，紧紧地把握生活，但又不能抓得过死，松不开手。人生这枚硬币，其反面正是那悖论的另一要旨：我们必须接受“失去”，学会放弃。

国王有5个女儿，这5位美丽的公主是国王的骄傲。她们那一头乌黑亮丽的长发远近皆知，所以国王送给她们每人10个漂亮的发夹。

有一天早上，大公主醒来，一如往常地用发夹整理她的秀发，却发现少了一个发夹，于是她偷偷地到二公主的房里，拿走了一个发夹。

当二公主发现自己少了一个发夹，便到三公主房里拿走一个发夹；三公主发现少了一个发夹，也如法炮制地拿走四公主的一个发夹；四公主只好拿走五公主的发夹。

于是，最小的公主的发夹只剩下9个。

隔天，邻国英俊的王子忽然来到皇宫，他对国王说：“昨天我养的百灵鸟叼回一个发夹，我想这一定是属于公主们的，而这也真是一种奇妙的缘分，不知道百灵鸟叼回的是哪位公主的发夹？”

公主们听到了这件事，都在心里说：是我掉的，是我掉的。可是头上明明完整地别着十个发夹，所以都懊恼得很，却说不出口。

只有小公主走出来说：“我掉了一个发夹。”话才说完，一头漂亮的长发因为少了一个发夹，全部披散下来，王子不由得看呆了。

故事的结局，当然是王子与公主从此一起过着幸福快乐的日子。

对善于享受简单和快乐的人来说，人生的心态只在于进退适时、取舍得当。因为生活本身即是一种悖论：一方面，它让我们依恋生活的馈赠；另一方面，又注定了我们对这些礼物最终的舍弃。

失去了这种东西，必然会在其他地方有所收获。关键是，你要有乐观的心态，相信有失必有得。要舍得放弃，要正确对待你的失去，失去才能得到，有时舍弃不过是获得的另一个名称，失去也就是另一种获得。

生活有时会逼迫你不得不交出权力，不得不放走机遇，甚至不得不抛下爱情。然而，舍得舍得，有舍才有得。所以，人生要学会放弃，并敢于放弃一些东西。

以退为进，绕指柔化百炼钢

想要喝到芳香醇郁的美酒就得放下手中的咖啡，想要领略大自然的秀美风光就要离开喧嚣热闹的都市，想要获得如阳光般明媚开朗的心情就要驱散昨日烦恼留下的阴霾。放得下是为了包容与进步，放下对个人意见的执著才能包容，放下今日旧念的执著才会进步。表面看来，放下似乎意味着失去，意味着后退，其实在很多情况下，退步本身就是在前进，是一种低调的积蓄。

一位学僧斋饭之余无事可做，便在禅院里的石桌上作起画来。画中龙争虎斗，好不威风，只见龙在云端盘旋将下，虎踞山头作势欲扑。但学僧描来抹去几番修改，却仍是气势有余而动感不足。

正好无德禅师从外面回来，见到学僧执笔前思后想，最后还是举棋不定，几个弟子围在旁边指指点点，于是就走上前去观看。学僧看到无德禅师前来，于是就请禅师点评。

禅师看后说道："龙和虎外形不错，但其秉性表现不足。要知道，龙在攻击之前，头必向后退缩；虎要上前扑时，头必向下压低。龙头向后曲度愈大，就能冲得越快；虎头离地面越近，就能跳得越高。"

学僧听后非常佩服禅师的见解，于是说道："老师真是慧眼独具，我把龙头画得太靠前，虎头也抬得太高，怪不得总觉得动态不足。"

无德禅师借机开示："为人处世，亦如同参禅的道理。退却一步，才能冲得更远；谦卑反省，才会爬得更高。"

另外一位学僧有些不解，问道："老师！退步的人怎么可能向前？谦卑的人怎么可能爬得更高？"

无德禅师严肃地对他说："你们且听我的诗偈：手把青秧插满田，低头便见水中天；身心清净方为道，退步原来是向前。你们听懂了吗？"

学僧们听后，点头，似有所悟。

进是前，退亦是前，何处不是前？无德禅师以插秧为喻，向弟子们揭示了进退之间并没有本质的区别。做人应该像水一样，能屈能伸，既能在万丈崖壁上挥毫泼墨，好似银河落九天，又能在幽静山林中蜿蜒流淌，自在清泉石上流。

退，意在“半途而止”，而非半途而废

我们在遇到挫折或遭遇强敌时常常提及“三十六计，走为上策”的说法。“走”的本义是“跑”，引申为“逃跑”。逃跑何以是上策呢。

原来，“走为上”在《三十六计·败战计》中，意指形势不利，要避免与敌人决战，面前只有三条路可走：竖起白旗，“我服了你”——投降；眼见再斗下去并没有任何好处，“打平手算了”——讲和；投降是百分之百失败，讲和算百分之五十失败，还不如逃跑——逃跑可以保全实力，有从退中求胜的希望。逃跑比起投降、讲和，堪称“上策”。尤其值得提醒的是：退却是指半途而止，并不是半途而废，它包含着积极的内涵，而不是消极地夹着尾巴逃跑。为了把握好这一点，让我们再重温一下浪里白条张顺“退中求胜”智胜黑旋风的故事。

《水浒》第三十七回有“黑旋风斗浪里白条”的情节，十分精彩，描写李逵与戴宗、宋江三人在靠江琵琶亭酒馆饮酒，李逵到江边渔船抢鱼，趁着酒兴，闹将起来。书中写道：

正热闹里，只见一个人从小路里走出来，众人看见叫道：“主人来了，这黑大汉在此抢鱼，都赶散了渔船。”

那人道：“什么黑大汉，敢如此无礼？”众人把手指道：“那厮兀自在岸边寻人厮打。”那人抢将过去，喝道：“你这厮吃了豹子心、大虫胆，也敢来搅乱老爷的道路！”李逵看那人时，六尺五六身材，三十二三年纪，三绺掩口黑髯，头上裹顶青纱万字巾……手里提条秤。那人正来卖鱼，见了李逵在那里横七竖八打人，便把秤递与行贩接了，赶上前来大喝道：“你这厮要打谁？”李逵不回话，抢过竹篙，却望那人便打，那人抢过去，早夺了竹篙，李逵便一把揪住那人头发，那人便奔他下三面，要跌李逵。

怎敌得李逵水牛般气力，直推将开去，不能够拢身，那人便望肋下擢得几拳，李逵那里看在眼里，那人又飞起脚来踢，被李逵直把头按将下去，提起铁锤般大小拳头，去那人脊梁上擂鼓也似打。那人怎生挣扎？李逵正打哩，一个人在背后劈腰抱住，一个人便来帮助手，喝道：“使不得，使不得！”李逵回头看时，却是宋江、戴宗。李逵便放了手，那人略得脱身，一道烟走了。

戴宗埋怨李逵道：“我教你休来讨鱼，又在这里和人厮打。倘或一拳打死了人，你不去偿命坐牢？”李逵应道：“你怕我连累你，我自打死了一个，我自去承当。”

宋江便道："兄弟休要论口，拿了布衫，且去吃酒。"李逵向那柳树根头，拾起布衫，搭在胳膊上。跟了宋江、戴宗便走。行不得数十步，只听得背后有人叫骂道："黑杀才今番要和你见个输赢。"李逵回头看时，便是那人脱得赤条条地，匾扎起一条水裤儿，露出一身雪练也似白肉……在江边独自一个把竹篙撑着一只渔船赶将来，口里大骂道："千刀万剐的黑杀才，老爷怕你的，不算好汉！走的，不是好男子！"李逵听了大怒，吼了一声，撇了布衫，抢转身来，那人便把船略拢来，凑在岸边，一手把竹篙点定了船，口里大骂着。李逵也骂道："好汉便上岸来。"那人把竹篙去李逵腿上便搠，撩拨得李逵火起，托地跳在船上。

说时迟，那时快，那人只要诱得李逵上船，便把竹篙往岸边一点，双脚一蹬。李逵当时慌了手脚。那人更不叫骂，撇了竹篙，叫声："你来，今番和你定要见个输赢。"便把李逵胳膊拿住，口里说道："且不和你厮打，先教你吃些水。"两只脚把船只一晃，船底朝天，英雄落水，两个好汉扑通地都翻筋斗撞下江里去。宋江、戴宗急忙赶至岸边，那只船已翻在江里，两个只在岸上叫苦。

江岸边早拥上三五百人，在柳荫底下看，都道："这黑大汉今番却着道儿，便挣扎得性命，也吃了一肚皮水。"宋江、戴宗在岸边看时，只见江面开处，那人把李逵提将起来，又淹将下去，两个正在江心里面清波碧浪中间，一个显浑身黑肉，一个露遍体霜肤。两个打作一团，绞作一块，江岸上那三五百人没一个不喝彩。当时宋江、戴宗看见李逵被那人在水里揪扯，浸得眼白，又提起来，又按下去，老大吃亏，便叫戴宗央人去救。戴宗问众人道："这白大汉是谁？"有认得的说道："这个好汉，便是本处卖鱼主人，唤做张顺。"宋江听得，猛省道："莫不是绰号浪里白条的张顺？"众人道："正是，正是。"

浪里白条张顺，将"陆战"变成"水战"，在一退一进之间，创造战机，扬长避短，找到了战胜李逵的上策。号称铁牛的李逵毕竟不是水牛，灌饱江水，吃够了苦头。

此例无疑告诉我们，必须处理好退与进的关系：退，向对手让步，是避敌锋芒、摆脱劣势的手段，用退来赢得进的积极行动。可是一般人在谋划时喜进而厌退，认为退是怯弱的表现。殊不知退的软弱正可以用来麻痹对手，掩盖自己对进的准备和行动，其实在"软弱"中蕴藏着威力。古代哲学家老子提出"进道若退"，他力主以柔克刚，以退为进，这又岂是只知猛冲猛打的人所能理解的呢？

无论是战场还是商场，也无论是胜利后的退却还是失败后的退却，只要"退"仅只是手段，而不是最后目的，只要有利于整体目标的实现，"退"又何尝不是上策呢？大自然中的狼族，有许多的成功猎捕正是由"退中求胜"所换取的。

因此，退中求胜的积极意义可概括为：保存实力、重整旗鼓以及待机战胜。

大舍大得，小舍小得

中国雅虎前任总裁曾鸣曾说：“一个臭的决策往往是很容易就决定了，而一个好的决策往往在一时之间难以取舍，这是因为你不知道它到底是对的还是错的。”

其实，一个领导者的决策过程就是舍与得的取舍过程。就像阿里巴巴有很多错误，但是它在取舍方面就有好与坏之分。马云为了使阿里巴巴成为世界上最好的电子商务平台，多年来一直“舍得”让新成立的业务处于亏损状态。

在2007年的年会上，马云指出阿里巴巴目前的主要任务是做大规模，而不是赚钱，尤其是对淘宝和支付宝而言。他让大家忘掉钱，忘掉赚钱，不要在意外界对阿里巴巴的负面评价。

很多人都很关注阿里巴巴的淘宝网收费的问题，马云的想法很简单，他认为淘宝如果要真正想赚钱，首先要考虑的是淘宝帮别人是否真正赚了钱。所以说，淘宝现在收费的时机还尚不成熟，因为它的市场还需要培育。比如像做一个例子，如果阿里巴巴在路上发现了很多的小金子，于是它就不断地捡起来，当它浑身装满了金子的时候它就会走不动，这样的话它就永远到不了金矿的山顶。另外，马云认为淘宝收费是需要有一点创新的，因为所有模仿的东西都不会超出预期值很多，就像Google能超出人们期望的高度就是因为它的创新，全球最大门户网站雅虎也是靠自己的创新最终大获成功的。

自从淘宝成立以来，它每年的交易额以10倍的速度迅速增长，仅2007年上半年的交易额就达到了157亿，网站注册会员超过4000万，在中国C2C市场中的份额几乎达到了80%。面对这样卓越的成绩，淘宝却说：“我们现在的规模连婴儿都不是。”他们认为只有当淘宝的交易额可以与传统的商业巨头，像国美、沃尔玛等相媲美时，淘宝才是真正面向个人用户电子商务的未来所在。

马云的这种舍弃小利益，为社会创造更高价值的理念，使得他把握住了互联网的命脉。同时，正是基于对电子商务的坚定信念，马云立志在不久的将来要把阿里巴巴做成世界十大网站之一，从而实现“只要是商人，就一定要用阿里巴巴”的目标。

生活中，掌握进退之道有诸多妙处。大舍大得，小舍小得，退往往只是为了换一个角度、换一个方向，或腾出一些空间。好比两车相逢，有时必须自己先退让，才有前进的可能，或是前进无路，只好后退另寻他途。正面对战已无取胜可能，而且将耗损自己实力时，可暂时后退，以保存实力补充战力这才是为人处世之道。

存心舍弃，会有加倍的获得

有取就有舍，而有舍才有得。我们往往只是看到了一个人舍去世俗的荣华富贵和荣誉地位，却忽略了他舍弃这些东西背后所得到的比这些东西更加珍贵的东西，那便是无穷的智慧和人生那种宁静而豁达的境界。其实人生就是一连串取舍的过程，有取就有舍，有舍才有得，而主动舍弃的人，却可能得到上苍加倍的馈赠。

第二次世界大战的硝烟刚刚散尽时，以美英法为首的战胜国首脑们几经磋商，决定在美国纽约成立一个协调处理世界事务的联合国。一切准备就绪后，大家才发现，这个全球至高无上、最权威的世界性组织，竟没有自己的立足之地。

买一块地皮，刚刚成立的联合国机构还身无分文。让世界各国筹资，牌子刚刚挂起，就要向世界各国搞经济摊派，负面影响太大。况且刚刚经历了二战的浩劫，各国政府都财库空虚，许多国家财政赤字居高不下，在寸土寸金的纽约筹资买下一块地皮，并不是一件容易的事情。联合国对此一筹莫展。

听到这一消息后，美国著名的家族财团洛克菲勒家族经商议，果断出资870万美元，在纽约买下一块地皮，将这块地皮无条件地赠与了这个刚刚挂牌的国际性组织——联合国。同时，洛克菲勒家族亦将毗连这块地皮的大面积地皮全部买下。

对洛克菲勒家族的这一出人意料之举，美国许多大财团都吃惊不已。870万美元，对于战后经济委靡的美国和全世界，都是一笔不小的数目，而洛克菲勒家族却将它拱手赠出，并且什么条件也没有。这条消息传出后，美国许多财团主和地产商都纷纷嘲笑说："这简直是蠢人之举！"并纷纷断言："这样经营不要十年，著名的洛克菲勒家族财团，便会沦落为著名的洛克菲勒家族贫民集团！"

但出人意料的是，联合国大楼刚刚建成完工，毗邻地价便立刻飙升起来，相当于捐赠款数十倍、近百倍的巨额财富源源不尽地涌进了洛克菲勒家族财团。这种结局，令那些曾经讥讽和嘲笑过洛克菲勒家族捐赠之举的财团和商人们目瞪口呆。

这是典型的"因舍而得"的例子。如果洛克菲勒家族没有做出"舍"的举动，勇于牺牲和放弃眼前的利益，就不可能有"得"的结果。放弃和得到永远是辩证统一的。然而，现实中许多人却执著于"得"，常常忘记了"舍"。殊不知，没有舍就没有得，凡是什么都想获得的人，最终会因为无尽的欲望，导致一无所获。

生活就是如此，如果你不可能什么都得到的时候，那么就应该学会舍弃，生活有时候会迫使你交出权力，不得不放走机会和恩惠。然而我们要知道，舍弃并不意味着失去，有时候，我们主动去舍弃，反而会得到更多。

隐忍退让，放长线钓大鱼

《老子》第三十六章写道："将欲歙之，必固张之；将欲弱之，必固强之；将欲废之，必固兴之；将欲夺之，必固与之。"老子这句话体现出卓越的辩证思想。为了捉住敌人，事先要放纵敌人。这是一种放长线钓大鱼的计谋。一般来说，一时纵敌，百日之患。但是，在特殊情形之下，纵敌不仅无害，反而有益。

有时，"退一步是为了进两步"，处理问题既需要果断，也要善于忍耐，等待最适宜的时机。一代明君康熙除去鳌拜的故事，很好地说明了进退潜规则的好处。

根据祖宗的惯例，康熙满 14 岁那年举行了亲政大典。可是亲政后的康熙帝，仍然没有实权，鳌拜继续大权独揽。皇帝与权臣之间的矛盾，终于在如何对待苏克萨哈的问题上公开化了。

苏克萨哈是顺治皇帝临终时指定的四位顾命大臣之一，一向为鳌拜所妒忌。在一次朝会上，鳌拜对康熙大帝说："苏克萨哈心怀不轨，蓄意篡权，我已下令将他抓了起来。请皇上同意将苏克萨哈立即正法。"此时康熙尽管对鳌拜的做法不满，可自知实力太差，远不是鳌拜的对手，所以只好忍痛。鳌拜一回到家，马上传令绞杀苏克萨哈，同时诛杀了他的家人。

康熙气得两眼冒火，决心要除掉这个欺君擅权的鳌拜。康熙帝深知要除掉鳌拜绝非一件易事，弄不好，激起兵变，那么，他这皇帝的位子也就别想再坐了。经过一夜的冥思苦想，康熙帝最后定下了剪除鳌拜的计策。

第二天鳌拜上朝时，康熙帝不露声色，也不再提苏克萨哈的事情。鳌拜心里暗自得意，他哪里知道，这是康熙大帝高明的地方。没过几天，康熙帝给鳌拜晋爵位，又加封号，又给鳌拜的儿子加官晋爵，鳌拜心里美滋滋的。

康熙一面故作软弱无能，稳住鳌拜，一面挑选了十几个机灵的小太监，在宫内舞刀弄棒，练习角力摔跤。康熙帝自己也加入摔跤队伍与小太监们对阵取乐。消息传到宫外，大家认为只不过是小皇帝变着法子闹着玩罢了。

从表面上看，朝中大事一切照旧，鳌拜还是那样为所欲为，康熙对鳌拜还是那样信赖，鳌拜渐渐放松了戒备。练习拳棒和摔跤的小太监们，技艺逐渐纯熟。康熙见时机已到，决定向鳌拜下手。

一天，康熙派人通知鳌拜，说是有要事商量，请他立即进宫。鳌拜直奔宫中，康熙此时正和小太监们摔跤玩呢。鳌拜上前，正要与康熙打招呼，十几个小太监打打闹闹地挨近了鳌拜身边。说时迟，那时快，大家一拥而上，拉胳膊扯腿地将毫无防备的鳌拜翻倒在地。

鳌拜很快反应过来，感到大事不妙想要挣扎反抗时，十几个小太监已牢牢地将他制服在地，哪里肯让他脱身。他们拿来准备好的绳索，将鳌拜捆了个结结实实。

康熙正颜厉色地对躺在地上动弹不得的鳌拜说："你欺凌幼主，图谋不轨，飞扬跋扈，滥杀无辜。今日下场是你罪有应得。你鳌拜罪行累累，罄竹难书，待我查清你的罪行，一定严惩，绝不宽待。"

鳌拜自知难逃一死。紧紧地闭着双眼，一句话也不说，只能像待宰的羔羊那样任人宰割！

人在逆境中，最需要的防身术是一个"忍"字，学会忍辱负重，藏而不露，才能在别人不知不觉中发展壮大，待时机成熟，你便可以马上脱颖而出。隐忍退让，就是为了放长线钓大鱼。

关键时刻懂得务实妥协

现实生活中，各种人际矛盾和争斗层出不穷，对于这些争斗有很多种解决方式，务实"妥协"是其中最有效的方式之一。

务实"妥协"是双方或多方在某种条件下达成的共识，在解决问题上，它不是最好的办法，但在没有更好的方法出现之前，它是最好的。

首先，它可以避免时间、精力等"资源"的继续投入。在"胜利"不可得，而"资源"消耗殆尽却日渐成为可能时，务实"妥协"可以立即停止消耗，使自己有喘息、整补的机会。也许你会认为，强者不需要妥协，因为他"资源"丰富，能够与你进行长时间的持久战。理论上是这样，可问题是，当弱者以飞蛾扑火之势咬住你时，你纵然得胜，也是损失不少的"惨胜"，所以在某些状况下强者也需要妥协。

其次，它可以借助妥协的和平时期来扭转对你不利的劣势。对方提出妥协，表示他有力不从心之处，他也需要喘息，说不定他要放弃这场与你的争斗；如果是你提出，若他愿意接受，并且同意你提出的条件，表示他也无心或无力继续这场"战争"，否则他是不大可能放弃胜利的果实的。因此，务实“妥协”可创造“和平”的时间和空间，而你便可以利用这段时间来促使矛盾关系的转化。

另外，它还可以维持自己最起码的“存在”。妥协常有附带条件，如果你是弱者，并且主动提出妥协，那么可能要付出相当的代价，但却换得了“存在”。“存在”是一切的根本，因为没有“存在”就没有未来。也许这种附带条件的妥协对你不公平，让你感到屈辱，但用屈辱换得存在，换得希望，这又何尝不可呢？

务实“妥协”有时候会被误解为屈服、软弱的“投降”行为，但从上面所提的几点来看，务实“妥协”其实是通权达变的处世智慧。凡是处世的智者，都懂得在恰当时机接受别人的妥协，或向别人提出妥协，毕竟人要生存，靠的是理性，不是一时的冲动。

当然，妥协时也必须做到因地制宜。

第一，要善于发现你的目标所在。也就是说，你不必把资源浪费在无益的争斗上，能妥协就妥协，不能妥协，放弃争斗也无不可。若你争的本就是大目标，那么绝不可轻易妥协。

第二，要看“妥协”的条件。要面子，但不必把对方弄得无路可退，这不是为了道德正义，而是为了避免狗急跳墙，是有利害考虑的。更何况，除非你把对方杀了，否则他的力量是永远存在的。如果你是提出妥协的弱者，且有不惜玉石俱焚的决心，相信对方会接受你的条件。

总之，务实“妥协”可改变现况，转危为安，是战术也是战略。

知止是一种人生智慧

对有智慧的人说智慧，对愚蠢的人说愚蠢，用愚蠢来掩饰智慧，用智慧来停止智计，这是真正的智慧。

汉武帝晚年时，宫中发生了诬陷太子的冤案。当时，太子的孙子刚刚生下几个月，也遭株连被关在狱中。丙吉在参与审理此案时，心知太子蒙冤，他几次为此陈情，都被武帝呵斥。他于是在狱中挑选了一个女囚负责抚养皇曾孙，自己也对其多加照顾。丙吉的朋友生怕他为此遭祸，多次劝他不要惹火烧身，并且说：“太子一案，是皇上钦定，我们避之尚且不及，你何苦对他的孙子优待有加？此事传扬出去，人们只怕会怀疑你是太子的同党了，这是聪明人干的事吗？”

丙吉脸现惨色，却坚定地说：“做人不能处处讲究心机，不念仁德。皇曾孙只是个娃娃，他有什么罪？我这是看到不忍心才有的平常之举，纵使惹上祸患，我也顾不得了。”后来武帝生病卧床，听到传言说长安狱中有天子之气，于是下令将长安的罪囚一律处死。使臣连夜赶到皇曾孙所在的牢狱，丙吉却不放使臣进入，他气愤道：“无辜者尚不致死，何况皇上的曾孙呢？我不会让人们这样做的。”

使臣不料此节，后劝他道：“这是皇上旨意，你抗旨不遵，岂不是自寻死路？你太愚蠢了。”丙吉誓死抗拒使臣，他决然说：“我非无智之人，这样做只为保全皇上的名声和皇曾孙的性命。事急如此，我若稍有私心，大错就无法挽回了。”

使臣回报汉武帝，汉武帝长久无声，后长叹说：“这也许是天意吧。”他没有追究丙吉的事，反而因此对处理戾太子事件有了不少悔意。他下诏大赦天下罪人，丙吉所管的犯人都得以幸存。多年之后皇曾孙刘询当了皇帝，是为宣帝。丙吉绝口不提先前他对宣帝的恩德。知晓此情的他的家人曾对他说：“你对皇上有恩，若是当面告知皇上，你的官位必会升迁。这是别人做梦都想得到的好事，你怎么能闭口不说呢？”丙吉微微一笑，叹息说：“身为臣子，本该如此，我有幸回报皇恩一二，若是以此买宠求荣，岂是君子所为？此等心思，我向来绝不虑之。”

后来宣帝从别人口中知晓丙吉的恩情，大为感动，夜不能寐，敬重之下，他封丙吉为博阳侯，食邑一千三百户。神爵三年，丙吉出任丞相。在任上，他祟尚宽大，性喜辞让，有人获罪或失职，只要不是大的过失，他只是让人休假了事，从不严办，有人责怪他纵容失察，他却回答说：“查办属官，不该由我出面。若是三公只在此纠缠不休，亲历亲为，我认为是羞耻的事。何况容人乃大，一旦事事计较，动辄严办，也就有违大义了。”丙吉性情温和，从不显智耀能，不知情者以为他软弱好欺，并无真才实学，他也从不放在心上，也不会因此改变心意。

一次，丙吉在巡视途中见有人群殴，许多人死伤在地，丙吉问也不问，只顾前行。看见有牛伸舌粗喘，他竟上前仔细察看，很是关心。他的属官大惑不解，以为他不识大体，丙吉解释说：“智慧不能乱用乱施，否则就无所谓智慧了。惩治狂徒，确保境内平安，那是地方长官之事，我又何必插手亲自管理？现在正是初春，牛口喘粗气，当为气节失调，如此百姓生计必定会受到伤害，这是关系天下安危的事，我怎能漠视不理？看似小事，其实是大事，身为宰相，只有抓住要领，才能不失其职。”丙吉的属官恍然大悟，深为叹服。那些误解丙吉的人更是自愧不已，暗自责备自己的浅薄和无知。

止的含义是有着深刻的内涵的。作为一种大智慧，它绝不是简单的停止无为。它是一招因时而变、出奇制胜的妙法，也是深合事理、退中求进的处世哲学。对于只知冒进、急功近利者，止的运用就尤显珍贵。纵观无数失败者的症结，他们所共缺的不是智慧，就能说明这一点。一个人只要到了能克制智慧，潜藏智慧，进而慎使智计的境界，他的智慧才是最无缺的，他才能在任何形势下应对自如，屹立不倒。

学学狐狸哲学：放弃一条腿，保全一条命

有时候人们为了得到更多，而失去了不该失去的东西。想想我们现在的追求，是否也放弃了本来拥有的一切，偏偏去追求华而不实的东西？所以，我们都应当学会合理地放弃。

一只倒霉的狐狸被猎人套住了一条小腿，它毫不迟疑地咬断了那条小腿，然后逃命。放弃一条腿而保全生命，这是狐狸的哲学。人生亦应如此，在付出惨痛的代价以前，主动放弃局部利益而保全整体利益是最明智的选择。智者曰："两弊相衡取其轻，两利相权取其重。"趋利避害，这也正是选择与放弃的实质。

生活中，有时不好的境遇会不期而至，令我们猝不及防，这时我们更要学会放弃。

迈克·莱恩是一名探险队员。1976年，他随英国探险队成功登上珠穆朗玛峰。就在他们下山的时候，天开始下大雪，每行一步都极其艰难，最让他们害怕的是风雪根本就没有停下来的迹象。当整个探险队陷入迷茫的时候，迈克·莱恩率先丢弃所有的随身装备，只留下不多的食品，轻装前行。他的这一举动几乎遭到所有队员的反对，他们认为现在到山下最快也要10天时间，这就意味着这10天里不仅不能扎营休息，还可能因缺氧而使体温下降导致冻坏身体，那样，他们的生命就要受到威胁。

面对队友的顾忌，迈克·莱恩坚定地说："我们必须而且只能这样做，这样的雪山天气10天甚至半个月都有可能不会好转，再拖延下去路标也会被全部掩埋。丢掉重物，就不允许我们再有任何幻想和杂念，只要我们坚定信心，徒手而行就可以提高行走的速度，也许这样我们还有生的希望！"最后，队友们采纳了他的建议，大家一路互相鼓励，忍受疲劳、寒冷，不分昼夜，只用了8天时间就到达安全地带。恶劣的天气确实正像莱恩所预料的那样从未好转过。

这一年，伦敦英国国家军事博物馆负责人找到迈克·莱恩，请求他赠送给博物馆任何一件与英国探险队当年登上珠峰有关的物品，莱恩毫不犹豫地将他那次下山时因冻坏而被截下的10个脚趾和5个右手指尖交给了他。

正是由于莱恩当年一次正确的放弃，才挽救了所有队友的生命；也由于这个选

择，他的登山装备无一保存下来，而冻坏的指尖和脚趾却在医院截掉后留在了身边。这是博物馆收到的最奇特而又最珍贵的赠品。

放弃与获取是一对矛盾的统一体。没有放弃就没有获取；得到的同时必然也会失去。很多聪明人明白这一道理，从不患得患失，更没有过多欲望，他们敢于放弃，所以无论干什么，都能取得成功。

学会选择，懂得放弃是利益的权衡之道，而放弃则是智者面对生活的明智选择，只有懂得何时放弃的人才会事事如鱼得水。

人生短暂，与浩瀚的历史长河相比，世间一切恩恩怨怨、功名利禄皆为短暂的一瞬，祸兮福所倚，福兮祸所伏。得意与失意，在人的一生中只是短短的一瞬。行至水穷处，坐看云起时，古今多少事，都付笑谈中。放弃是一种睿智，它可以放飞心灵，可以还原本性，使你真实地享受人生；放弃是一种选择，没有明智的放弃就没有辉煌的选择。进退从容，积极乐观，必然会迎来光辉的未来。放弃绝不是毫无主见，随波逐流，更不是知难而退，而是一种寻求主动、积极进取的人生态度。

只有“低人一等”，才有“高人一筹”

低调做人是一种高超的处世谋略，低调做人绝不意味着卑微，它是一种“以低求高”的强者韬略。生活中常常能见到一些貌似平淡无奇、“胸无大志”的人，最后却常常能够“一鸣惊人”，做出出人意料的成绩。这些人，在人生路上选择了低调，他们不张扬不卖弄，然而却是志怀高远、坚忍不拔，凭借着不懈的努力，最终迈入了人生的高标境界。

罗明是湖北一所大学的英语教师，在市场经济浪潮的推动下，他也决定开创一番属于自己的事业，于是他离开了自己得心应手的教育界，到北京的一家俱乐部工作。北京的俱乐部大多数为会员制，要想有所发展，必须要大力发展会员。而在俱乐部里，衡量一个人的工作业绩，主要是看他又发展了多少会员，以及售出了多少张会员卡。他的上司告诉他，你现在唯一需要做的就是一件事：售卡。

那段时间里，罗明对一切都感到生疏，初来乍到的也没有什么可以利用的关系。可想而知，他的处境该有多么窘迫！

他决定采取一个初入道者都采用过的笨办法：扫楼。“扫楼”是业内人士的术语，即大大小小的公司都聚集在写字楼里，你要一家一家地跑，一家一家地问，那种情形就跟扫楼差不多。当然，你必须要找经理以上的高级管理人员，最好是总裁，普通的白领是难以接受价格不菲的会员卡的。

罗明的生活从此开始发生了180度的大转弯。他由一名荣耀至极的大学教师，一下子“跌落”成了一个“厚脸皮”的推销员。那是一种什么样的感觉？他心理上的落差感十分强烈。

有一个朋友问过罗明关于“扫楼”的事情。那个朋友阴阳怪气地问他：“‘扫楼’是不是很威风，一层一层，挨门逐户，就像鬼子进村扫荡一样的？”罗明听完这番话，内心真是酸甜苦辣什么滋味都有。

往事不堪回首，他至今还清楚地记得“扫楼”之初的那种狼狈和艰辛。

他曾经精确地统计过，他“扫楼”的最高纪录是一天内跑了10栋写字楼，“扫”了72家公司，浑身的感觉就像是散了架一样，腿和脚都不是自己的了，别说走路，再想挪动一下都困难。那天晚上，他坐电梯从楼上下来，在电梯间里，他感到自己的胃里正在一阵阵痉挛、抽搐、恶心，唯一的想法就是找个清静的地方大吐一场。而且他还要忍受人们的白眼和奚落，这对于从小到大都一直备受尊重的他来说，该是怎样一种伤害啊！

如果推销会员卡只有“扫楼”这一种方式，那么很少有人能够坚持下去，也很少有人能够成功。“扫楼”只是步入这个行业的初始阶段，秘诀还是有的。

大约半年后，罗明开始出现在俱乐部召开的各种招待酒会上。

出席这类酒会的人都是些事业有成、志得意满的成功人士。

置身于这样的环境中，罗明发现那些如同铁板一样的面孔不见了，那些刺痛人心的冷言冷语不见了，现在出现的可能是真正意义上的彬彬有礼。他感到一下子就放开了自己。他本来就该属于这里：他的涵养，他的才学，即使他曾经历过一段坎坷卑微的“奋斗史”，又怎能磨灭他所固有的价值与尊贵呢？

他知道他们需要什么，知道他们需要听从什么样的劝告。这是很重要的，因为他一下子就能拉近与他们之间的距离。他的语言，他的讲解，也不是那样干巴巴的，仿佛带有一种难以抗拒的鼓动力。他告诉他们，俱乐部将会给他们最为优质的服务，而购买价格昂贵的会员卡，那就是一种地位、身份和财富的象征。

在一次专为外国人举办的酒会上，似乎没有人比他更为游刃有余了。他有一口纯正、流利的英语，这让他一下子就与老外们打成了一片。他曾经一个下午同时向八个老外推销，结果竟然售出了九张会员卡，其中有一个人多买了一张，是送给他朋友的。每张会员卡5万美金，每售出一张会员卡，销售人员可以从中提取10%的佣金。罗明一下午的收入就很容易推算了。

从那以后，罗明在几个俱乐部之间跳来跳去。到了2004年初，他终于在一家俱乐部安营扎寨。

罗明已经不用再去“扫楼”了，即使是参加招待酒会，他也不用怂恿别人去买会员卡了。他有良好的学历，良好的敬业精神和销售业绩，所以，他从销售员、销售经理、销售总监一直坐到了俱乐部副总裁的位置上。显然，如果没有当年的“低人一等”，哪里会有后来的“高人一筹”呢？

“低是高的铺垫，高是低的目标”，对于那些已经处在事业金字塔上的人，你只要去研究他的经历就会发现：他们并不是一开始就“高人一等”、风光十足的，他们也曾有过艰难曲折的“爬行”经历，然而他们却能够端正心态不妄自菲薄，不怨天尤人。他们能够忍受“低微卑贱”的经历，并在低微中养精蓄锐、奋发图强，尔后他们才攀上人生的巅峰，享受世人的尊崇。

不能舍，只好在泥里团团转

暴雨刚过，道路上一片泥泞。一个老太太到寺庙进香，一不小心跌进了泥坑，浑身沾满了黄泥，香火钱也掉进了泥里。她不起身，只是在泥里捞个不停。一向慈悲的富人刚好坐轿从此经过，看见了这个情景，想去扶她，又怕弄脏了自己身上的衣服，于是便让下人去把老太太从泥潭里扶出来，还送了一些香火钱给她。老太太十分感激，连忙道谢。

一个僧人看到老太太满身污泥，连忙避开，说道：“佛门圣地，岂能玷污？还是把这一身污泥弄干净了再来吧！”

瑞新禅师看到了这一幕，径直走到老太太身边，扶她走进大殿，笑着对那个僧人说：“旷大劫来无处所，若论生灭尽成非。肉身本是无常的飞灰，从无始来，向无始去，生灭都是空幻一场。”

僧人听他这样说便问道：“周遍十方心，不在一切处。难道连成佛的心都不存在吗？”

瑞新禅师指指远处的富人，嘴角浮起一抹苦笑：“不能舍、不能破，还在泥里转！”

那个僧人听了禅师的话，顿时感到无比惭愧，垂下了目光。

瑞新禅师回去便训示弟子们：“金钱珠宝是驴屎马粪，亲身躬行才是真佛法。身躬都不能舍弃，还谈什么出家？”

心存取舍，则有邪见与妄行；凡成就大事之人，无不是心中存善念。像故事中的富人，舍不得一身皮囊，身价百万又如何？像故事里的僧人，舍不得自己的一身衣裳，以佛门清静地做借口，何来出家乃至成佛呢。

名利富贵这东西，生不带来，死不带去。所以对其执著不忘，实在不宜。

人生的高度应是一份知足的恬然，生命的高度应是能取能舍、当取则取、当舍则舍、善取善舍的那份安然。很多时候，人们向往去取得，并且认为多多益善，然而，“取”的前提必定是先“舍”，只有“舍”，才能“得”。

蚌舍弃安逸，才拥有了孕育珍珠的权利；种子放弃花朵，才拥有了孕育春天的资格。千古豪杰舍家为国，才垂青于史册；无数仁人志士舍生取义，才有了巍巍中华。取与舍在自然的荡涤中，展现并昭示了生命的高度，数千年的白驹过隙，无数次的金乌西坠，消磨掉了历史的棱角，打磨出中华文明不朽的生命之碑。

生命的高度是平凡人所远离，却又为世人崇敬的高度。哪怕至恶之人，也不免因“我辈不义之人而入有意之国”而遁去，尽管生命之碑前仅站着手无寸铁的荀巨伯……而今，就连博物学家在广游天下景观之时，都不禁称誉自然与人类取舍的异曲同工。

取，便是一培清澈的水，只那一培，便无须再希冀天上的银河；舍，就是一抖那背上的重负，只那一抖，便使你我得以仰望浩瀚的蓝天。但人生在这一取一舍之间，生命在无限地升华，并且拥有了自己的高度。

的确，取舍对于人生来说是至关重要的。鲁迅弃医从文，改变了他的一生，开始了他的文学创作，如果当初他不作出这样的取舍，他可能只是位医人治人的医生而已，成不了一代文豪。

成功的人之所以能成功，是因为他们明白该做什么，不该做什么；什么应该去坚持，而什么又该舍弃。

取舍之间，并非是一件很容易的事情，应该是：得，要先舍；而舍，则终必得。而舍不舍得，以及怎样去“舍”，又怎样去“得”，就全看自己了。

过于戒备反而失去更多

火车轮在铁轨上疾速地转动着，车厢里平静一片，有人打盹，有人看杂志，有人望着窗外沉思，车厢的一角，坐着一位年轻的妈妈和三岁可爱的儿子。坐在他们对面的是两位机灵的女孩，她们在活泼地交谈着。

显然，小男孩骨碌碌的眼珠被两位活泼的姐姐吸引了。两个女孩意识到了这个男孩的说话欲，便把小男孩拉入聊天大军中，一会儿逗得小男孩活蹦乱跳，看来他们是有共同语言的。但是坐在一旁的妈妈不乐意了，眼神中透出对两个女孩的警惕，一把拉住了正在“跳探戈”的儿子，对他说：“坐好了，安静一点儿，姐姐们累了。”小男孩不情愿地挪到了座位上。车厢又陷入了平静。“终点站马上就要到了，请您准备好行李准备下车……”车厢广播开始讲话。两个小女孩看着妈妈拎着很多行李，便主动说：“我们可以帮你带行李，送你到汽车站。”小男孩也嚷着要跟着姐姐走。

可这位妈妈拒绝了她们的好意，一个人拎着沉重的行李，牵着小男孩的手费力地向出站口走去。

等他们费尽周折拦了一辆出租车时，看到刚才的那两位女孩正搀扶一位大妈上公交车。这位妈妈望着两位女孩红色的背影，整个天空忽然亮了。

生活中，我们因为不信任他人而导致失败的事情屡见不鲜。出于对自身的保护，每个人都会产生戒备心理，这是必要的，但是过于戒备，就很可能造成人际关系交往上的障碍，无法信任别人的人不仅让自己内心感到孤独，也会让周围的人对其产生看法，不愿意与其交往。

信任是敞开自己的心扉，向他人传达善意。的确，这样做的结果有时候未必如我们所期望的那样得到他人同样的信任回应。也许你的信赖正是对手击败你时利用的因素。我们不可否认，许多人因为信任吃了不少闷亏，但我们同时必须认识到，信赖是一个社会得以维系、社会机制得以正常运转的必要条件。人乃群居之社会动物，身处人群，我们离不开他人的帮助。我们的生活就是一张以人为结点的网，你为了获得自身的安全或一时的利益而封闭了与他人的沟通，与其他人隔绝，无异于将结点之间的连线切断。这样的人际关系之网千疮百孔。一张满是洞的网如何能用于捕鱼？你虽得到了自身的安全，但那只是一时之利。为这一时的成败，你失去的是长远的人生。

其实，他人并没有你想得那么坏，主动敞开心扉，他人才愿意与你坦诚相待，一个不信任他人的人不值得他人信任。多与他人交流，分享就可以渐渐减弱这种心理。虽然刚开始你也许觉得自己的内心被看穿，失去了坚硬的外壳，没有了先前的安全感，但你到最后会发现，你得到的是一个和谐的生活环境，你亦可以从他人处得到信任，这样的快乐是一个封闭自我的人终其一生所不可得的。

第四章

进退有度，把握取舍的艺术

21 世纪的今天，选择比努力更重要

有一个非常勤奋的青年，很想在各个方面都比身边的人强。但经过多年的努力，仍然没有长进，他很苦恼，就去向智者请教。

智者叫来正在砍柴的 3 个弟子，嘱咐说："你们带这个施主到五里山，打一担自己认为最满意的柴。"年轻人和 3 个弟子沿着门前湍急的江水，直奔五里山。

等到他们返回时，智者正在原地迎接他们。年轻人满头大汗、气喘吁吁地扛着两捆柴，蹒跚而来；两个弟子一前一后，前面的弟子用扁担左右各担 4 捆柴，后面的弟子轻松地跟着。正在这时，从江面驶来一个木筏，载着小弟子和 8 捆柴，停在智者的面前。

年轻人和两个先到的弟子，你看看我，我看看你，沉默不语；唯独划木筏的小徒弟，与智者坦然相对。智者见状，问："怎么啦，你们对自己的表现不满意？""大师，让我们再砍一次吧！"那个年轻人请求说，"我一开始就砍了 6 捆，扛到半路，就扛不动了，扔了两捆；又走了一会儿，还是压得喘不过气，又扔掉两捆；最后，我就把这两捆扛回来了。可是，大师，我已经很努力了。"

"我和他恰恰相反，"那个大弟子说，"刚开始，我俩各砍两捆，将 4 捆柴一前一后挂在扁担上，跟着这个施主走。我和师弟轮换担柴，不但不觉得累，反倒觉得轻松了很多。最后，又把施主丢弃的柴挑了回来。"

划木筏的小弟子接过话，说："我个子矮，力气小，别说两捆，就是一捆，这么远的路也挑不回来，所以，我选择走水路……"

智者用赞赏的目光看着弟子们，微微颔首，然后走到年轻人面前，拍着他的肩膀，语重心长地说："一个人要走自己的路，本身没有错，关键是怎样走；走自己的路，让别人说，也没有错，关键是走的路是否正确。年轻人，你要永远记住：选择比努力更重要。"

生活中有很多人都在从事着自己并不喜爱的职业，于是总会发出"我也很努力，但就是做不到最好"的感慨。有的人会指责说这话的人还是工作态度有问题，要真努力工作了，岂有做不好之理？其实归根结底并不是这些人不够爱岗敬业，而是职业本身并不是他们最适合的。换言之，要想真正把一项工作做得得心应手，就要选择正确的人生目标。那么，原来选错了怎么办？不要忧郁，放弃它，去把握属于你

的正确方向。

一个人就是一条奔腾不息的河流，一路上你需要跨越生命中的重要障碍，才能有所突破、有所进步。在这个过程中，有一点很重要，就是要清楚你到底要的是什么。如果只是为了工作而工作，为了不闲着而去忙，那么，当你碌碌地走完半生，回忆起来会猛然觉得自己既对不起时间，也对不起自己。

人生的悲剧不是无法实现自己的目标，而是不知道自己的目标是什么。成功不在于你身在何处，而在于你朝着哪个方向走，能否坚持下去。没有正确的目标，就永远不会到达成功的彼岸。

有一位美国青年无意间发现了一份能将清水变成汽油的广告。

这位美国青年喜欢搞研究，满脑子都是稀奇古怪的想法，他渴望有一天成为举世瞩目的发明家，让全世界的人都享用他的发明创造。

所以，当他看到水变汽油的广告时，马上买来了资料，把自己关在屋子里，不接待任何客人，电话线掐断，手机关机，总之一切与外界的联系都被他切断了。他需要绝对的安静，需要绝对的专心，直到这项伟大的发明成功。

青年夜以继日地研究，达到了废寝忘食的程度。每次吃饭的时候，都是母亲从门缝里把饭塞进来，他不准母亲进来打扰他。他常常是两顿饭合成一顿吃，很多时候都把黑夜当做黎明。善良的母亲看见自己的儿子越来越瘦，终于忍不住了，趁儿子上厕所的时候，溜进他的卧室，看了他的研究资料。母亲还以为儿子的研究有多伟大，原来是研究水如何变成汽油，这简直是不可能的事情。

母亲不想眼睁睁地看着儿子陷入荒唐的泥淖无法自拔，于是劝儿子说："你要做的事情根本不符合自然规律，别再瞎忙了。"可这位青年压根儿就不听，他头一昂，回答说："只要坚持下去，我相信总会成功的。"

五年过去了，十年过去了，二十年过去了……转眼间，那位青年已白发苍苍，父母死了，没有工作，他只能靠政府的救济勉强度日。可是他的内心却非常充实，屡败屡战。

一天，多年不见的好友来看他，无意间看到了他的研究计划，惊愕地说："原来是你！几十年前，我因为无聊贴了一份水变汽油的假广告。后来有一个人向我邮购所谓的资料，原来那个人就是你！"

他听完这一番话，立刻疯了，最后住进了精神病院。

因为有太多坚持到底的故事，所以我们一直以为坚持就是好的，而放弃就是消极的。其实坚持代表一种顽强的毅力，它就像不断给汽车提供前进动力的发动机。

但是，在前进的同时还需要一定的技巧，如果方向不对，则只会越走越远，这时，只有先放弃，等找准方向再重新努力才是明智之举。这就是水变汽油的悲剧带给我们的启示。

每个人都有梦想，人类因梦想而伟大，没有梦想的人是会被社会淘汰的。为了实现自己的梦想，我们每个人都在努力。现在的社会努力很重要，但是努力就一定会有一个好结果吗？不见得，我们曾为工作绞尽脑汁，我们曾为工作夜以继日，但我们得到的结果是什么呢？我们的梦想象肥皂泡一样一个个地破灭，直到现在依然两手空空。

21世纪的今天，选择比努力更重要，昨天你选择播撒什么样的种子，今天你就会收获什么样的果实。选择不对，努力白费。今天，你做出正确的选择了吗？

宁得罪君子，不得罪小人

唐朝时，大将重臣郭子仪晚年退休后，在家忘情声色来排遣岁月。那时候，后来在唐史《奸臣传》中列名的宰相卢杞，还只是一个尚未成名的小角色。

有一天，卢杞前来拜访郭子仪。他正被家里所养的一班歌伎们包围着，得意地欣赏音乐。一听说卢杞来了，郭子仪马上命令所有女眷和歌伎，一律退到大会客厅的屏风后面去，一个也不准出来见客。

郭子仪单独和卢杞谈了很久，等到客人走了，家眷们奇怪地问他："您平日接见客人，都不避讳我们在场，谈谈笑笑，无所顾忌。为什么今天接见一个书生，却要如此慎重呢？"

郭子仪说："你们不知道，卢杞这个人，很有才干，但他心胸狭窄，睚眦必报。而且他的长相很难看，半边脸是青的，好像庙里的鬼怪一样。你们女人最爱笑，平时没事都要笑笑，如果看见卢杞的半边青脸，一定忍不住要笑。你们一笑，他就会记恨在心，一旦得志，你们和我的儿孙，就没有一个活得成了！"

不久，卢杞果然做了宰相。凡是过去那些看不起他或得罪了他的人，他一律给予杀人抄家的报复。唯有对郭子仪的全家却很宽厚，在卢杞看来，郭子仪对他一向都是颇为重视的，因而便大有感恩知遇的意思，即使郭家人稍稍有些不合法的事情，他也曲为保全。

郭子仪面对奸臣能够全身而退，正是抱着"宁得罪君子，不得罪小人"的态度。正所谓"明枪易躲，暗箭难防"，"君子坦荡荡，小人常戚戚"，君子们为人坦荡，不屑于钩心斗角，大可不必提防，而小人则是专门琢磨人、陷害人的行家能手，他们能够在不经意间陷你于不义，或是将你推向万劫不复的深渊，可谓防不胜防。从古到今，都不乏小人的存在，他们的造谣生事、挑拨离间、兴风作浪，惹人生厌，有些人对此不是敬而远之，而是抱着仇视的态度，甚至与其针锋相对，对面操戈，殊不知已经埋下了莫大的隐患。仇视小人固足以彰显出你的正义，但是并非明智之举，反而凸显了你的正义不切实际，因为你的“正义”公然暴露了这些小人的卑鄙无耻。小人看你暴露了他的真面目，为了自保、为了掩饰，肯定会对你打击报复。也许你不怕他们的反击，也许他们也奈何不了你，但你要知道，小人之所以为小人，是因为他们始终是在暗处，用的始终是不法的手段，而且不会善罢甘休。你别说你不怕他们对你的攻击，看看历史的血迹吧，有几个忠臣抵挡得过奸臣的陷害？

所谓“不得罪小人”，当然不是指怕小人，而是应当尽量避免与小人周旋，方能明哲保身。面对小人，大可不必同他们一般见识，所谓三十六计走为上，敬而远之，方是正确的处世之道。而老祖宗留下来的这句“宁得罪君子，不得罪小人”，则不啻是为人处世的至理名言。

宁可在尝试中失败，也不在保守中成功

蝶破茧而出的时候，会疼吗？

从笨拙的躯壳中挣扎着伸出细嫩的触角，翅膀因为粘满液体依旧合拢，几乎透明的足肢，支撑着颤抖的身体，微风吹过，它摇晃着几乎倒下。只有耐心等待。阳光的照耀使它慢慢变得轻盈，那薄而绚烂的翅翼上色彩一点点明媚起来。空气中的温度通过触角传遍全身，让它一分一秒的强壮起来。然后，你几乎听到一声轻轻的叹息，那是终于自由的释怀。一展翅，它起飞。

其实我们每个人，都有这化蝶的一刻，完成一次蜕变，让世界大吃一惊，而这种痛只有自己知道。

不过，有时候，因为怕疼，或因为嫌慢，我们在“蜕变”时开始尝试走捷径，比如来自外界的帮蝴蝶撕开茧的手，虽是出于好意，但却缩短了它的奋斗历程，删除了它蜕变过程中最重要的一步，导致蝴蝶蜕变失败。

如果说蝴蝶自我蜕变是一种勇敢的尝试，是对生命的渴望和挑战，那么在外力帮助下的蝴蝶的蜕变则是一种保守的行为，不敢接受挑战，不敢自我超越，即使成功，也是一种假象，经不起碰触，被残酷现实刺穿以后，它就剩下老坏而愚钝的外壳。

从青涩的应届毕业生摇身变成央视的名主持，从远涉重洋的学子到纪录片的制作人，从凤凰卫视的名牌主持到阳光卫视的当家人，杨澜的身份角色一直在变化。

1994 年，杨澜获得了中国第一届主持人“金话筒奖”。也就是在这年，正当事业如日中天的她突然离开《正大综艺》，留学美国，震惊了很多喜爱她的观众。对于出走央视的原因，杨澜说：“主持人这个行当有某种吃‘青春饭’的特征，我不想走这样的一条道路。我相信，如果一个人不充实自己的话，前程将是短暂的。”

1997 年获得硕士学位回国后，杨澜加盟香港凤凰卫视中文台，开创了名人访谈类节目《杨澜工作室》，并担任制片人和主持人。那段时间，她主持的节目在世界华语观众中拥有广泛的知名度和美誉度。在凤凰卫视的两年里，杨澜拓宽了自己的职业视角，她不仅积累了各方面的经验和资本，也同时预留了未来的发展空间。

1999 年 10 月，杨澜突然宣布离开凤凰卫视中文台。这次的离开给人们留下了更大的想象空间，比上次巅峰之时离开《正大综艺》更让人们吃惊和关注。杨澜对此的解释是：“离开凤凰的原因只有一个，在事业与家庭的选择中，我选择家庭。”

2000 年 3 月，在所有媒体没有意料到的时候，杨澜突然发布了和丈夫吴征收购良记集团并更名为阳光文化网络电视控股有限公司的消息。在新闻发布会上，她胸有成竹地提出了打造阳光文化传媒的计划，对于电视市场的未来前景做了精心的描述。杨澜到底是一个野心勃勃的女人，就像一个追逐电视之梦永远不知疲倦和满足的蝴蝶。

2003 年，阳光卫视 70%股权转让，杨澜宣告阳光卫视创办失败。但是杨澜并没有放弃传媒人士的角色，她和东方卫视、凤凰卫视、湖南卫视合作，主持《杨澜视线》《杨澜访谈录》《天下女人》等节目，并多次参与北京奥运会的重大活动。

在阳光卫视创办失败后，杨澜以更加成熟从容的姿态出现在公众的视野里。

杨澜说过：这些年，有太多的遗憾。唯一对自己满意的，就是一直在追求改变。宁可在尝试中失败，也不在保守中成功——杨澜的经历是这句话最好的正解。

在开放中尝试改变，即使失败也精彩。蝶变，就是一次次突破想象，包括自己的想象，然后去追寻更高更远更灿烂的天空。

在未来的社会，那种自我中心、自我封闭、自我满足、自以为是，以及自我设限的人，根本不可能适应社会，甚至生存都会成问题。变，正是人生的魅力所在，而不变的，是心中超越自我的渴望。

作为很多人的“榜样”，杨澜并非提供一个成功的模式，让别人钻进她留下的硬壳。更多地，她是带给我们一种启发：“哦，原来人生可以如此美丽精彩！我为什么不试试呢？”

当别人都在努力向前时，你不妨倒回去

艺术家说：学我者生，似我者死。

文学家说：抄袭是埋葬一切才华的坟墓，创新是精品产生的源泉。

经济学家说：逃离竞争残酷的红海，奔向空间无限的蓝海。

做一条反向游泳的鱼，不走寻常路，才能看到别样风景；不走寻常路，是因为心系远方。

当你面对一个史无前例的问题，沿着某一固定方向思考而不得其解时，灵活地调整一下思维的方向，从不同角度展开思路，甚至把事情整个反过来想一下，那么就有可能反中求胜，摘得成功的果实。

宋神宗熙宁年间，越州（今浙江绍兴）闹蝗灾。只见蝗虫乌云般飞来，遮天蔽日。所到之处，禾苗全无，树木无叶，一片肃杀景象。当然，这年的庄稼颗粒无收。

这时，素以多智、爱民著称的清官赵汴被任命为越州知州。赵汴一到任，首先面临的是救灾问题。越州不乏大户之家，他们有积年存粮。老百姓在青黄不接时，大都过着半饥半饱的日子，而一旦遭灾，便缺大半年的口粮。灾荒之年，粮食比金银还贵重，哪家不想存粮活命？一时间，越州米价腾贵。

面对此种情景，僚属们都沉不住气了，纷纷来找赵汴，求他拿出办法来。借此机会，赵汴召集僚属们来商议救灾对策。

大家议论纷纷，但有一条是肯定的，就是依照惯例，由官府出告示，压制米价，以救百姓之命。僚属们七言八语，说附近某州某县已经出告示压米价了，我们倘若还不行动，米价天天上涨，老百姓将不堪其苦，会起事造反的。

赵汴静听大家发言，沉吟良久，才不紧不慢地说：“今次救灾，我想反其道而行之，不出告示压米价，而出告示宣布米价可自由上涨。”众僚属一听，都目瞪口呆，先是怀疑知州大人在开玩笑，而后看知州大人认真的样子，又怀疑这位大人是否吃错了药，在胡言乱语。赵汴见大家不理解，笑了笑，胸有成竹地说：“就这么办。起草文告吧！”

官令如山，赵汴说怎么办就怎么办。不过，大家心里都直犯嘀咕：这次救灾肯定会失败，越州将饿殍遍野，越州百姓要遭殃了！这时，附近州县都纷纷贴出告示，严禁私增米价。若有违犯者，一经查出严惩不贷。揭发检举私增米价者，官府予以奖励。而越州则贴出不限米价的告示，于是，四面八方的米商闻讯而至。开始几天，

米价确实增了不少，但买米者看到米上市的太多，都观望不买。过了几天，米价开始下跌，并且一天比一天跌得快。米商们想不卖再运回去，但一则运费太贵，增加成本，二则别处又限米价，于是只好忍痛降价出售。这样，越州的米价虽然比别的州县略高点，但百姓有钱可买到米。而别的州县米价虽然压下来了，但百姓排半天队，却很难买到米。所以，这次大灾，越州饿死的人最少，受到朝廷的嘉奖。

僚属们这才佩服了赵汴的计谋，纷纷请教其中原因。赵汴说："市场之常性，物多则贱，物少则贵。我们这样一反常态，告示米商们可随意加价，米商们都蜂拥而来。吃米的还是那么多人，米价怎能涨上去呢？"

逆向思维不迷信原有的传统观念和经典信条，对既定事物进行批判性的思考，体现的是一种叛逆精神。这种思维在一般人看来是不合情理甚至是荒谬的，但正是因为采取这种思维，思考者才得以摆脱传统观念和习惯势力的束缚，向着新的成果跃进，创造出新的观念和理论来，导致新旧理论的更替和生活面貌的改变。

逆向思维本身就是灵感的源泉。遇到问题，我们不妨多想一下，能否从反方向考虑一下解决的办法。反其道而行是人生的一种大智慧，当别人都在努力向前时，你不妨倒回去，做一条反向游泳的鱼，去寻找属于你的终南捷径。

要大智慧，不要小聪明

亚里士多德说："德可以分为两种：一种是智慧的德，另一种是行为的德，前者是从学习中得来的，后者是从实践中得来的。"想成功，唯有诚信、负责、创新、积极进取等大智慧可取。而敢于冒险走创新路，也是一种可贵的大智慧。

如果你有远见，那么你实现目标的机会将会大大增加。美国商界有句名言："愚者赚今朝，智者赚明天。"一切成功的企业家，每天必定用80%的时间考虑企业的明天，只用20%的时间处理日常事务。着眼于明天，不失时机地发掘或改进产品或服务，满足消费者新的需求，就会独占鳌头，形成"风景这边独好"的局面。

1859年，当美国出现第一口油井时，洛克菲勒就从当时的石油热潮中看到了这项风险事业的良好前景。他在与对手争购安德鲁斯—克拉克公司的股权中表现出了非凡的冒险精神。拍卖从500美元开始，洛克菲勒每次都比对手出价高，当达到5万美元时，双方都知道，标价已经大大超出石油公司的实际价值，但洛克菲勒满怀信心，决意要买下这家公司。当对方最后出价7.2万美元时，洛克菲勒毫不迟疑地出价 7.25 万美元，最终战胜了对手。

洛克菲勒开始经营起当时风险很大的石油生意。当他所经营的标准石油公司在激烈的市场竞争中占据了市场份额的 90% 时，他并没有停止冒险行为。19 世纪 80 年代，利马发现一个大油田，因为含碳量高，人们称之为“酸油”。当时没有有效的办法提炼它，因此一桶油只卖 15 美分。洛克菲勒预见到总有一天能找到提炼这种石油的方法，坚信它的潜在价值是巨大的，执意要买下这个油田。当时他的这个提议遭到董事会多数人的反对，洛克菲勒说：“我将冒个人风险，自己出钱去购买这个油田，如果必要，我会拿出 200 万，甚至 300 万。”洛克菲勒的决心迫使董事们同意了他的决策。结果不到 2 年时间，洛克菲勒就找到了炼制这种酸油的方法，油价由每桶 15 美分涨到 1 元，标准石油公司在那里建造了当时世界上最大的炼油厂，赢利猛增到几亿美元。

远见使人们在人类的巨大画卷中洞察到未来的情景。只有看到别人看不见的事物的人，才能做到别人做不到的事情。远见是成功者必备的素质之一，每一个渴望成功的人都要有意识地培养自己的远见能力。

人生最忌讳的是耍小聪明。让我们来看看小吴的求职经历：

小吴到一家外资公司应聘总经理助理职位。经过种种测验，他与另一位对手从几十名应聘者中胜出，准备接受总经理的最后面试。出乎意料的是总经理没有提出任何考问，便带领他俩去附近一家公司谈判签单。走出公司大门后，因距要去的公司仅有一站地路程，总经理提议乘坐公共汽车前往，并递给他们每人 5 角钱，叮嘱每人自己买自己的车票。当时的车票票价是 4 角，因缺少零钱，乘务员们几乎都已养成收取 5 角不找零的习惯，小吴交出 5 角后，心想，为 1 角钱开口显得太小气，丢面子，便没有向乘务员索要应找回的 1 角钱。可是他的竞争对手却没有默认，而是认真地开口向乘务员要求找零。乘务员轻蔑地看着小吴的对手，好一会儿地冷冷地递出 1 角钱，他一脸泰然地接过来。小吴看罢，心里还有一点幸灾乐祸，想对手的财迷和小气表现，老总一定不会满意他的。

没想到，到站下车后，总经理却对竞争对手说：“你被聘用了。”小吴立即怔住了，总经理说：“你们俩的材料我都仔细看过了，能力不分伯仲，才智不分上下，不过，在刚才买票问题上我看到了你们的差异。一个人只有懂得坚持自己的权益，才能够维护公司的利益，而一个连自身利益都不能坚持的人，又如何能够坚持公司的权益呢？”

小吴败在了自己的小聪明上。因面子等因素不坚持权益，总有一天，它会演变为不坚持原则，这对工作之弊显而易见。小聪明易被聪明误，小聪明得小利，大智慧得大益。有大智慧，才有大美丽、大人生。

善用大智慧的人，前途才会充满光明，而一种好的思维方式就是引导你走向成功的快捷之路。

切莫贪图小便宜，它总有一天会让你偿还

欧洲某些国家的公共交通系统的售票处大部分是自助的，也就是说你想到哪个地方可根据目的地自行买票。没有检票员，甚至连随机性的抽查都极少。据说逃票被抽检抓到的大约只有万分之三。

一位中国留学生发现了这个管理上的“漏洞”。他很乐意不用买票而坐车到处游玩，但在他四年的留学期间，他因逃票被抓了两次。

后来他大学毕业，想当地寻找工作。他知道许多跨国大公司都在积极地开发亚太市场，就向这些公司投了自己的求职资料，可都被拒绝了。一次次的失败，使他愤怒地认为这些公司有种族歧视倾向。终于有一天，他冲进了一家公司人力资源部经理的办公室：“先生，我想问一下贵公司为何不录用我。据我所知，我有一位各方面能力都不如我的韩国同学已被你们录用。你们是不是歧视中国人？”

“先生，我们并没有歧视你，相反的，我们很重视你，因为我们公司一直在中国进行市场开发，我们需要一些优秀的本土人才来协助我们完成这个工作，所以你刚来求职的时候，我们对你的教育背景和能力很感兴趣。老实地说，你就是我们所要找的人。”经理回答。

“那为什么不录用我呢？”

“因为我们查了你的信用记录，我们发现你有两次乘公车逃票的记录。”

“我承认。但为了这点小事，你们就放弃了一个能为你们带来更大利益的人才？”“小事？不，不！这位先生，我们并不认为这是小事。我们注意到了，第一次逃票你说自己还不熟悉自动售票系统，这有可能。但在之后，你又逃了票。这如何解释呢？”

“那时刚好我口袋中没零钱。”

“不，不！这位先生，我不同意这种解释。我相信你可能有数百次的逃票。对不起，我只是说可能。此事证明了几点：第一，你不仅不尊重规则，而且善于发现规则中的漏洞并恶意使用；第二，你不值得信任，而我们公司的许多工作的进行是

必须依靠诚信来完成的，因为如果你负责了某个地区的市场开发，公司将赋予你许多职权，但为了节约成本，我们不会设置复杂的监督机构，正如我们的公共交通系统一样。因此我们没办法雇用你，而且我可以断定：在这个国家甚至在整个欧盟，可能没有公司会冒险来雇用你。”就这样，仅仅因为贪图了一些小便宜，青年付出了惨痛的代价。

生活中，这样的例子可谓是屡见不鲜。我们中的许多人常常会像这位青年一样，抱着侥幸的心理，以为贪图一些小便宜并无伤大雅，殊不知，即便是再小的便宜，终有一天，它会让你悉数偿还，甚至是加倍奉还。

贪图小便宜，就像顺手牵羊一样自然，尽管先辈们再三地叮嘱我们要做到“慎独”，要牢记“不以恶小而为之”，然而我们往往会禁不住心中的撒旦的诱惑，去贪图一些小便宜。在这些时候，我们往往会美滋滋地自以为占了便宜，殊不知其实是吃了大亏。微不足道的蝇头小利，使可贵的诚信受到了玷污，而失去诚信，不啻是失去了人性中最为重要的一种品质，其间厉害，不言自明。

长辈们常常会语重心长地告诉儿孙们“吃亏是福”，对于其间真谛，没有几个人能够明了。反之，贪小便宜，往往是吃了大亏。就像这位逃票的青年，自以为占了大便宜，却不知，一切善恶皆有果，不是不报，时候未到，贪图的小便宜，总有一天，需要你加倍偿还。

当力量薄弱时，只有背靠“大树”

有一句话乍听上去颇为苍凉，却也大有深意：一个不成熟的男人想要为他的事业献身；一个成熟的男人愿意为了他的事业卑贱地活着。

这句话说出了现实中的一种“事必如此”时不得不“忍辱负重”以求他日辉煌的悲壮心态。在一个人的事业或者人生遭遇困境的时候，意气用事是不成熟的表现，只有能承受屈辱和苦难的人，才能真正笑到最后，成为真正的胜利者。从这个角度讲，“宁为瓦全”才是高策。

在此，讲一个关于刘勰的成名逸事。

刘勰是南朝梁时期的文学理论家，他很小的时候就失去了父亲，生活极为贫穷。但他笃志好学、博经通史，《文心雕龙》就是他的代表作。他生活的年代盛行门第制度，一个人出身的贵贱决定了这个人社会地位的高低。像刘勰这样出身低微的平民，自然默默无闻，无人知晓。因其社会地位，《文心雕龙》写成后也根本得不到重视。但刘勰本人十分自信，深知自己著作的价值，他不愿意看到自己用心血写成的书稿被湮没，便决心设法改变这种局面。

沈约是当时的文坛领袖，有着很高的声望，刘勰想请他评定写成的《文心雕龙》，借以赢得声誉。但是沈约身为名流，哪能轻易见到？于是刘勰想出了一个主意。他事先打听到沈约外出的时间，背上自己的书稿，装成卖书的小贩，早早地等在离沈府不远的路上。当沈约乘坐的马车经过时，刘勰便乘机兜售。沈约喜欢读书，当即停下来，顺手取出一部《文心雕龙》，见是自己没有读过的书，便随手翻阅起来。这一看，沈约被深深地吸引住了，当即买了一部带回家去，放在案头认真阅读。在以后上流社会举行的聚会中，沈约还不时地向别人推荐这本书。当时文坛的人见沈约对这本《文心雕龙》如此推崇，也注意到此书的价值，继而争相传阅，刘勰很快名声大噪。

如果没有借得沈约之力，刘勰是无法成名的，他的文艺思想也大有可能被湮没于浩瀚书海，何谈流传千古？

讲述这个故事，看起来是教人使用手段，事实上任何人、任何时代都应该借鉴于此。虽然有时为了获得他人的帮助，甚至要不惜承受巨大的损失。

乍一看，这好像是和中国传统文化中“宁为玉碎，不为瓦全”的观念相冲突，细细思量，却不尽然。大丈夫要能屈能伸，当你的力量还很薄弱的时候，你只有背靠大树。以卵击石只能徒伤元气，还谈什么理想呢？

不要拿那些值得同情的事情开玩笑

世上本来就有很多不幸的人，出生之后，即背负了身体上的缺陷。而更值得同情的是：他们之所以如此，并非自己心甘情愿的。因此，凡是有怜悯之心的人，都不应该以他们身体上的缺陷为话题。事实上，这也是与人交往时，必须注意的一种礼节。

当着别人面说那种伤人心灵的话，这是非常不人道的。例如，有些人常常使用一些刻薄的言语，“货底”“嫁不出去的老处女”“睁眼瞎子”“拖油瓶”“烂货”“杂种”“拖累人的废物”“精神薄弱儿”“坏胚子”等字眼。

假如你有心的话，将不难察觉到这些字眼是极为伤人的，甚至是一些非人道而残酷的字眼。我们不妨设身处地地想一想，如果自己被如此称呼，颜面何存？

一天，几个同事在办公室聊天，其中有一位胡小姐在昨天配了一副眼镜，于是拿出来让大家看看她戴眼镜好看不好看。大家不愿扫她的兴都说很不错。这件事使老常想起一个笑话，他就立刻说出来"有一个老小姐走进皮鞋店，试穿了好几双鞋子，当鞋店老板蹲下来替她量脚的尺寸时，这位老小姐——我们要知道她是近视眼，一看到店老板光秃秃的头，以为是她自己的膝盖露出来了，连忙用裙子将它盖住。'混蛋！'店老板叫道：'保险丝又断了！'"

接着是一片哄笑声，孰料事后竟从未见到胡小姐戴过眼镜，而且碰到老常再也不和他打一声招呼。

其中的原因你不难明白。说者无心，听者有意，在老常来想不过是说起一则近视眼的笑话，然而，胡小姐则可能这样想："你取笑我戴眼镜不要紧，还影射我是个老小姐。我老吗？我才26岁！"

别人的伤疤是不能轻易触碰的，更不能拿来当做玩笑的谈资。笑你的同学考试不及格，笑你的朋友怕老婆，你笑你的亲戚做生意因上了别人的当而亏了本，笑你的同伴在走路时跌了一跤……本来这些都是应该给以同情的，而你却拿来取笑别人，不仅使对方难堪，而且表现出你的冷酷无情。同样，不可拿别人生理上的缺陷来做你开玩笑的题材，如对眼、瞎子、跛脚、驼背等，属于一个人的不幸，你应该是怜悯而不是取笑。诙谐而不伤人自尊的语句，能使人快乐，更会发人深省，这种智慧型的玩笑，是玩笑中最上乘的，在不伤害别人的同时，使大家开心。如果能诚心诚意地这样做，你一定可以获得更多人的信赖、更多人的钦佩，将会获得更多的朋友。

不拿别人的隐私开玩笑

玩笑是生活的调味品，适当地开个玩笑，不仅可以调节气氛，减轻疲劳，而且能缩短与朋友和同事之间的距离。一句玩笑话可以化干戈为玉帛，消除积怨，一句玩笑话也可以批评或拒绝某人的要求。

但是开玩笑时必须要注意尺度和分寸，尤其不要拿别人的隐私开玩笑。因为每个人都有隐私，而且也不允许别人触及自己的隐私。一旦有人喜欢拿别人的隐私开玩笑，那他必定是一个不受欢迎的人。

某人的妻子结婚两个月，就生了一个小孩，邻居们赶来祝贺。这人的一个要好的朋友杰克也来了。他拿来了自己的礼物——纸和铅笔，这人谢过了杰克，并且问：

“尊敬的杰克先生，给这么小的孩子赠送纸和笔，不太早了吗？”

“不，”杰克说，“您的小孩儿太性急。本该九个月后才出生，可他偏偏两个月就出世了，再过五个月，他肯定会去上学，所以我才给准备了纸和笔。”

杰克的话刚说完，全场哄然大笑，令这对夫妇无地自容。

调侃他人的隐私是不对的，上例中杰克明显道出了这位妻子未婚先孕的隐私，这样令大家都处于尴尬的局面。

所以说，调侃时说出了他人的隐私，有时是处于言者无意，但听者却有心。他会认为你是有意跟他过不去，从此对你恨之入骨。他做的事别有用心，极力掩饰不使人知，如果被你知道了，必然对他不利。如果你与对方非常熟悉，绝对不能向他表明你绝不泄密，那将会自我麻烦。最好的办法是假装不知，若无其事。

心理学家研究表明：谁都不愿把自己的错误和隐私在公众面前“曝光”，一旦被人曝光，就会感到难堪而愤怒。因此，在与人交往谈话中，如果不是为了某种特殊需要，一般应尽量避免接触这些敏感区，免使对方当众出丑。必要时可采用委婉的话暗示你已知道他的错处或隐私，让他感到有压力而不得不改正。知趣的、会权衡的人须“点到即止”，一般是会顾全双方的脸面而悄悄收场的。当面揭短，让对方出了丑，说不定会使他人恼羞成怒，或者干脆耍赖，出现很难堪的局面。至于一些纯属隐私，非原则性的错处，还是那种方法：装聋作哑，千万别去追究。

读坏书，不如不读书

目前，我国的图书市场正处于转型期，缺乏规则和真正的文化水准，“著书立说”太容易，导致了“书海”里鱼龙混杂，更严重的是由于现代工业文明所带来的许多“污染”也一并流入“海里”，使我们的选择非常困难，而书价又那么高，真是有点无所适从。

所以，书籍的选择就显得非常重要，在这一点上，要慎之又慎。

首先，有几种书是需要我们规避的。

第一种是黄色低级的书。当前黄色、低级、粗制滥造的书在市场上并不少见，对那些精神鸦片要当心规避。一般来说，那些低级趣味的书，一般能够直接被人所觉察，接触到这类书后要果断地拒绝，不要让它污染自己的心灵。

第二种是那些歪曲事实真相，错误地、虚假地反映社会和人生的坏书。坏书、坏文章有个共同的特点，就是作态。作者下笔时总是想着读者有什么反应，时而鼓动一下，刺激一下，制造一些效果气氛。比如若干某明星或是名主持人的自传、某外国电影的原著小说中译本、关于网络英雄的几种传奇和七拼八凑的理论预言等就不值得一读；那些说大话、空话、套话、废话，貌似“绝对真理”，实际空洞无物的书；那些无真知灼见，无真情实感、人云亦云的书不值一读；那些把别人的作品汇集成一部大著作的作品不值一读；那些貌似新颖实则低劣的赝品更不值一读。

第三种是商业性的书。当前的阅读有一个很大的问题，那就是对于通俗文化的过度关注，歌星、影星的行为往往成为人们的追逐热点和模仿对象。当然，我们并不是反对通俗文化，每种文化的存在都有其合理性，但要符合规律，加强引导，更多地接触一些更为优秀的东西。事实上，当下最热门的书不一定是有价值的书，即使是有价值的也不一定是适合你自己阅读的。

其次，读一些会对自己产生积极影响的好书。

书是读不完的，因此，要读有用的书，读有利于增长自己办事能力的书，读有利于提高品位的书，读能激励自己的书，读能提高生活能力和质量的书。

在读书时，要考虑到对你的将来可能会有用的相关知识，建议去网罗一些与自己的兴趣爱好相关的图书。再依次序阅读一些值得信赖的有关政治、经济等的图书资料，并详加研究。

关于择书，并没有一个统一的标准，一般来说，下面几种书会对人有所帮助：

一是拥有最广泛的读者，比如《苏菲的世界》是一本十分畅销的哲学入门书籍。

二是超时代的，比如《红楼梦》这样的经典名著，它的价值可以超越时空，永远存在。三是在专业领域比较权威的，比如德鲁克的管理类书籍。四是探讨人生不断出现而尚未解决问题的书，比如市场上比较畅销的关于为人处世的励志书。

对人有益的书籍还有很多种，这都需要每个人根据个人的具体情况进行谨慎选择。

找到最重要的事情，不要因小失大

你应该找到那件最重要、最关键的事情，去做好它，而不是被纷繁芜杂的假象所蒙蔽，因小失大，酿成祸患。

有一个笑话，说的是一对馋嘴的夫妻一起分吃 3 个饼，你一个，我一个，最后还剩下一个，两人互不相让，于是决定从现在起都不说话，谁坚持的时间长，就能得到最后一个饼。

两人面对面坐下，果然都不开口。到了晚上，一个盗贼溜进屋里，看见夫妻俩，先是有点害怕，但看他们毫无反应，就放心大胆地搜罗起财物来。盗贼将家中稍微值钱点的东西一件一件地搬出门去，妻子心里虽然着急，看丈夫一动不动，便只好继续忍耐。盗贼有恃无恐，干脆连最后一个米缸也搬走了，妻子再也坐不住了，高声叫喊起来，并恼怒地对丈夫说："你怎么这样傻啊！为了一个饼，眼看着有贼也不理会。"

丈夫立刻高兴地跳了起来，拍着手笑道："啊，蠢货！你最先开口讲的话，这个饼属于我了。"

在这个笑话中，这一对愚蠢的夫妇就是没有找到最重要的事情，因小失大，闹出了笑话。当两人打赌争饼时，遵守赌约，闭口无言是双方的主要问题，应着力解决。可是，当盗贼进屋盗窃财物时，如何联手赶走盗贼，保护家中财产，则成为新的主要问题，而此时赌饼约定已经不再重要。此时此刻，夫妇二人就应该抓住最主要的问题，齐心协力，抓住盗贼，保护财产。然而，夫妇二人因为牢记赌约，对盗贼不予理睬，而让盗贼有了可乘之机，将财物盗走，从而丧失了抓贼的大好时机，为了一只饼失去了全部财产。

古人常说："擒贼先擒王，射人先射马。"想问题、办事情，就是应该牢牢抓住最主要的问题，不能主次不分，因小失大。在实际工作中，我们也必须弄清当时当地客观存在的最重要的问题是什么，从而采取正确的解决方法，以收到事半功倍的效果。

前英国首相撒切尔夫人对抓住重点有深刻而简洁的见解。有人问她：在日理万机的情况下还能照顾好家庭，你的秘诀是什么？她回答：把要做的事情按轻重缓急一条一条列下来，积极行动，做好之后，再一条一条删下去就成了！

真理是朴素的，也是容易被忽视的。加强计划，抓住重点，积极突破，带动一般，这就是各个领域普遍适用的重要方法，也是常被忽视的重要方法。

失信者失去的是人心

信用是一个人处世的资本，是社交场合的通行证，是获得成功的前提条件。失信的人不仅会失去朋友，也会失去成功的机会。

心理学家马斯洛在研究大量著名人物的基础上，总结出有成就者的健康个性特征，其中第一条就是讲信用。马斯洛还指出，一个人要走向成功或者培养健康个性有八条途径，其中就有两条与信用相关。因此，要想成就一番事业，必须讲信用，要想获得朋友，也需讲信用。就像一位哲人所言：讲信用的人走到哪里都受人尊重，受人欢迎。而不讲信用的人，则会受到众人的唾弃。

有一位商人要到邻国去经商，临行前便将他家中的财物托一位远房亲戚保管。

他的财物有钻石、珍珠以及一些金器，如金杯、金壶等。

“放心去办你的事吧！我一定会替你小心保管这些东西的。”他的远房亲戚对他说。

商人听了就安心上路了。

转眼间3年过去了，平安归来的商人回到家里后，就通知他的远房亲戚，希望能取回托他保管的财物。商人还想把从国外带回来的珍贵土特产送给这位远房亲戚作为谢礼。

但这位远房亲戚想：“我已经帮他保管了3年。时间过了这么久，我可以跟他说我并没有替他保管东西。然后，找个秘密的地方把这些宝物藏起来，他就没办法了。”

第二天，这个起了贪念的远房亲戚在前往商人家的途中，遇到一个跛着脚、又瘦又小、留着长长的白胡子的老人。老人用锐利的眼光看着他。商人的远房亲戚正感到疑惑时，老人说：“我是诺言之神，我专门找那些不遵守诺言的人，把他们带到高山上，从悬崖上推下去，以示惩罚。”

商人的远房亲戚知道这个老人就是诺言之神，脸色马上变了。他战战兢兢地问道：“那你是不是常常在这里走动呢？”

“不，我经常要到不同的地方，去巡视人们是否遵守诺言，大约20年后才回来。”诺言之神说。

商人的远房亲戚听到这个回答，心里想：“好极了，诺言之神离开这里之后，20年之内不会再来。”于是，商人的远房亲戚决定迟延一天，等诺言之神走了再到商人家去。

第二天，这个远房亲戚到了商人的家里，他对商人说：“我并没有替你保管什么东西啊！”

商人没想到他的远房亲戚竟然如此背信弃义，伤心地流着眼泪说：“请你不要这样！我在3年前请你替我保管许多财物……求求你，还给我吧！”

可是这位远房亲戚根本就不承认，冷冷地说：“我说没有就是没有，我没有替你保管东西，叫我怎么还给你呢？”然后掉头就走。

第二天一大早，商人的远房亲戚在睡梦中听到有人敲门，就揉着惺忪的睡眼去开门，发现站在门外的竟是诺言之神。诺言之神伸出细长的双手，掐住他的脖子，把他拉到门外。

“出来！你这个不遵守诺言的家伙！现在，我要带你到高山上，把你从悬崖上推下去。”诺言之神怒目圆睁，瞪着他大声骂着。

商人的远房亲戚害怕得全身战栗着说：“请原谅我！诺言之神。可是，你不是说20年后才回来吗？为什么不到一天的时间，你又回到这里来惩罚我呢？”

诺言之神说：“你好好听着，如果人们没有做违背诺言的事，我是要等20年后才回来。可是当你做出我最厌恶的不守诺言的事时，我就随时会出现。”

诺言之神说完，就硬拉着他往山上走去。

失信于人，既显示出一个人的人格低下，品行不端，又是一种自我毁灭的愚蠢行为。《没有信誉就没有一切》这篇文章中说：“一个成熟的社会，一个有力量的社会，不但要考虑每一个人，而且还要为他们建立必要的档案，这并不是要建立黑档案，而是能够向有关方面证实你的可信度。”

我们可以设想一下，假如已经建立了这样的档案，只有讲信用的人银行才会贷款，商人才敢和你做生意，公司才会聘用你，他人才敢和你交朋友。没有信用，你在社会上就难以立足。

在此，我们有必要记住文学家爱默生的一句话：“坚守信用是成功的最大关键。”

非常时刻，做人不能太君子

在非常时刻，撒泼使赖的“流氓路线”让对手挠破头皮却无计可施，是取胜的“奇招”。

郑庄公曾在废立太子问题上犹豫不决。他晚年想废掉太子忽，立次子突，结果被谋臣祭足劝住，但自此给小兄弟俩留下了芥蒂。庄公一死，太子忽即位，因公子突的母亲雍是宋国人，突便跑到宋国去了。

后来宋国国君答应帮公子突坐上郑国国君的宝座，但他想索要些好处，否则不但不帮他为王，还会把他献给郑国，以得到郑国三座城邑的犒赏。公子突便答应宋国国君，只要宋君帮他为王，他便给宋君“六座城邑，年年贡奉粮食”。宋君听后十分高兴，满口答应设法让公子突回国即位，好白得许多好处。

宋君派人去郑国，告诉各位大臣宋国将派兵送回公子突，那时宋国正强盛，郑国哪里是它的对手，所以大臣们纷纷倒戈拥护公子突。太子忽见大势已去，便跑到卫国避难去了。

这年秋天，公子突回国即君位，是为厉公。

宋国一面派人来称贺，一面索要厉公应诺的城邑和粮食。

厉公当时许诺城邑时，并未打算真给宋国，如今他刚即位为君，就拱手送出六座城邑，怎么向群臣交代，他自己又如何立得住脚呢？所以他假意说要与卿大夫们商量，城邑的事情暂缓，先送点粮食。

宋君一看厉公反悔抵赖，十分生气，联合齐国准备攻打郑国。郑国与鲁国联合起来抵抗，打败了宋齐联军，城邑的事也就没人再提了。

宋国乘人之危，制造事端威胁利诱，妄图坐收渔人之利，白得好处。郑厉公在紧迫形势下，假意承诺，取得宋国支持，达到了自己的目的，而后过河拆桥，一反前诺，既保全了国土，又夺得了君位。

对付乘人之危之人，就该走诺而不行的“流氓路线”，反正自身已处安全地带，谅他也奈何不了我。而中国历史上另一人物刘邦，可谓把“流氓路线”走得炉火纯青，而最终身为“伟丈夫”的项羽被他们打败，虽是情理之外，但也在意料之中。

《史记》载：项羽问汉王曰：“天下匈匈数岁，徒以吾两人耳，愿与汉王挑战决雌雄。”汉王笑谢曰：“吾宁斗智不斗力。”其赖跃然纸上。后来双方盟约鸿沟为界楚汉讲和，项羽把刘邦的父亲、妻子放了，引兵东归，刘邦突然毁约，以大兵随后攻之，把项羽逼死乌江。刘邦之无赖可见一斑。

楚、汉两军对峙的时候，项羽曾把刘邦的父亲捉拿到军中，想以此来要挟刘邦。一次，两军对阵，项羽把刘邦的父亲推到阵前说：“你如果不撤兵，我就把你父亲烹煮了。”刘邦竟然毫不犹豫地回答道：“我们俩曾经结拜为兄弟，我爸爸就是你爸爸，你爸爸就是我爸爸，你若把你爸爸煮了来吃，请把肉汤分一杯给我喝。”

君子一般不是“流氓”的对手，因为前者拘泥刻板，而后者灵活现实。前者被“道义”束缚住，而后者可以在不触犯道德底线的情况下为所欲为，这样，君子总是按常规出牌，而“流氓”总是神出鬼没，出人意表。所谓“流氓路线”，即不循章法，抛开顾虑，百无禁忌。如此行事，守，对手不知从何下手；攻，对手自然不堪一击。

不拒绝，可能更伤感情

有时候我们为了热情、乐于助人、讲义气等美名，就不愿拒绝别人的要求，结果做到了还好，做不到的又要拼命努力去做，有时甚至不惜撒谎和欺骗，最后把自己弄得疲惫不堪。所以说，不拒绝别人的要求，永远说“没问题”，并不会让你快乐，反而会给你的生活带来不必要的压力和负担，到头来因为不能实现自己诺言，反而更伤了彼此之间的和气。

经常对别人做出承诺，我们会觉得自己是个牺牲者，有太多事要做而无法休息，若拒绝别人的请求，又会产生内疚感，所以我们总是处于进退维谷的状态。

因此，一定要告诉自己：减少对别人的承诺，不论是对朋友还是对家人。如果别人的邀请对你来说是没有吸引力甚至无聊乏味、浪费时间的，你应该学会断然而礼貌地拒绝。

卡耐基在《人际交往艺术》一书中告诉我们："你可以用一些言辞上的技巧，来减少你的承诺，让你可以拥有自己的时间。"因此，你不妨在言辞上多下工夫试试看，或许会有效果。

哈里是一位成功的部门经理，他为人随和并且乐于助人，这让他赢得了极好的人缘，但同时也给他的生活带来了不少的麻烦。哈里为人热情，但他有一个缺点，就是他处理社交问题很不果断。如果有人向他发出邀请，即使他不愿意去，也很难拒绝。

他打扮整齐，又要奔向另一个乏味的聚会，而不能留在家里看自己喜欢的片子，他总会无奈地想到自己竟不能掌握自己的生活。有一次受到邀请的时候，他正在和孩子一块儿读卡通书。那个晚上他很不想离开家，可是坚决地予以回绝又好像不太礼貌，于是他撒了个小谎，说身体不太舒服，想留在家里休息。这样，他为自己赢得了一个轻松安静的晚上。

这让哈里学会了如何有效拒绝他人的方法。他把可以作为拒绝邀请的理由写在纸上，列成清单放在电话机旁边，在接到那些他不喜欢的邀请的时候，他就随时会有一些合理的理由，委婉地回绝。虽然这样导致了他社交面的减少，但是他丝毫没有为此感到遗憾。学会说"不"解放了哈里的时间和生活，现在他有更多的时间去做自己喜欢做的事，他的生活变得简单、轻松、充满乐趣。

生活中，有些人碍于面子不肯拒绝他人，最终吃亏和难受的还是自己。其实，如果做到实事求是、量力而行，懂得在适当的时候说出"不"字，就不会将自己搞得那么累。如果想像哈里一样，婉拒那些恼人的应酬，巧妙地拒绝别人，不妨试试以下的方法：

不好正面拒绝时，可以采取迂回的战术，转移话题也好，另有理由也好，主要是善于利用语气的转折——绝不会答应，但也不至于撕破脸。比如，先向对方表示同情，或给予赞美，然后再提出理由，加以拒绝。由于先前对方在心理上已因为你的同情而对你产生好感，所以对于你的拒绝也能以“可以谅解”的态度接受。

幽默也是一种好的方法。一次，钱钟书在电话里对想拜访他的英国女士说：“假如你吃了个鸡蛋觉得不错，又何必认识那只下蛋的母鸡呢？”用下蛋的母鸡比喻自己，不但巧妙生动，而且表现了钱老的和蔼可亲，幽默风趣地拒绝了拜访。

也可以通过敷衍的方法。一次庄子向监河侯借贷，监河侯敷衍他，说道：“好！再过一段时间，等我去收租，收齐了，就借你三百两金子。”这话有几层意思：一是我目前没有，现在不能借给你；二是我也不是富人；三是过一段时间不是确指，到时借不借再说。庄子听后已经很明白了，但他不会怨恨什么，因为监河侯并没有说不借给他。

总之，在生活中，当我们没有能力或者根本不想接受别人的意见时，就要学会巧妙地拒绝别人，否则累了自己，别人也不高兴。

让人一步需有高人一筹的智慧

进退有度，是人际交往潜规则中最难领会的部分之一。如何做到该进时长驱直入，该退时让人一步，就需要高人一筹的智慧。

战国时，有一次赵王派了孔青带领大军救援禀丘。孔青是员猛将，加上足智多谋的宁越辅佐，所以赵军一战大败齐军，击毙了齐军统帅，并俘获战车两千辆。战场上留下了三万具齐军尸体，孔青决定把这些尸体封土堆成两个大高丘，以此彰明赵国的武功。

宁越劝阻道：“这样做太可惜了，那些尸体可以另有用处。我看不如把尸体还给齐国人。这样做可以从内部打击齐国，从而让齐军不再侵犯！”“死人又不可能复活，怎么能从内部打击齐国呢？”孔青想不通了。宁越说：“战车和铠甲在战争中丧失殆尽，府库里的钱财在安葬战死者时用光了，这就叫做从内部打击他们。我听说，古代善于用兵的人，该坚守时就坚守，该进退时就进退。我军不如后退三十里，给齐国人一个收尸的机会。”

孔青大致明白了宁越的用意，但转念一想，又说：“但是，齐国人如果不来收尸的话，那又该怎么办呢？”

“那就更好了，”宁越胸有成竹地说，“作战不能取胜，这是他们的第一条罪状；率领士兵出国作战而不能使之归来，这是他们的第二条罪状；能给他们尸体却不收取，这是他们的第三条罪状。老百姓将会因为这三条罪状而怨恨齐国的高级将领。

居于高位的人也就无法役使下面的人，而下面的人又不愿侍奉居于上位的人，这就叫做双重打击齐国！”“好，还是您技高一筹啊！”孔青终于完全理解了宁越的良苦用心。果然不出宁越所料，齐国因此元气大伤，很长一段时间不能对外用兵。

宁越的主张看起来好像并不是那么咄咄逼人，相反，似乎还有点软弱，是在向齐国让步。殊不知，这“让步”里面却大有文章，表面上的退步其实换取的是更大的进步。有进有退，能屈能伸，不执著于无利的方面，这是成功的必要条件。那种一往无前、有进无退的人仅仅是村夫莽汉，表面上英勇，实则是成事不足、败事有余。

想要给出有力的一拳，首先就要缩回拳头，来增加打出去的力量，那些杰出的人物往往更加懂得这个道理，他们不会执著于一时的意气用事。退有时是为了更好地进，特别是当我们的力量还处在弱势的地位时，更应该多一些隐忍，等待机会成熟之时再大显身手，从而达到极佳的效果。

第五章

先予后得，为人处世的良方

似予实取，不争反而能为先

先贤庄子行走于山中，看见一棵大树被奉为社神，这棵树大到可以隐蔽几千头牛，树干有数百尺粗。树梢有山头那么高，树干几丈以上才分生枝杈，很多枝杈都可以做成小船。伐木的人停留在树旁却不去动手砍伐。问他们是什么原因，伐木人不屑一顾地说："那是没有用的散木。用它做船会沉，做棺材会很快腐烂，做器具就会毁坏，做门窗会流出汁液，做梁柱会生蛀虫。就是因为一无是处，所以才能长得那么茂盛。"庄子感慨地说："这棵树就是因为不成材而能够终享天年啊！"正是百无一用有大用，不争反而能为先。

关于因果之说，有很多不同的见解，庄子代表道家，道出了因果的真谛。而佛教对于因果之报，更是笃信。佛教认为，世间万物有因就有果，因果循环虽然不一定立刻显现出来，但并不等于不存在。庄子眼中的大树，历经了破而后立，也符合佛教因缘果报的说法。

弘一大师也对因果有自己的见解。他说："吾人欲得诸事顺遂，身心安乐之果报者，应先力修善业，以种善因。若唯一心求好果报，而决不肯种少许善因，是为大误。譬如农夫，欲得米谷，而不种田，人皆知其为愚也。故吾人欲诸事顺遂，身心安乐者，须努力培植善因。将来或迟或早，必得良好之果报。古人云：'祸福无不自己求之者'，即是此意也。"他认为，人的事情之所以做得顺利，能得到很多人的帮助，是因为这个人以前做过很多好事，也帮助过别人。因此，若想得到好的果报，不肯先付出是不可能的。这正如农夫种地，想有好的收成却不先辛勤种地，可能吗？所以，我们若想事情有好的结果，就应该先付出，这样才会有相应的收获。福祸也是如此，塞翁失马，焉知非福。有时候因为自己的缺憾，反而为自己带来益处，生活就是这样存在者因果福报的。

世间的得失与取舍关系都是相通的，都符合因果循环。生活有失才有得，想要有取便必须学会给予。"取"与"予"之间并不是相互对立的，如果我们只是一味地想去索取，那么，我们将活在地狱；倘若我们懂得"先予而后取"的道理，那么，我们便生活在天堂。

要得到回报，先满足他人

很多人都明白付出才有回报的道理，但是不是任何付出都有回报的，付出也是需要讲究方式和目的的。当你的付出别人不需要的时候，你的付出就是无谓的牺牲，不但不会得到回报，还有可能给你带去负担；如果你的付出正是别人需要的时候，你的付出才会有价值。只有满足别人需要的付出，才能得到别人的回报。

一位登山客在山中突遇暴风雪，在风雪茫茫中迷失了方向。这场暴风雪突如其来，他的御寒装备严重不足。他知道自己必须尽快找到避寒处；否则就会被冻死。可是他没走多远，四肢已冻得开始麻痹，他意识到自己的时间已经不多了。

就在这时候，他在路上遇到另外一个人，那个人躺在地上，一动不动。原来那个人已经快冻僵了。登山客停了下来，他发现自己面临一个困难的抉择：他应该继续赶路为求拯救自己，还是设法救助雪中垂危的陌生人呢？

转瞬之间，他就下定了决心，设法救助陌生人。他迅速脱下湿手套，跪在那个垂危的人身边，按摩他的手臂和双腿。那个人终于血脉通畅，四肢能够活动了。他们两人相互支持，患难与共，最后终于得到了救援。他们生还了。后来，这位登山客才知道，那个冻僵了的人是一个大公司的老板，因为登山客救了他的性命，要给予他一些股份作为报答，但是被登山客拒绝了。他们成了好朋友。

后来，登山客在一次自然灾害中双腿受伤，需要很大一笔医疗费，正在他着急万分的时候，那位他曾经救助的老板来了，帮助他付了全部的医疗费用使他渡过了难关。

登山客回忆说："我们要在别人需要的时候给予帮助，我们才能在需要的时候得到他人的帮助。"

在别人急需帮助的时候，我们给予他们需要的帮助，这样别人不但会记住你，感谢你，还会在你特殊需要的时候给予你很大的回报。

生活中，许多人认为"付出很少有回报"，果真如此吗？故事中登山客的付出，为他赢得了一个好朋友，还在他困难的时候给予了天文数字的医疗费用。你说在别人需要帮助的时候付出，回报是不是极大呢？

生活就是这样，当你为别人的需要而付出的时候，你的人生才会因你的付出而快乐、升华，才能得到生命的延长和增值。

主动，便赢得了成功人脉的一半

经常会遇到这样一种场面：在生日宴会上，几个好朋友聚在一起欢天喜地地玩玩闹闹，而旁边会有人只是一声不吭地吃着东西，没有加入到那些人的行列中。这样的人实际上是白白放弃了扩大自己交际圈的好机会。如果能主动争取和别人交流，那就会为自己开拓一个自己不会了解的崭新世界，也会促进自己的成功。

那么，怎样才能和对方良好地交流呢？有这样一句话：“对方的态度是自己的镜子。”在日常的人际交往中，有时自己感觉“他好像很讨厌我”，其实这时正是自己讨厌对方的征兆。因此，对方也会察觉到你好像不喜欢他，当然两个人就越来越讨厌彼此了。在出现这种情况的时候，自己要主动与对方交流，主动敞开心扉。

“对方愿意接近我，我也愿意和他交谈”“对方如果喜欢我，我也喜欢他”。如果用这种被动的姿态与人交往，那你永远也不会建立起和谐友好的人际关系。要想使自己拥有和谐友好的人际关系，使自己每天的心情都轻松愉快，毋庸置疑，那就应该采取积极主动的态度与人交流。

要想营造好的人脉网必须强调主动。一切自卑的、畏首畏尾和犹豫不决的行为，都只能导致人格的萎缩和做人处世的失败。所以，拿破仑说进攻是“使你成为名将和了解战争艺术秘密的唯一方法”。

在交际中也是如此，主动进攻，可以使人了解到社会人生所具有的意义，也可以说，寻常人生交际，也是一场不流血的、平静温和的战争。因此，主动进攻不仅是一种行为风格，从思想上讲，更是一种主动谋略。

道理是这样，但避免不了人们心里对主动交往有很多误解。比如，有的人会认为“先同别人打招呼，显得自己没有身份”“我这样麻烦别人，人家肯定反感的”“我又没有和他打过交道，怎么会帮我的忙呢”等等。其实，这些都是害人不浅的误解，没有任何可靠的事实能证明其正确性。但是，这些观念却实实在在地阻碍着人们，阻碍了人们在交往中采取主动的方式，从而失去了很多结识别人、发展友谊的机会。

当你因为某种担心而不敢主动同别人交往时，最好去实践一下，用事实去证明你的担心是多余的。不断的尝试，会积累你成功的经验，增强你的自信心，使你在工作场合的人际关系状况愈来愈好。

在谈话中，如果控制话题的主动权，你的压力就会缓和下来。但是，要是主动权落入他人手中，受制于人的情况下，谈话便不会像你希望那样顺利进展。如果对方不怀好意，存心问些尖锐敏感的问题，你更是一味陷于挨打的局势了。此时，人们大都苦思如何回答问题，殊不知这样一来，正中了对方的陷阱。

其实，这时恰是你反击的时候。你无须正面回答对方的问题；相反可以提出相关的问题，反过去征询对方的意见。据说，善于社交的高手，大都擅长使用这种“转话法”，以确保谈话时的主导权。

除了变被动为主动外，人在谈话时难免失言，但是，在关系重大的面谈时失言，可能造成致命的一击而一蹶不起。不管说错了什么话，即使是无伤大雅的事，一旦失言，大家第一个反应就是慌乱，告诉自己“完蛋了”，瞬时热血直往脑门上冲，说话就更加语无伦次。这种情况，千万不能慌，要变被动为主动。

“你好”是个最普通的词，相错而过的车船上，人们可以彼此喊一声“你好”便再也不相遇。萍水相逢的人，可以因为喊一声“你好”，而从此相识。

拥有丰富多彩的人际关系是每一个现代人的需要。可是，现实生活中，很多人的这种需要都没有得到实现。他们总是慨叹世界上缺少真情，缺少帮助，缺少爱，那种强烈的孤独感困扰着他们，使他们痛苦不已。其实，很多人之所以缺少朋友，仅仅是因为他们在人际交往中总是采取消极的、被动的退缩方式，总是期待友谊从天而降。这样，虽然他们生活在一个人来人往的工作场所，却仍然无法摆脱心灵上的寂寞。这些人，只做交往的响应者，不做交往的主动者。

要知道，别人是没有理由无缘无故对我们感兴趣的。因此，如果想赢得别人的友情，与别人建立良好的人际关系，摆脱寂寞的折磨，就必须主动交往。

风光不可占尽，宜分他人一杯羹

人皆有好名之心，内心常有一种出人头地的渴望，期待着有一天能“一炮走红”而成名人。于是，我们常常发现，那些在自己的领域做出一点成绩的人，总是认为自己是多么的与众不同，是多么的应该被别人景仰。他们的眼睛中只看见自己，就好比在一张白纸上涂一个黑点，他们只看到黑点，却看不见黑点之外那无限开阔的境地。他们不停地炫耀自己、推销自己，俨然一副舍我其谁的神态。殊不知，他们的这种行为令别人十分反感的，这样使他们离成功越来越远。

你要表述自己，先要倾听别人；你要成为公众的焦点，先要学会把光环让给别人。这时，你的内心会升起一种奇妙的平静感，你的成功自然地昭示着一种无须声张的厚度，你会越来越受人欢迎。

后汉隐帝时，大将郭威曾任两军招慰安抚命。他领兵平定以李守贞为首的三镇（河中、永兴、凤翔）割据后，回到了京都大梁。

郭威入朝拜帝，皇上对他进行嘉奖，赐予金帛、衣服、玉带等一大堆奖品，郭威一一加以推辞，道："为臣自领命以来，仅仅攻克一座城池，有什么功劳可言呢！况且我又领兵在外，而镇守京城，供应所需，使前方不缺粮，这都是朝中大臣的功劳啊。"后来，后汉隐帝又提出加封郭威为地方藩镇，郭威还是不受："宰相位在臣上，未曾分封藩镇，还有节度使也有功劳。"后汉隐帝越发觉得郭威淡泊名利，十分难得，打算再赏赐他，郭威第三次推辞道："运筹策划，出于朝廷；发兵供粮，来源藩镇；冲锋陷阵，出于将士，功独归臣，臣何以堪之！"

郭威反复推辞，将功名归于大家，实在是一个很高明的做法。

他这么做，不仅免遭上下左右的嫉妒中伤，而且在朝廷中留下了好名声，真是："桃李不言，下自成蹊！"所以，当你在工作上有特别表现而受到肯定时，千万记得——别独享荣耀，否则这份荣耀会为你带来人际关系上的危机。

为了让这份荣耀为你带来益处，你需要做好如下几件事：

1. 感谢

感谢同仁的鼓励和帮助，不要认为这都是自己的功劳，尤其要感谢上司，感谢他的信任、指导。

即使实际情况上，同仁的协助有限，上司也不值得恭维，你也有必要感谢他们，这样做虽然未必痛快，却可以使你避免成为靶子。

2. 分享

当你取得成绩时，主动对人表示一点物质上的感谢，能够让旁人有受尊重的感觉，如果你的荣耀事实上是众人鼎力协助完成的，那么你更不应该忘记这一点。"实质"的分享有很多种方式，小的荣耀请吃零食，大的荣耀请吃饭，吃人嘴软，拿人手短，分享了你的荣耀，就不会和你作对了。

3. 谦卑

人往往一有了荣耀就不顾一切地自我膨胀，这种心情是可以理解的，人嘛，总是容易这样自我迷醉。但旁人，他们要忍受你的嚣张气焰，却又不敢出声，因为你正在风头上。可是慢慢的，他们会在工作上有意无意地抵制你，不与你合作，让你碰钉子。因此有了荣耀，更要谦卑，要做到不卑不亢，但"卑"绝对胜过"亢"，就算"卑"得肉麻也没有关系，别人看到你的谦卑，认为你还是目中有他，尊重他的，当然就不会找你麻烦，和你作对了。谦卑的要领很多，但做到以下两点就差不多可以了：一是对人要更客气，荣耀越高，头要越低；二是别再提你的荣耀，再提就变成吹嘘了，即使别人先前再怎么尊敬你，此时也早已麻木厌烦了。事实上，你的荣耀大家早已知道，何必再提呢?

其实别独享荣耀，说穿了就是不要威胁到别人的地位和利益，不要侵占别人的生存空间。因为你的荣耀会让别人变得暗淡，产生一种不安全感。而你的感谢、分享、谦卑，正好给旁人吃下一颗定心丸，人性就是这么奇妙。

锦上添花不如雪中送炭

曾有人说，最难忘记的是那些在自己哭泣时陪自己哭的人。

一个人不渴的时候，即使送他一桶水也没用，渴的时候，即使是半杯水也珍贵非常。一个人吃饱的时候，再好的食物也会丧失吸引力，饥饿的时候，半个馒头也美味无比。所以，雪中送炭远比锦上添花重要。

有一次，公西赤被派出去做大使，冉求因其还有母亲在家，就代其母亲请求实物配给，并多给出许多。孔子知道后，虽然并没有责怪冉求，但对学生们说，你们要知道，公西赤这次出使到齐国去，坐的是最好的马，穿的是最棒的行装，这许多置装费中尽可以拿出一部分来给母亲用。

我们帮别人，要在他人急难的时候帮忙，公西赤并非穷困潦倒，再给他那么多，只是锦上添花，实在没有必要。

古人云："求人须求大丈夫，济人须济急时无"，说的也是这个道理，锦上添花不是必要的，雪中送炭却救人于危难。人需要关怀和帮助，也最珍惜在自己困境中得到的关怀和帮助。若要一个人记住自己，最好的方式莫过于在他需要帮助时伸出援助之手。

德皇威廉一世在第一次世界大战结束时，那些拥护他的部下纷纷离去，大批的民众站出来反对他，处死德皇的呼声越来越高，

他只好逃到荷兰去保命。在他重新回到皇宫后，有个小男孩写了一封简短但流露真情的信，表达他对德皇的敬仰。这个小男孩在信中说，不管别人怎么想，他将永远尊敬他为皇帝。德皇深深地为这封信所感动，邀请他到皇宫来。这个小男孩接受了邀请，他母亲一同前往，威廉出于感激，经常陪同母子俩到处游览，后来日久生情，小男孩的母亲嫁给了威廉。

在别人富有时送他一座金山，不如在他落难时，送他一杯水。人们总会在现实生活中遇到一些困难，遇到一些自己解决不了的事情，这时候，如果能得到别人的帮助，就会永远铭记于心，感激不尽。

帮助别人不一定是物质上的帮助，简单的举手之劳或关怀的话语，就能让别人产生久久的激动。如果你能做到帮助那些需要帮助的人，你便能握住他们伸出的友谊之手。而这些友谊，很可能会为你带来巨大的精神力量和物质帮助。

储存人情，重在平时下功夫

有些人做人往往过于功利，平时对人不冷不热，甚至还冷嘲热讽，有事时却像是换了副脸孔似的，又是送礼，又是送钱，显得特别热情，但这样的人做人往往很难成功。在聪明人的眼中，你只是把他当做了利用工具，如果你想比聪明人更聪明，就一定要用点“心机”，平时多多去“冷庙烧香”，急时便自有“神仙”相助。

很显然，人与人之间的关系会随着平时联络的增加而加深，久不见面的朋友自然会日渐疏远。

虽然身为上班族，但也不要一天到晚都埋头在办公桌前，不论多么忙碌的人，也总会有吃饭的时间和休息的时间。至于那些从事业务工作的人，更是整天都在外面奔跑，只有吃饭时间才会回到公司，这样更能够多利用在外面跑的机会，联络那些久疏联络的朋友。至于整日守在办公桌边的人，则不妨利用午餐时间，与在同一地区工作的朋友共进午餐。与其每天一个人吃饭，不如偶尔也打个电话约其他朋友一起吃顿饭，如果没有时间一起吃饭，一起喝杯咖啡也可以。如果彼此的距离稍远，坐计程车去也没关系，反正只不过是一个月一次的联谊。那些斤斤计较这些小钱的人，很难拓展自己的人际关系。虽然上班族的收入很有限，得靠省吃俭用才能存一点钱。但是，因此而失去了所有与朋友来往的机会，那可就得不偿失了。更何况有许多人是斤斤计较这些小钱，却又对大钱毫不在乎，这实在是本末倒置的做法。

在外面奔波的人不妨利用机会顺路探访久未见面的朋友，即使是五分钟也可以；或是利用中午休息时间和对方一起吃顿便饭。虽然只有短短的五分钟，但却对与对方保持长久联系非常重要。

下班后，大家一起喝杯茶。不论是迎新送旧还是大功告成，找各种理由大家一块儿聚聚，这不只是大家互相联络感情，也是松弛一下紧张许久的神经的好机会。人原本就有喜新厌旧的本性，比起早已熟知的朋友，新朋友更能吸引我们的好感而频频与之接触。

对人情的投资，最忌讳的是急功近利，因为这样就成了一种买卖，说难听点就是一种贿赂。如果对方是有骨气之人，更会感到不高兴，即使勉强接受，也并不以为然。日后就算回报，也是得半斤还八两，没什么好处可言。

平时不联络，事到临头再来抱佛脚也来不及了。人脉不只在建立，也要重视平时的经营，否则时间长了，人脉也变成了冷脉。

送人情不吝啬，多为自己开条路

说到人情，谁也不敢轻慢。一个人在充满竞争的社会上能不能站得住，行得通，吃得开，关键一点是看他占有了多少人情。人情虽然是不可以量化的，但很多人心目中还是有一杆秤，试图称出它的分量。一般说来，一个人有多大的人情，就会获得多大的回报。

钱钟书先生一生日子过得比较平和，但困居上海孤岛写《围城》的时候，也窘迫过一阵。辞退保姆后，由夫人杨绛操持家务，所谓“卷袖围裙为口忙”。那时他的学术文稿没人买，于是他写小说的动机里就多少掺进了挣钱养家的成分。一天500字精工细作，却又不是商业性的写作速度。

恰巧这时黄佐临导演上演了杨绛的四幕喜剧《称心如意》和五幕喜剧《弄假成真》，并及时支付了酬金，才使钱家渡过了难关。时隔多年，黄佐临导演之女黄蜀匠之所以独得钱钟书亲允，开拍电视连续剧《围城》，实因她怀揣老爸一封亲笔信的缘故。

钱钟书是个别人为他做了事他一辈子都记着的人，黄佐临40多年前的义助，钱钟书40多年后还报。这真是“多一个朋友多一条路”，没有40年前的人情，也就难有40年后的路子。

三国争霸之前，周瑜并不得意。他曾在军阀袁术部下为官，被袁术任命过一回小小的居巢长，一个小县的县令罢了。

这时候地方上发生了饥荒，兵乱使粮食问题日渐严峻起来。居巢的百姓没有粮食吃，就吃树皮、草根，活活饿死了不少人，军队也饿得失去了战斗力。周瑜作为父母官，看到这悲惨情形急得心慌意乱，不知如何是好。

有人献计，说附近有个乐善好施的财主鲁肃，他家素来富裕，想必囤积了不少粮食，不如去向他借。周瑜带上人马登门拜访鲁肃，刚刚寒暄完，周瑜就直接说：“不瞒老兄，小弟此次造访，是想借点粮食。”鲁肃一看周瑜丰神俊朗，显而易见是个才子，日后必成大器，他根本不在乎周瑜现在只是个小小的居巢长，哈哈大笑说：“此乃区区小事，我答应就是。”

鲁肃亲自带周瑜去查看粮仓，这时鲁家存有两仓粮食，各三千斛，鲁肃痛快地说：“也别提什么借不借的，我把其中一仓送与你好了。”周瑜及其手下见他如此慷慨大方，都愣住了，要知道，在饥馑之年，粮食就是生命啊！周瑜被鲁肃的言行深深感动了，两人当下就交上了朋友。

后来周瑜发达了，当上了将军，他牢记鲁肃的恩德，将他推荐给孙权，鲁肃终于得到了干事业的机会。

在这个世界上，若想活得滋润，活得风光，就必须有一些能使自己成才、成器或成事的路子、包括生存的路子、发财的路子、升官的路子或者成就某一事业的路子。这些路子不是仅靠自己单枪匹马的力量硬闯出来的，而必须借助他人指导、引荐、支持或帮助才能找到方向，踏上征程。从某种意义上说，这些路子都是别人给的，或者说是别人帮助开拓的。那么，天下之大，人事之繁，别人为什么要单给你路子？为什么乐意帮你开拓路子？答曰：人情使然，有了人情也便有了路子，人情大路子宽。

生活的经验是，你必须在银行里储蓄足够的金额，到你遇到困难的时候，才能从银行里从容地取出存款，以解所需之急。反之，不肯增加储蓄而只想大笔支取的人是无人理会的，这样的银行账户是根本不存在的。你毫无储蓄，到需要用钱时，也就必然无钱可用，只有欠债了。但欠债总是要还的，到头来还是要储蓄。

人与人之间的关系也是这样。每个人的心中都有一个银行，都设有一本感情账户。而能够充实感情账户，使感情储蓄日益丰厚的，只能是你对他人真诚、热忱的关心、支持和帮助。互助互利是彼此信任的基石，没有较深的感情则没有彼此的信任。重视情感因素，不断增加感情的储蓄，就是积聚信任度，保持和加强亲密互惠的关系。你在感情的账户上储蓄，就会赢得对方的信任，那么当你遇到困难，需要帮助的时候，就可以利用这种信任。

所以，我们强调请求别人的支持与帮助，应该自信主动、坦诚大方地提出，尽管有许多有效的方法和技巧可以采用，然而最重要的是自己要乐于助人、关心他人，不断增加感情账户上的储蓄。

平时多走动，急事有亲情

虽然从某种意义上讲，亲戚关系本来就是存在的。但是亲戚之间也需要经常走动，需要你来我往，这样才能加深彼此的感情，求人办事的时候才能更顺利。

与亲戚建立更为融洽的关系，是活用亲戚关系办事的前提。但这种融洽的关系不是一朝一夕就能做到的，必须依靠平日一点一滴的积累。只有不断的构建和巩固，亲戚关系才会牢固。有了牢固的关系，求亲戚办事才能易如反掌，而只有经常进行感情投资，亲戚之间常来常往，才能建立牢固的关系。

有些人认为，亲戚关系本来就是存在的，求亲戚帮忙办事也是天经地义的。因此，平时没有必要花费力气去加固什么亲戚关系。但是细心的人可能都会发现这样的问题，假设同是姨表或同是姑表之间，你如果经常去看望其中的一位姑妈，而对另外的几位姑妈无意识地淡忘了，那么你们之间的关系就会变得疏远。等到你升大学或者结婚需要钱的时候，你经常去看望的那位姑妈就会多资助你一些，而其他的几位姑妈一般情况下只是象征性地表示一下就算了。这没有什么奇怪的，再亲再近的人平时也需要感情投资，这是毫无疑问的。换句话说就是，求人办事也需要具备战略眼光。当然不仅需要我们平时投资，事后也更须注意。“事前”注意，有利于顺利地把事情办好；“事后”注意，有利于以后办事，而且也有利于巩固双方的关系。

如果认为对方是亲戚，他们为你做事、帮忙是理所当然。有这样的想法是十分错误的。“礼尚往来”是中国人做人处世的准则。别人帮了你的忙，一句感激的话语、一点点心意的表达都是应当的。因此，向亲戚表示感谢，不仅要表现在言语上，还可以表现在一定的物质回报上。

当然，物质回报要适量、适度，不要借助回报之名进行违规交易。另外，当语言回报不足以表达心意，物质回报又不合时宜时，也可以以自己的实际行动来回报对方。小王是一位机关干部，她年幼时父亲不幸去世，是城里的姑妈供她上高中、念大学。而今她已身居要职，衣食无忧。对于姑妈的这份恩情，用言语和金钱是无法报答的。近来姑妈体弱多病，小王经常使用空闲时间帮姑妈干家务，还时常利用下乡机会为姑妈寻医求药。姑妈听在耳里、看在眼里、喜在心里。她为自己当年对侄女的付出感到十分欣慰。

总之，亲戚之间应当经常走动，在平时一点一滴积累感情，到关键的时候你才能获得他们的全力帮助。

人再熟也要常联系

在讲求效率与人际网络的现代社会，电话或者电子邮件可以轻松地帮助我们加强彼此之间的联系。相信大家都有过这个经验，借着“电话树”的功用，一个消息很快呈放射状传播出去。就像棒球比赛，棒球选手在跑回本垒时，一定要绕钻石型球场踩过每一垒垒包，人际关系也是如此，如果不做踩垒的动作——随时与人保持联络，则迟早要被淘汰出局。

通过短信、电话留言或者电子邮件、贺卡等形式告诉熟人，你在多大程度上受益于他提供的信息，这同样不失为一种得体的感谢方式。“张杰，我只想告诉你，我遵循你的建议同赵伟谈过了。他安排我同一些重要领导和关系人进行了接洽。我想再次感谢你为我指引了正确的努力方向。”一句简单的电话留言，但当老朋友张杰听到时，一定十分感动。因为，他只是提了一个小小建议，你凭自己的努力达到了目的，却特地向他致谢，说明你很重视他。

示意熟人你已经得到了他们的帮助，即使这种帮助的价值不大，也会鼓舞他们的热情。千万不要认为，大家这么熟，一点小事情，不必放在心上，更不用表示感谢。对方帮助你，因为你是他的朋友，也许他并不需要你的感谢，但如果你向他表示感谢，我想对方一定很高兴，至少说明你对他行为的肯定。记住，随时说：“谢谢！”这不是见外，而是发自内心的感谢，是一种礼貌和尊重。尽量使用“我感谢你的帮助”这样的措辞来结束每次电话交谈，从而使熟人在下次接到你的电话时态度会更加友好。时不时地与熟人进行沟通，可以加深他们对你的记忆和积极的印象，并使你有机会向熟人介绍自己的最新境况和求职活动的进展。如果你的求职意向有所变化，还会在熟人的心目中留下更新的印象。

需要注意的是，熟人之间的这种“沟通”活动切忌过于频繁。每隔一个月接触一次是不会引起身居要职的熟人的不快。然而，如果你每周发一封电子邮件，或者每周都打去电话，他们就会感到自己的善意被滥用和过度使用了。一方面，对方可能很忙，没有时间跟你交流，只好敷衍了事，打击你的热情；另一方面，时间久了，大家没有什么可聊的，会让对方觉得你很麻烦，耽误了对方的工作，从而厌倦跟你交往。所以，联系的频率不宜过多。过一段时间联系一次，会让彼此都有新鲜感，有更多的话题，感觉会更亲切自然。俗话说：小别胜新婚，就是这个道理。牢记于心和停留在面子上是有区别的。

不要冷落落魄的朋友

人们自然喜欢结交现在看来就很有价值的朋友，但是，谁知道明天的变化呢？我们为人处世，还需要长远眼光。今天的“冷庙”有可能是明天的“热庙”，凡事要有自己的主见，不能老是跟在别人屁股后面跑。

晋代一个名叫荀巨伯的人，得知朋友生病卧床，便前去探望。不料正赶上敌军攻破城池，烧杀掳掠无恶不作，百姓们纷纷携妻挈子，四散逃难。朋友劝荀巨伯说：“你赶快逃命去吧，我重病在身，根本逃不了，更何况我自知已活不长了，跟着你只能拖累你，你赶快离开这里吧！”

荀巨伯并不是贪生怕死之辈，他对朋友说：“我怎么能弃你于不顾呢？你把我看成什么人了？我不辞山高路远来此地就是为了照顾你。现在，敌军进城，你重病在身，我更不能扔下你不管。”说完转身到厨房给朋友熬药去了。

朋友语重心长地劝了半天，让他快些逃走，可荀巨伯却端药倒水跟没听见一样，他反倒安慰朋友说：“你就安心养病吧！不要管我，我不会有事的，我在这里你还有个照应，最起码天塌下来我还能替你顶着！”

这时只听“砰”的一声，门被敌军踢开了，冲进来几个凶神恶煞的士兵，冲着他们大喊大叫道：“你们是什么人？好大的胆子还敢在这里逗留，你们难道不怕死吗？”

荀巨伯站起身，从容地走到士兵跟前，指着躺在床上的朋友说：“我的朋友病得很厉害，根本无法下地行走，我怎么可以丢下他独自逃命？请你们快快离开这里吧，别吓坏了我的朋友，如果你们有什么事尽管找我好了。如果要死，我可以替他死，对此我绝不会皱一下眉头。”原本面露凶相的士兵，对荀巨伯大义凛然的一番说辞和那无畏的态度很是钦佩，语气较先前缓和了许多说：“没想到这里还有品格如此高尚的人，这样的人咱们怎么好迫害呢？走吧！”说着，敌军就走了。

可见，一个懂得善待自己落魄朋友的人，不仅赢得了朋友的真心，而且还为自己赢得了生机，真的是好人有好报啊。可是现实中的不少人总是可以敏感地觉察到自己的苦处，却对别人的痛处缺乏了解。他们不了解别人的需要，更不会花工夫去了解；有的甚至知道了佯装不知，大概是没有切身之苦、切肤之痛吧！

虽然很少有人能做到“人饥己饥，人溺己溺”的境界，但我们至少可以随时体察一下暂时不得势的人的需要，时刻关心他们，帮助他们脱离困境，当他们遭到挫折而沮丧时，你应该给予鼓励。这样不但维系了友情，而且一旦那位落魄朋友时来运转的话，他当初的那份温情就会显得弥足珍贵，如果日后他需要帮助的话，定然会得到转势之友的大力相助，这也许就是“冷庙烧香”的好处吧。

从一定意义上说，对待落魄、失势者的态度不仅是对一个人交际品质的考验，而且也是建立良好人际关系的契机。世事沧桑，复杂多变，起起伏伏，实难预料。昨天的权贵，今天可能成为平民；路边乞丐，一夜之间也可能平步青云……

学会倾听，胜过十张利嘴

有这样一个善于倾听的女孩，她也因此拥有许多好朋友，每一个都将她视为毕生知己，有什么开心的事都会与她共同分享，遇到困难也会向她倾诉。

一天，一位朋友来到她家，一坐下便长吁短叹，接着还流下了眼泪。她默默地递上一杯热茶，坐在朋友对面，耐心地聆听对方的倾诉……

原来这位朋友在单位被人暗算，工作上出了很大的错误，差点被老板开除，雪上加霜的是，她的男友在这时提出分手。朋友觉得生活毫无希望，完全失去了前进的目标。

朋友不停地讲着，把心里的苦闷全部倾泻出来，而女孩只是静静地听着，用一种理解、同情的目光凝视着对方的脸，不时地点点头表示赞同……

渐渐的，朋友痛苦的表情放松了，眼泪也消失了。女孩微笑了一下，拍拍朋友的肩，她说：“怎么样？觉得好点了吗？”

朋友擦擦眼泪，同样回以一个微笑，“是啊。很奇怪，我在来你家的路上都快活不下去了，可现在却觉得也没什么大不了的。”

女孩握住朋友的手，温和地说，“不管发生什么，你还有朋友。”

然后，她们一起讨论怎么挽回工作上的失误，向老板说明一切，让那些小人得到应有的惩罚；至于感情的事，就顺其自然，如果无法补救，就让它平静的结束，也许并不是多么严重的问题……

许多年后，朋友已经有了一个幸福美满的家庭，在事业上也有了一番作为，但她永不会忘记那个曾经令她痛不欲生的日子。是倾听那一份真诚的理解和同情，让她堵塞的心田涌入了一股清爽的风……

倾听是一种心灵的交汇，虽然它不能为悲伤的人撑起一片蓝天，也不能让懊恼迅速离去，但是倾听可以为朋友撑起一柄雨伞，使她不会被不如意淋个透心凉。用自己的心灵去感受他人的悲伤，如在寒冷的冬夜，点燃小小的壁炉，让暖暖的炉火，一点点地沁入朋友的心中，驱走寒冷。

生活中，一个善于倾听的人，能给满腹牢骚的同事带去一缕温暖；能给倾诉的人一丝理解和尊重；听听上级的批评、下级的建议，让事业之途变得更顺畅；听听朋友的心声，是生命中不可或缺的一个季节，让我们明白什么才是真、善、美，彼此的手握得更紧，心贴得更近。倾听，让一句简单的话语，骤然有了神奇的力量，让那些琐碎的小事，一下子变得无比地亲切起来，让那些平凡的日子，变得幸福而清爽。

不要放弃任何一个小人物

营造人脉，不可忽视身边“小人物”的作用，有“心计”的人深谙此理。在许多领导身边的“小人物”都发挥着举足轻重的作用。

清朝雍正皇帝在位时，按察使王士俊被派到河东做官，正要离开京城时，大学士张廷玉把一个很强壮的佣人推荐给他。到任后，此人办事很老练，又谨慎，时间一长，王士俊很看重他，把他当做心腹使用。

王士俊任期满了准备回到京城。这个佣人忽然要求告辞离去。王士俊非常奇怪，问他为什么要这样做。那人回答：“我是皇上的侍卫某某。皇上叫我跟着您，您几年来做官，没有什么大差错。我先行一步回京城去禀报皇上，替您先说几句好话。”王士俊听后吓坏了，好多天一想到这件事就两腿直发抖。幸亏自己没有亏待过这人，多吓人哪！要是对他有不善之举，可能命就保不住了。

生活中，我们千万不可轻视身边的那些“小人物”，跟他们搞好关系非常重要。这些人平时不显山不露水，但是到了关键时刻，说不定就会成为左右大局、决定生死的“重磅炸弹”。

所以，平常无论是说话还是办事，一定要记住：把鲜花送给身边所有的人，包括您心目中的“小人物”。不要总是时时处处表现出高人一等的样子，要知道，再有能力的人也不可能把所有的事情都办好，再优秀的篮球运动员也不可能一个人赢得整场比赛。在经营管理中，人的因素至关重要，有了人才会有事业，有情义，同时也会带来效益。俗话说：“不走的路走三回，不用的人用三次。”说不定，有一天，您心目中的“小人物”会在某个关键时刻成为影响您的前程和命运的“大人物”。

常言道"深山藏虎豹，田野隐麒麟"，更何况一百个朋友不算多，冤家一个就不少，越是小河沟子越可能会翻大船。在芸芸众生之间，有着无数能够在关键时刻大显神通助您成功的"贵人"，或陷人于死地的"小人"。所以，要营造广茂的人脉关系，就要随时随地广泛交往，重视身边的"小人物"，多结善缘才行。

不能一味"公事公办"

公事私办并不是让人违反原则和纪律，而是在允许的情况下把握尺度，灵活变通，把公事当成私事来办，让对方更加心甘情愿地为你做事。

公事公办与公事私办之间存在较大的回旋余地，这才给做事有"心计"的人创造了有利的机会。他们尽自己所能，在人际交往方面常常收到意外的效果。

有些人不懂"公事私办"的道理结果吃了亏。一位刚从国外归来的博士到应聘单位办手续，他觉得办公室里办事效率太差，就以国外的情况对工作人员横加评论，对方很不高兴地说："今天不办手续了，明天再来办吧！"

这位博士不懂人情世故。他如果说上两句好话，类似"初来乍到，请多多关照。""我来麻烦你们了，这是我个人的材料，请多多留心。"也许办公室的工作人员倒会加快速度帮他的忙的。

假如你在办公室办事，以为这是公事，就拿着"谁耽误就是谁的责任"的原则牌子吓唬人，而不考虑办任何事都是在与别人合作，势必会遇到不少麻烦。这种刻板的公事公办方法忽略了人的感情因素，当然就很难行通了。

如果是有"心计"的人，懂得公事私办的道理，结果又是另一番模样了。

在某电器公司修理部工作的张师傅一下班就蹬上自行车赶往他的好朋友王某公司去了。王某的一台空调突然不制冷了，张师傅去瞧瞧什么毛病。"好朋友的事当然要帮忙了。"张师傅赶到王某公司，饭也没吃就忙开了，一直干到很晚，总算修好了空调。

王某感激地对张师傅说："太谢谢您了，要不是空调急用，也不会让您下了班还来帮忙，耽误了您这么长时间，实在过意不去！"张师傅笑着说："嘿，咱们是多年的老朋友了，还说什么两家话！"

尽管王某公司的空调是张师傅他们厂生产的，修理空调也是张师傅分内的工作，但张师傅把这件当"私事"办了。如果王某不是张师傅的朋友，结果会怎样呢？也许张师傅觉悟高，也会这样做．但是因为是下班后的时间，张师傅推说到明天再修理，这也完全是合情合理的事。

很多时候我们都不难有这样的体会，公事私办比公事公办往往来得简单、快捷，甚至办得要漂亮得多。

俗话说，熟人好办事。我们经常碰到这样的事：当你为单位去办某事时，你对合作单位的一位老熟人说："哎，哥们儿，这事交给你了，你可得当做自己的事来办啊！"这言外之意是此事虽是公事，可与本人关系重大，嘱咐你留神、细心，迅速帮助我完成。这就是公事私办的关照语。若你是有"心计"之人，一定懂得，并能见机行事，结果是事情办得圆满，人缘也建立起来了。

公事私办的最大诀窍是善于利用你的人缘，你出了一样的力却获得了更多的回报，投之以桃对方也会报之以李。等到他有事求你时，你也得如此回报。

适当的"自我暴露"有助于加深亲密程度

小林是同宿舍中最擅长交际的一个，并且人长得也漂亮。但在同班甚至同宿舍的其他女孩都找到了自己的男朋友，唯独漂亮的、擅长交际的小林仍是独自一人。

之所以出现这种情况，是因为小林一直对自己的私生活讳莫如深，也从不和别人谈论自己，每当别人问起时，她就把话题岔开。为此，她身边的同学都觉得她太神秘，难以亲近，所以也很少跟她交心。

"人之相识，贵在相知；人之相知，贵在知心。"要想与别人成为知心朋友，就必须向对方袒露自己，即表露自己的真实感情和真实想法，向别人讲心里话，坦率地表白自己、陈述自己、推销自己。

在生活中，我们也常会发现有的人外表看起来不是很擅长社交，但知心朋友却比较多，而有的人，虽然很擅长社交，甚至在交际场中如鱼得水，但是他们却少有知心朋友。这是为什么呢？如果你仔细观察，会发现第一类人一般都有一个特点，就是为人真诚，渴望情感沟通。他们说的话也许不多，但都是真诚的。他们有困难的时候，总能有人来帮助他（她）且很慷慨。而第二类人习惯于说场面话，做表面功夫，交的朋友又多又快，感情却都不是很深。因为他们虽然说很多话，但是却很少暴露自己的感情。其实每个人都不傻，都能直觉地感到对方是出于需要，还是出于情感而来往。

也许，你也有过这样的感受：当自己处于明处，对方处于暗处，自己表露情感，对方却讳莫如深，不和你交心时，你会感到很不舒服，对这个人也不会产生亲切感和信赖感。而当一个人向你表白内心深处的感受时，你会觉得这个人对自己很信赖，而你也无形中和他会一下子拉近了距离。

心理学家认为，一个人应该至少让一个重要的他人知道和了解真实的自我。这样的人在心理上是健康的，也是实现自我价值所必需的。所以，在与人交往时，你不妨向对方袒露一下自己的内心，吐露一下秘密，这样会一下子赢得对方的心，赢得一生的友谊。

当然，向他人“暴露”自己时，一定要掌握好度，如果总是喋喋不休的诉说自己，口无遮拦，不仅起不到好的效果，还会招人厌烦，就像鲁迅小说中的祥林嫂那样总是喋喋不休地谈论自己的事情的人，刚开始可能会得到别人的认可、同情，但时间长了就会遭到人们的厌烦。所以，在向别人袒露自己时要恰到好处，不可过多，也不能过少。

心理学家认为，理想的自我暴露是对少数亲密的朋友做较多的自我暴露，而对一般朋友和其他人做中等程度的暴露。而且，你也不一定要说你的秘密，在不太了解的人面前，我们可以交流一些生活中的并不私密的情感，既给人亲近之感，又不会让自己处于不安全的境地。

第六章

取舍自如，人生何必太计较

世上本无事，庸人自扰之

一个年轻人四处寻找解脱烦恼的秘诀。他见山脚下绿草丛中一个牧童在那里悠闲地吹着笛子，十分逍遥自在。

年轻人便上前询问："你那么快活，难道没有烦恼吗？"

牧童说："骑在牛背上，笛子一吹，什么烦恼也没有了。"

年轻人试了试，烦恼仍在。

于是他只好继续寻找。

他来到一条小河边，见一老翁正专注地钓鱼，神情怡然，面带喜色，于是便上前问道："你能如此投入地钓鱼，难道心中没有什么烦恼吗？"

老翁笑着说："静下心来钓鱼，什么烦恼都忘记了。"

年轻人试了试，却总是放不下心中的烦恼，静不下心来。

于是他又往前走。他在山洞中遇见一位面带笑容的长者，便又向他讨教解脱烦恼的秘诀。

老年人笑着问道："有谁捆住你没有？"

年轻人答道："没有啊？"

老年人说："既然没人捆住你，又何谈解脱呢？"

年轻人想了想，恍然大悟，原来是被自己设置的心理牢笼束缚住了。

世上本无事，庸人自扰之。其实很多时候，烦恼都是自找的，要想从烦恼的牢笼中解脱，首先要做到"心无一物"，放下心中的一切杂念，不为外物的悲喜所侵扰，才能够抛却一切的烦恼，得到内心的安宁。

萧伯纳曾经说过："痛苦的秘诀在于有闲工夫担心自己是否幸福。"故事中的年轻人，四处寻找解脱烦恼的秘诀，却不知道这其实将带来更多的烦恼。许多烦恼和忧愁缘于外物，却是发自内心，如果心灵没有受到束缚，外界再多的侵扰都无法动摇你宁谧的心灵，反之，如果内心波澜起伏，汲汲于功利，汲汲于悲喜，那么即便是再安逸的环境，都无法洗脱你心灵上的尘埃。正所谓"菩提本无树，明镜亦非台，本来无一物，何处惹尘埃"，一切的杂念与烦忧，都是自动摇的心旌所激荡起的涟漪，只要带着牧童牛背吹笛、老翁临渊钓鱼的心绪，而不去自寻烦忧，那么，烦扰自当远离。

世上是没有任何事情值得忧虑的

忧虑是一种过度忧愁和伤感的情绪体验。正常人也会有忧虑的时候，但如果是毫无原因的忧虑，或虽有原因，但不能自控，显得心事重重、愁眉苦脸，就属于心理性忧虑了。

如果一个人不及时调整，一味地忧虑下去，那么他只是在折磨自己，事情也不会发生任何的改变。

一个商人的妻子不停地劝慰着她那在床上翻来覆去、折腾了足有几百次的丈夫："睡吧，别再胡思乱想了。"

"嗨，老婆啊，"丈夫说，"几个月前，我借了一笔钱，明天就到还钱的日子了。可你知道，咱家哪儿有钱啊！你也知道，借给我钱的那些邻居们比蝎子还毒，我要是还不上钱，他们能饶得了我吗？为了这个，我能睡得着吗？"他接着又在床上继续翻来覆去。

妻子试图劝他，让他宽心："睡吧，等到明天，总会有办法的，我们说不定能弄到钱还债的。"

"不行了，一点儿办法都没有啦！"

最后，妻子忍耐不住了，她爬上房顶，对着邻居家高声喊道："你们知道，我丈夫欠你们的债明天就要到期了。现在我告诉你们：我丈夫明天没有钱还债！"她跑回卧室，对丈夫说："这回睡不着觉的不是你，而是他们了。"

如果凌晨三、四点的时候，你还在忧虑，似乎全世界的重担都压在你肩膀上：到哪里去找一间合适的房子？找一份好一点的工作？……内心的忧虑使你要做的事在那里滚转翻腾。

只要你采取一个简单的步骤，对自己说一句简短的话，说上几遍，每一次要深呼吸，放松。你要对自己说，同时心里想："不要怕。"

深呼吸，睁开眼睛，再轻松地闭起来，告诉自己："不要怕。"仔细想想这些有魔力的字句，而且要真正相信，不要让你的心仍彷徨在恐惧和烦恼之中。

我们不能将忧虑与计划安排混为一谈，虽然二者都是对未来的一种考虑。未来的计划有助于你现实中的活动，使你对未来有自己的具体想法与行动指南。而忧虑只是因今后可能发生的事情而产生惰性。忧虑是一种流行的社会通病，几乎每个人都要花费大量的时间为未来担忧。忧虑消极而无益，既然你是在为毫无积极效果的行为浪费自己宝贵的时光，那么你就必须改变这一缺点。

请记住，世上没有任何事情是值得忧虑的。你可以让自己的一生在对未来的忧虑中度过，然而无论你多么忧虑，甚至抑郁而死，你也无法改变现实。

把生活当情人，允许他发个小脾气

在生活中，有些人因为阅历不够，常常会碰到一些无法改变的事情。遇到这些事情，不要去硬拼，没必要非弄个鱼死网破，因为鱼死了网也未必会破；也不必弄个玉碎瓦全，因为碎了的玉和瓦没什么区别，不如去顺应、去配合，把自己磨得圆滑一些。

生活中发生的很多事情也许将我们磨得失去了耐性，可是没有办法改变，又能怎么办呢？最好的办法，就把生活当成自己的小情人吧，在经受挫折时，就当是他在发脾气，不要与他计较，哄哄他也是一种生活的调情。

小张是一所名牌大学的高才生，他不仅成绩出众，还是校学生会的主席，大学毕业后，他如愿以偿来到一家外资企业工作。可是不久他就发现，自己在公司干的都是些打杂的事情。

从名牌大学的高才生到别人的“助理”，这样的现实让小张很难接受，特别是别人动不动就使唤他，让小张觉得尊严受到了挑战。他有时咬牙切齿地干完某事，又要笑容可掬地向有关人员汇报说：

“已经做好了！”如此违心的两面派角色，他自己都感到恶心。有几次，他还与同事争吵起来。时间一长，小张的日子就不好过了，同事们几乎没人理他，孤傲的小张更加孤独了。

生活就是这样，当你没办法改变世界时，唯一的方法就是改变自己。还有另一个故事：

许多年前，一个妙龄少女来到东京酒店当服务员。这是她的第一份工作，因此她很激动，暗下决心：一定要好好干！她想不到：上司安排她洗厕所！洗厕所！说实话没人爱干，何况她从未干过粗重的活儿，细皮嫩肉、喜爱洁净的她干得了吗？她陷入了困惑、苦恼之中，也哭过鼻子。

这时，她面临着人生的一大抉择：是继续干下去，还是另谋职业？继续干下去——太难了！另谋职业——知难而退？她不甘心就这样败下阵来，因为她曾下过决心：人生第一步一定要走好，马虎不得！这时，同单位一位前辈及时出现在她面前，帮她摆脱了困惑、苦恼，帮她迈好了这人生的第一步，更重要的是帮她认清了人生之路应该如何走。他并没有用空洞的理论去说教，只是亲自做给她看了一遍。

首先，他一遍遍地抹洗着马桶，直到抹洗得光洁如新；然后，他从马桶里盛了一杯水，一饮而尽，竟然毫不勉强。实际行动胜过万语千言，他不用一言一语就告诉了少女一个极为朴素、极为简单的真理：光洁如新，要点在于“新”，新则不脏，因为不会有人认为新马桶脏，也因为马桶中的水是不脏的，所以是可以喝的；反过来讲，只有马桶中的水达到可以喝的洁净程度，才算是把马桶抹洗得“光洁如新”了，而这一点已被证明可以办得到。

同时，他送给她一个含蓄的、富有深意的微笑，送给她关注的、鼓励的目光。这已经够用了，因为她早已激动得几乎不能自持，从身体到灵魂都在震颤。她目瞪口呆，热泪盈眶，恍然大悟，如梦初醒！她痛下决心：“就算一生洗厕所，也要做一名洗厕所最出色的人！”

从此，她成为一个全新的、振奋的人，她的工作质量也达到了那位前辈的高水平。当然，她也多次喝过马桶水，为了检验自己的自信心，为了证实自己的工作质量，也为了强化自己的敬业心。

在生活和工作中，我们会遇到许多的不如意。比如，你是一个刚毕业的学生，很喜欢编辑的工作，可是放在你面前的就只有文员的角色；你是一个准妈妈，很想要个儿子，可是生下来的偏偏是个女儿；你正处于事业的爬坡期，你以为升职的名单里会有你，可是另一个你认为不如你的人却代替你升了职……既然改变不了事实，那么我们何不顺应环境，理清思绪，让自己重新开始呢？

生命太短促了，不该再顾忌那些小事

鲁迅和林语堂是中国的两位知名文学家，他们原本是意气相投的老朋友，曾经同住在上海北四川路横滨桥附近的一个处所。有一天晚上，二人挥扇清谈，颇得情趣。正在高谈阔论之时，鲁迅先生不慎把吸剩的烟头随手一扔，烟头不偏不歪，正好落在林语堂先生的蚊帐下，竟把蚊帐烧去不小的一个角。

鲁迅本来是无心之失，林语堂却因此而十分不悦，立即当面责备起来。鲁迅感到对方火气太大，未免小题大做，有伤交友之道，于是，两人争吵起来。

一气之下，鲁迅便顶撞林语堂说："完全烧了便怎样，一共也不过5块钱罢了！"这两位大人物，一个是国内外享有盛誉的"幽默大师"，一个是举世公认的"文坛巨匠"，却因为一件微不足道的小事而大伤和气，自此分居绝交，无疑是令人遗憾的。

事事计较、精于算计的人，不但容易损害人际关系，从医学的观点看，也对自己的身体极其有害。《红楼梦》里的林黛玉，虽有闭月羞花、沉鱼落雁的美丽容貌，可总是患得患失，别人一句无意的话都会让她辗转反侧，难于入眠，抑郁不已，再加上情感上的打击，终于落得个"红颜薄命"的悲惨结局。

还有这样一个故事：一群好朋友，原本欢欢喜喜地去饮酒，酒下了肚没有多久，大伙你一句，他一句玩笑，突然盘飞菜溅，大伙打成了一团。探讨原因，也不过是某甲说了某乙性无能，某乙认为伤了男性的自尊心，一定要讨回面子而已。小小的一个玩笑演变成你死我伤的局面，怎不令人欷嘘？

世上有许多类似的情节，皆为一句话、一个小举动弄得反目成仇，到头来失去朋友、断了交情，可谓得不偿失。古语有云"小不忍则乱大谋"，一点不假。

人生之事，只要不是原则性的大事，得过且过又何妨？人活在世上，理应开朗、豁达，活得超脱一些；凡事斤斤计较，只是徒增烦恼罢了。

我们活在这个世上只有短短的几十年，而浪费很多不可能再补回来的时间去愁一些很快就会被所有人忘了的小事，值得吗？请把生活只用在值得做的事情上，去经历真正的感情，去做必须做的事情。生命太短促了，不该再顾忌那些小事。

人生的快乐不在于拥有的多，而在于计较的少

为人处世，不免有形形色色的矛盾、烦恼，如果斤斤计较于每一件事，那生命无疑是一桩累赘，且充斥着悲剧色彩。

1945年3月，罗勒·摩尔和其他87位军人在贝雅S·S318号潜艇上。当时雷达发现有一个驱逐舰队正往他们的方向开来，于是他们就向其中的一艘驱逐舰发射了三枚鱼雷，但都没有击中。这艘舰也没有发现。但当他们准备攻击另一艘布雷舰的时候，它突然掉头向潜艇开来，可能是一架日本飞机看见这艘位于60英尺水深处的潜艇，用无线电告诉这艘布雷舰。

他们立刻潜到150英尺地方，以免被日方探测到，同时也准备应付深水炸弹。他们在所有的船盖上多加了几层栓子。3分钟之后，突然天崩地裂。6枚深水炸弹在他们的四周爆炸，他们直往水底——深达276英尺的地方下沉，他们都吓坏了。

按常识，如果潜水艇在不到500英尺的地方受到攻击，深水炸弹在离它17英尺之内爆炸的话，差不多是在劫难逃。罗勒·摩尔吓得不敢呼吸，他在想："这回完蛋了。"在电扇和空调系统关闭之后，潜艇的温度升到近40度，但摩尔却全身发冷，牙齿打战，身冒冷汗。15小时之后，攻击停止了，显然那艘布雷舰在炸弹用光以后就离开了。

这15小时的攻击，对摩尔来说，就像有1500年。他过去所有的生活一一浮现在眼前，他想到了以前所干的坏事，所有他曾担心过的一些很无聊的小事。他曾经为工作时间长、薪水太少、没有多少机会升迁而发愁；他也曾经为没有办法买自己的房子，没有钱买部新车子，没有钱给妻子买好衣服而忧虑；他非常讨厌自己的老板，因为这位老板常给他制造麻烦；他还记得每晚回家的时候，自己总感到非常疲倦和难过，常常跟自己的妻子为一点小事吵架；他也为自己额头上的一块小疤发愁过。

摩尔说："多年以来，那些令人发愁的事看来都是大事，可是在深水炸弹威胁着要把他送上西天的时候，这些事情又是多么的荒唐、渺小。"就在那时候，他向自己发誓，如果他还有机会见到太阳和星星的话，就永远永远不会再忧虑。在潜艇里那可怕的15小时，对于生活所学到的，比他在大学读了4年书所学到的要多得多。

我们可以相信一句话：人生中总是有很多的琐事纠缠着我们，但是我们不能与它斤斤计较，因为心胸狭窄是幸福的天敌。

生活中，将许多人击垮的有时并不是那些看似灭顶之灾的挑战，而是一些微不足道的、鸡毛蒜皮的小事。人们的大部分时间和精力无休止地消耗在这些鸡毛蒜皮的小事之中，最终让大部分人一生一事无成。

大家都知道在法律上的一条格言："法律不会去管那些小事情。"一个人总不该为一些小事斤斤计较、忧心忡忡，如果他希望求得心理上的平静和快乐的话。

很多时候，要想克服由一些小事情所引起的困扰，只需将你的注意力的重点转移开来，给自己设定一个新的、能使你开心一点的看问题的角度与方法就可以了。这样你会重新收获生活的快乐。

放开自己，不纠结于已失去的事物

生活中有一种痛苦叫错过。人生中一些极美、极珍贵的东西，常常与我们失之交臂，这时的我们总会因为错过美好而感到遗憾和痛苦。其实喜欢一样东西不一定非要得到它，俗话说："得不到的东西永远是最好的。"当你为一份美好而心醉时，远远地欣赏它或许是最明智的选择，错过它或许还会给你带来意想不到的收获。

美国的哈佛大学要在中国招一名学生，这名学生的所有费用由美国政府全额提供。初试结束了，有30名学生成为候选人。

考试结束后的第10天，是面试的日子。30名学生及其家长云集锦江饭店等待面试。当主考官劳伦斯·金出现在饭店的大厅时，一下子被大家围了起来，他们用流利的英语向他问候，有的甚至还迫不及待地向他作自我介绍。这时，只有一名学生，由于起身晚了一步，没来得及围上去，等他想接近主考官时，主考官的周围已经是水泄不通了，根本没有插空而入的可能。

于是他错过了接近主考官的大好机会，他觉得自己也许已经错过了机会，于是有些懊丧起来。正在这时，他看见一个异国女人有些落寞地站在大厅一角，目光茫然地望着窗外，他想：身在异国的她是不是遇到了什么麻烦，不知自己能不能帮上忙？于是他走过去，彬彬有礼地和她打招呼，然后向她做了自我介绍，最后他问道："夫人，您有什么需要我帮助的吗？"接下来两个人聊得非常投机。

后来这名学生被劳伦斯·金选中了，在30名候选人中，他的成绩并不是最好的，而且面试之前他错过了跟主考官套近乎、加深自己在主考官心目中印象的最佳机会，但是他却无心插柳，柳成荫。原来，那位异国女子正是劳伦斯·金的夫人。

这件事曾经引起很多人的震动：原来错过了美丽，收获的并不一定是遗憾，有时甚至可能是圆满。

许多的心情，可能只有经历过之后才会懂得，如感情，痛过了之后才会懂得如何保护自己，傻过了之后才会懂得适时的坚持与放弃，在得到与失去的过程中，我们慢慢认识自己，其实生活并不需要这么些无谓的执著，没有什么真的不能割舍的，学会放弃，生活会更容易！

因此，在你感觉到人生处于最困顿的时刻，也不要为错过而惋惜。失去的折磨会带给你意想不到的收获。花朵虽美，但毕竟有凋谢的一天，请不要再对花长叹了。因为可能在接下来的时间里，你将收获雨滴的温馨和戏雨的浪漫。

睁一眼闭一眼，对小事不予计较

美国著名的成功学大师戴尔·卡耐基是一位处理人际关系的"老手"，然而早年时，也曾犯过小错误。

有一天晚上，卡耐基和自己的一个朋友应邀去参加一个宴会。宴席中，坐在他右边的一位先生讲了一段幽默故事，并引用了一句话，意思是“谋事在人，成事在天。”那位健谈的先生提到，他所引用的那句话出自《圣经》。然而，卡耐基发现他说错了，他很肯定地知道出处，一点疑问也没有。

出于一种认真的态度，卡耐基又很小心地纠正了过来。那位先生立刻反唇相讥：“什么？出自莎士比亚？不可能！绝对不可能！”那位先生一时下不来台，不禁有些恼怒。当时卡耐基的老朋友弗兰克就坐在他的身边。弗兰克研究莎士比亚的著作已有多年，于是卡耐基就向他求证。弗兰克在桌下踢了卡耐基一脚，然后说：“戴尔，你错了，这位先生是对的。这句话出自《圣经》。”

那晚回家的路上，卡耐基对弗兰克说：“弗兰克，你明明知道那句话出自莎士比亚。”“是的，当然。”弗兰克回答，“在哈姆雷特第五幕第二场。可是亲爱的戴尔，我们是宴会上的客人，为什么要证明他错了？那样会使他喜欢你吗？他并没有征求你的意见，为什么不圆滑一些，保留他的脸面，说出实话而得罪他呢？”

一些无关紧要的小错误，放过去，无伤大局，那就没有必要去纠正它。这不仅是为了自己避免不必要的烦恼和人事纠纷，也顾到了别人的名誉，不致给别人带来无谓的烦恼。这样做，并非只是明哲保身，更体现了你处世的度量。

人们常说：“凡事不能不认真，凡事不能太认真。”一件事情是否该认真，这要视场合而定。钻研学问更要讲究认真，面对大是大非的问题要讲究认真。但是，在不忘大原则的同时，我们要做适时的变通，对于一些无关大局的琐事，不必太认真。不看对象，不分地点刻板地认真，往往使自己处于一种尴尬的境地，处处被动受阻。每当在这种时候，如果能理智地后退一步，淡然处之，不失为一种追求至简生活的处世之道。

且咽一口气，内心的格局便开朗了

人生之所以多烦恼，皆因遇事不肯让他人一步，总觉得咽不下这口气。其实，这是很愚蠢的做法。

善于放弃是一种境界，是历尽跌宕起伏之后对世俗的一种轻视，是饱经人间沧桑之后对财富的一种感悟，是运筹帷幄成竹在胸充满自信的一种流露。只有在了如指掌之后才会懂得放弃并善于放弃，只有在懂得放弃并善于放弃之后才会获得无尽的财富。

杨玢是宋朝时期的一个尚书，年纪大了便退休在家，安度晚年。他家住宅宽敞、舒适，家族人丁兴旺。有一天，他在书桌旁，正要拿起《庄子》来读，他的几个侄子跑进来，大声说："不好了，我们家的旧宅被邻居侵占了一大半，不能饶他！"

杨玢听后，问："不要急，慢慢说，他们家侵占了我们家的旧宅地？"

"是的。"侄子们回答。

杨玢又问："他们家的宅子大还是我们家的宅子大？"侄子们不知其意，说："当然是我们家宅子大。"

杨玢又问："他们占些我们家的旧宅地，于我们有何影响？"侄子们说："没有什么大影响，虽然如此，但他们不讲理，就不应该放过他们！"杨玢笑了。

过了一会儿，杨玢指着窗外落叶，问他们："树叶长在树上时，那枝条是属于它的，秋天树叶枯黄了落在地上，这时树叶怎么想？"他们不明白含义。杨玢干脆说："我这么大岁数，总有一天要死的，你们也有老的一天，也有要死的一天，争那一点点宅地对你们有什么用？"侄子们现在明白了杨玢讲的道理，说："我们原本要告他的，状子都写好了。"

侄子呈上状子，他看后，拿起笔在状子上写了四句话："四邻侵我我从伊，毕竟须思未有时。试上含光殿基望，秋风秋草正离离。"

写罢，他再次对侄子们说："我的意思是在私利上要看透一些，遇事都要退一步，不要斤斤计较。"

人的一生，不可能事事如意、样样顺心，生活的路上总有沟沟坎坎。你的奋斗、你的付出，也许没有预期的回报；你的理想、你的目标，也许永远难以实现。如果抱着一份怀才不遇之心而愤愤不平，如果抱着一腔委屈怨天尤人，难免让自己心力交瘁。

生活中，难免与人磕磕碰碰，难免遭别人误会猜疑。你的一念之差、你的一时之言，也许别人会加以放大和责难，你的认真、你的真诚，也许会被别人误解和中伤。如果非得以牙还牙拼个你死我活，如果非得为自己辩驳澄清，可能会导致两败俱伤。

适时地咽下一口气，潇洒地甩甩头发，悠然地轻轻一笑，甩去烦恼，消去恩怨。你会发现，内心的格局开朗了，天仍然很蓝，生活依然很美好。

难得糊涂是良训，做人不要太较真

怎样做人是一门学问，甚至是一门用毕生精力也未必能勘破个中因果的大学问，多少不甘寂寞的人穷究原委，试图领悟人生真谛，塑造辉煌的人生。然而人生的复杂性使人们不可能在有限的时间里洞察人生的全部内涵，但人们对人生的理解和感悟又总是局限在事件的启迪上。比如，处世不能太较真便是其中一理，这正是有人活得潇洒，有人活得累的原因之所在。

做人固然不能玩世不恭，游戏人生，但也不能太较真，认死理。“水至清则无鱼，人至察则无徒”，太认真了，就会对什么都看不惯，连一个朋友都容不下，把自己同社会隔绝开。镜子很平，但在高倍放大镜下，就成了凹凸不平的山峦；肉眼看很干净的东西，拿到显微镜下，满目都是细菌。试想，如果我们“戴”着放大镜、显微镜生活，恐怕连饭都不敢吃了；如果用放大镜去看别人的缺点，恐怕那家伙罪不容诛、无可救药了。

人非圣贤，孰能无过。与人相处就要互相谅解，经常以“难得糊涂”自勉，求大同存小异，有度量，能容人，你就会有许多朋友，且左右逢源，诸事遂愿；相反，“明察秋毫”，眼里不揉半粒沙子，过分挑剔，什么鸡毛蒜皮的小事都要论个是非曲直，容不得人，人家也会躲你远远的，最后你只能关起门来“称孤道寡”，成为使人避之唯恐不及的异己之徒。古今中外，凡是能成大事的人都具有一种优秀的品质，就是能容人所不能容，忍人所不能忍，善于求大同存小异，团结大多数人。他们胸怀豁达而不拘小节，大处着眼而不会鼠目寸光，并且从不斤斤计较，纠缠于非原则的琐事，所以他们才能成大事、立大业，使自己成为不平凡的伟人。

宋朝的范仲淹，是一个有远见卓识的人。他在用人的时候，主要是取人的气节而不计较人的细微不足。范仲淹做元帅的时候，招纳的幕僚，有些是犯了罪被朝廷贬官的，有些是因为犯了罪被流放的，这些人被任用后，有的人不理解。范仲淹则认为：“有才能没有过错的人，朝廷自然要重用他们。但世界上没有完人，如果有人确实是有用人才，仅仅因为他的一点小毛病，或是因为做官议论朝政而遭祸，不看其主要方面，不靠一些特殊手段起用他们，他们就成了废人了。”尽管有些人有这样或那样的问题，但范仲淹只看其主流，他所使用的人大多是有用之才。

人非圣贤，孰能无过？有道德修养的人不在于不犯错误，而在于有过能改，不再犯过。所以用人，用有过之人也是常事，应该看到他的过错只不过是偶然的，他的大方向是好的。《尚书·伊训》中有“与人不求备，检身若不及”的话，是说我们与人相处的时候，不求全责备，检查约束自己的时候，也许还不如别人。要求别人怎么去做的时候，应该先问一下自己能否做到。推己及人，严于律己，宽以待人，才能团结能够团结的人，共同做好工作。一味地苛求，就什么事情也办不好。

郑板桥的一句“难得糊涂”，至今仍被人们奉为是聪明的最高境界。其实，人生少一点较真，换来的将是更多的收获。

不要为了无聊的事小题大做

我们每天都会经历这样或那样的事。每件事的重要性也不尽相同，有的事情至关重要，而有的，则无关紧要。重要的事情固然应当认真对待，然而如果小题大做，成天为着无聊的小事而发愁的话，是无法成就大事的。当然，在无聊的细节之处过于较真的人，也是在社交中也是令人讨厌的。

布莱恩有一次在一家小旅馆住宿。

午夜时分，忽然听到浴室中有一种奇怪的声音。过了一会儿，布莱恩看见一只老鼠跳上镜台，然后又跳下地，在地板上作了些怪异的老鼠体操。后来它又跑回浴室，使布莱恩一夜都没睡好觉。

第二天早晨，他对打扫房间的女侍说：“这间房里有老鼠，夜里出来，吵了我一夜。”女侍说：“这旅馆里没有老鼠。这是头等旅馆，而且所有的房间都刚刚刷过漆。”

布莱恩下楼时对电梯司机说：“你们的女侍倒真忠心。我告诉她说昨天晚上有只老鼠吵了我一夜，她说那是我的幻觉。”

没想到，电梯司机说：“她说得对。这里绝对没有老鼠！”

布莱恩的话被他们传开了。柜台服务员和门口看门的在他走过时都用怪异的眼光看他。

第二天早晨，他到店里买了只老鼠笼和一包咸肉。他把这两件东西包好，偷偷带进旅馆，不让当时值班的员工看见。翌日早晨他起床时，看到老鼠在笼里，既是活的，又没有受伤。他心想，我将证据摆在他们面前，他们还怎样说我无中生有！

但在他准备走出房门时，忽然间意识到，如此做法，是否有些小题大做，岂不是显得自己太无聊，而且很讨厌？

于是布莱恩赶快轻轻走回房间，把老鼠放出，让它从窗外宽阔的窗台跑到邻屋的屋顶上去了。

半小时后，布莱恩退掉房间，离开旅馆，出门时把空老鼠笼递给侍者。他发现，厅中的人都向他微笑点头，目送着他推门而去。

如果布莱恩真的将老鼠带给前台，诚然能够证明他并没有说错，但同时他也证明了自己是多么的惹人讨厌。如果他真的这么做，那么他并不是赢家，而只是一个无聊而又可笑的失败者。人生在世，往往会过于较真，为了证明自己是对的，而在一些无伤大雅的细节之处过分纠缠，然而花费了不少气力和心思之后，不仅不能得到他人的认同，还可能惹人生厌。反之，如能像布莱恩一样，明智地选择放下心中的块垒，不再执著于使人们信服旅馆中确实有老鼠，那么他失去的，仅仅是证明自己的正确之后所获得的转瞬即逝的满足感，然而却收获了他人的认同，以及发自内心的赞许。在这里，布莱恩显示出了自己的智慧，同时也告诉我们，不要为无聊的小事小题大做，这样无知无谓亦无聊，放下对无谓的细节的纠缠，方能获得内心的畅快与释然。

不要让小事情牵着鼻子走

在非洲草原上，有一种不起眼的动物叫吸血蝙蝠，它的身体极小，却是野马的天敌。这种蝙蝠靠吸动物的血生存。在攻击野马时，它常附在野马腿上，用锋利的牙齿迅速、敏捷地刺入野马腿，然后用尖尖的嘴吸食血液。无论野马怎么狂奔、暴跳，都无法驱逐这种蝙蝠，蝙蝠可以从容地吸附在野马身上，直到吸饱才满意而去。野马往往是在暴怒、狂奔、流血中无奈地死去。

动物学家们百思不得其解，小小的吸血蝙蝠怎么会让庞大的野马毙命呢？于是，他们进行了一次实验，观察野马死亡的整个过程。结果发现，吸血蝙蝠所吸的血量是微不足道的，远远不会使野马毙命。动物学家们在分析这一问题时，一致认为野马的死亡是它暴躁的习性和狂奔所致，而不是因为蝙蝠吸血致死。

一个理智的人，必定能控制住自己所有的情绪与行为，不会像野马那样为一点小事抓狂。当你在镜子前仔细地审视自己时，你会发现自己既是你的最好朋友，也是你的最大敌人。

上班时堵车堵得厉害，交通指挥灯仍然亮着红灯，而时间很紧，你烦躁地看着手表的秒针。终于亮起了绿灯，可是你前面的车子迟迟不启动，因为开车的人思想不集中，你愤怒地按响了喇叭，那个似乎在打瞌睡的人终于惊醒了，仓促地挂上了一挡，而你却在几秒钟里把自己置于紧张而不愉快的情绪之中。

美国研究应激反应的专家理查德·卡尔森说："我们的恼怒有80%是自己造成的。"这位加利福尼亚人在讨论会上教人们如何不生气。卡尔森把防止激动的方法归结为这样的话："请冷静下来！要承认生活是不公正的。任何人都不是完美的，任何事情都不会按计划进行。”“应激反应”这个词从20世纪50年代起才被医务人员用来说明身体和精神对极端刺激（噪音、时间压力和冲突）的防卫反应。

现在研究人员知道，应激反应是在头脑中产生的。在即使是非常轻微的恼怒情绪中，大脑也会命令分泌出更多的应激激素。这时呼吸道扩张，使大脑、心脏和肌肉系统吸入更多的氧气，血管扩大，心脏加快跳动，血糖水平升高。

埃森医学心理学研究所所长曼弗雷德·舍德洛夫斯基说：“短时间的应激反应是无害的。”他说：“使人受到压力是长时间的应激反应。”他的研究所的调查结果表明：61%的德国人感到在工作中不能胜任；有30%的人因为觉得不能处理好工作和家庭的关系而有压力；20%的人抱怨同上级关系紧张；16%的人说在路途中精神紧张。

理查德·卡尔森的一条黄金规则是：“不要让小事情牵着鼻子走。”他说：“要冷静，要理解别人。”他的建议是：表现出感激之情，别人会感觉到高兴，你的自我感觉会更好。

学会倾听别人的意见，这样不仅会使你的生活更加有意思，而且别人也会更喜欢你；每天至少对一个人说，你为什么赏识他，不要试图把一切都弄得滴水不漏。不要顽固地坚持自己的权利，这会花费许多不必要的精力。不要老是纠正别人，常给陌生人一个微笑，不要打断别人的讲话，不要让别人为你的不顺利负责。要接受事情不成功的事实，天不会因此而塌下来；请忘记事事都必须完美的想法，你自己也不是完美的。这样生活会突然变得轻松许多。当你抑制不住自己的情绪时，你要学会问自己：一年前抓狂时的事情到现在来看还是那么重要吗？不为小事抓狂，你就可以对许多事情得出正确的看法。

现在，把你曾经为一些小事抓狂的经历写下来，然后把你现在对这些事的看法也写下来，对比之下，相信你会有更深的认识，这也正是我们所要传递的精神所在。

抛开烦恼，别跟自己较劲

生活中不顺心的事十有八九，要做到事事顺心，就要做到放得下，不愉快的事让它过去，不放在心上。有一句话说的是：生气是拿别人的错误惩罚自己。如果你总是念念不忘别人的坏处，实际上深受其害的是自己的心灵，搞得自己狼狈不堪，不值得。既往不咎的人，才可能甩掉沉重的包袱，大踏步前进。

有一位企业老总，当有人问起他的成功之路时，他讲了自己的一段切身经历：

“这几年来我一直采用忘却来调整自己的心态。我本来是一个情绪化的人，一遇到不开心的事，心情就糟糕不已，不知道该怎么做好。我知道这是自己性格的弱点，可我找不到更好的办法来化解。直到后来，遇到一位老专家。

“大学刚毕业那段时间，是我心情最灰暗的时候。当时我在一家公司做文员，工资低得可怜，而且同事间还充满着排斥和竞争，我有些适应不了那里的工作环境。更令人难过的是，相爱三年的女友也执意要离开我，我没有想到多年的爱情竟然经不起现实的考验，我的心在一点一点地破碎。朋友的劝慰似乎都起不到作用，我一味地让自己沉沦下去。除了伤悲，我又能做些什么呢？到最后，朋友建议我去找一位知名的心理专家咨询一下，以便摆脱自己的困境。

“当那位老专家听完我的诉说后，他把我带到一间很小的办公室，室内唯一的桌上放着一杯水。老专家微笑着说：‘你看这只杯子，它已经放在这里很久了，几乎每天都有灰尘落入里面，但它依然澄清透明。你知道是为什么吗？’

“我认真思索，像是要看穿这杯子，是的，这到底是为什么呢？这杯水有这么多杂质，但最终却为什么很清澈呢？对了，我知道了，我跳起来说：‘我懂了，所有的灰尘都沉淀到杯子底下了。’老专家赞同地点点头：‘年轻人，生活中烦心的事很多，有些是越想忘掉越不易忘掉，那就记住它好了。就像这杯水，如果你厌恶它，使劲摇晃它，就会使整杯水都不得安宁，浑浊一片，这是多么愚蠢的行为。如果你愿意慢慢地、静静地让它们沉淀下来，用宽广的胸怀去容纳它们，这样，心灵并未因此受到感染，反而更加纯净了。’

“我记住了这位老专家睿智的话，以后，当我再遇到不如意的事时，就试着把所有的烦恼都沉入心底，不要与那些不顺的事纠缠。当它们慢慢沉淀下来时，我的生活就马上阴转晴了，变得快乐和明媚起来。”

遗憾的是在生活中，很多人有时候太在意自己的感觉了。比如，你在路上不小心摔了一跤，惹得路人哈哈大笑。你当时一定很尴尬，认为全天下的人都在看着你。但是你如果站在别人的角度考虑一下，就会发现，其实，这件事只是他们生活中的一个小插曲，甚至，有时连插曲都算不上，他们哈哈一笑，然后就把这件事忘记了。

人生路上，我们只是别人眼中的一道风景，对于一次挫折，一次失败，完全可以一笑了之，不要过多地纠缠于失落的情绪中。你的抱怨只能提醒人们重新注意到你曾经的失败。你笑了，别人也就忘记了。有句话说：“20 岁时，我们顾虑别人对我们的想法；40 岁时，我们不理会别人对我们的想法；60 岁时，我们发现别人根本就没有想到我们。”这并非消极，而是一种人生哲学——学会看轻你自己，才能做到轻装上阵。

生活中难免会遇到来自外界的一些伤害，经历多了，自然有了提防。可是，我们却往往没有意识到，有一种伤害并不是来自外部，而是我们自己造成的：为了一个小小的职位、一份微薄的奖金，甚至是为了一些他人的闲言碎语，我们发愁、发怒，认真计较，纠缠其中。一旦久了，我们的心灵就被折磨得千疮百孔，对生活失去另外热情，对周围的人也冷淡了很多。

假如我们能不被那么一点点的功利所左右，我们就会显得坦然多了，能平静地面对各种荣辱得失和恩恩怨怨．使我们永久地持有对生活的美好认识与执著追求。这是一种修养，是对自己人格与性情的冶炼，从而使自己的心胸趋向博大，视野变得深远。那么，我们在人生旅途上，即使是遇到了凄风苦雨的日子，碰到困苦与挫折，我们也都能坦然地走过。

生活在现在，面向着未来．过去的一切都被时间之水冲得一去不复返。我们没有必要念念不忘那些不愉快，那些人间的仇怨。念念不忘，只能被它腐蚀，而变得憎恨和怨艾，甚至导致精神崩溃，陷自己于疯狂。

学习忘记之道，让许多愤恨的往事烟消云散，日子久了，激动的情绪也就越来越少，心灵和精神的活力就会得以再生，从而恢复了原有的喜悦和自在。

不计较他人的毁誉

生活中，当别人讥讽、辱骂甚至毁谤你时，最高明的态度就是漠视它，就是不闻不问！这样就可以使自己处于主动的位置，尽管对手既惊恐又恼怒，但是无法靠近，纵然有天大的本事也无济于事。

日本有一位武功高强的武士。在年纪很大以后，武士开始全身心地向年轻人传授禅宗。虽然他年岁已高，据说仍然所向无敌。

有一天，一位年轻武士前来拜访。这位年轻武士以胆大妄为著称，也以挑衅的技巧而闻名。他会等对方先出手，然后利用自己高超的才智来评估对手的错误，再以迅雷不及掩耳的速度进行反击。

这位年轻气盛的武士还从来没有打过败仗，因久仰老武士的声名，前来挑战，借此提高自己的名望。

老武士不顾弟子们的反对，接下了挑战书。

大家都来到市区的大广场上，年轻武士开始侮辱老武士，对他扔了几块砖头，往他脸上吐口水，用尽所有脏话辱骂他的祖宗八代。年轻武士花了好几个小时，费尽了心机，想以此激怒老武士。不过，老武士仍然不为所动。直到最后，年轻气盛的武士缩手了，精疲力竭又倍感羞辱。

老武士的弟子看到自己的师父受辱而不反击，非常失望，就忍不住问他：“他那么过分，师父怎么能忍受？尽管真正动起手来可能会吃败仗，至少也不会让我们这些做弟子的看到您懦弱的一面啊。”

“假设有人带着礼物来见你，你不收下礼物的话，礼物应该归谁？”老武士问众弟子。

“归送礼的人。”弟子们回答。

“嫉妒、愤怒与侮辱也是同样的道理。”老武士说，“如果这些东西你都拒收的话，它们还是归对方所有。”

在这个世界上，没有比漠视更好的惩罚手段了，把那些人埋藏在他们愚昧的灰烬中；让他们自己的唾沫淹没他们自己；让他们的耳光都回应到他们自己身上。化解各种风波和平息流言蜚语的不二法门就是对其置之不理。指责他们只会给自己带来侮辱，对他们反唇相讥只会使自己的荣誉受损。

受辱时，漠视他人，不计较他人的毁誉，那么，受辱者就是对方了。

假如为了保护自己的“形象”而接受对方不怀好意的挑战，这并不值得，因为名誉毕竟是人的身外之物，虽然很重要，但是，人的生命更重要。为了追求名誉而影响、损害健康，甚至送掉性命，这是舍本逐末，是最愚蠢的选择。

下次，当你面对他人的打击或厄运时，你要做的第一件事是调整心态，然后做出正确的选择，在实际行为上显示出自己强烈的意志力和自控力，这样才是一种理性的自我完善。

生气不如“消”气，不必在意太多

在古老的西藏，有一个叫做爱地巴的人。每次生气或者与人争执的时候，他就以很快的速度跑回家去，绕着自己的房子和土地跑三圈，然后坐在田边喘气。爱地巴工作非常勤奋努力，他的房子越来越大，土地也越来越广，但不管房子有多大，只要与人生气了，他还是会绕着房子和土地跑三圈。爱地巴为何每次生气都这样做呢？

所有认识他的人，心里都疑惑，但是不管怎么问他，爱地巴都不愿意说明。直到有一天，爱地巴很老了，他的房、地也已经很广大，他又拄着拐杖艰难地绕着土地和房子走。等他好不容易走完三圈，太阳都下山了。爱地巴坐在田边喘气，他的孙子在身边恳求他："阿公，您已经年纪大了，这附近也没有人的土地比你的更大，您不能再像从前一样，一生气就绕着土地跑啊！您可不可以告诉我，为什么您一生气就要绕着土地跑上三圈？"

爱地巴禁不起孙子的恳求，终于说出隐藏在心中多年的秘密，他说："年轻时，我一和人吵架、争论、生气，就绕着房地跑三圈，边跑边想，我的房子这么小，土地这么少，我哪有时间和资格去跟人家生气，一想到这里，气就消了，于是就把所有的时间用来努力工作。"

孙子问道："阿公，您年纪大了，又变成了最富有的人，为什么还要绕着土地跑？"

爱地巴笑着说："我现在还是会生气，生气时绕着房地走三圈，边走边想，我的房子这么大，土地这么多，我又何必跟人计较？一想到这儿，气就消了。"

现实生活中，像爱地巴那样的人恐怕没有吧？不生气真的好难啊！难，并不意味着没有解决的办法，那么怎样才能不生气呢？

在不幸面前，应保持冷静的思考和稳定的情绪，遇事冷静，客观地作出分析和判断。

要多方面培养自己的兴趣与爱好，如书法、绘画、集邮、养花、下棋、听音乐、跳舞、打太极拳等，可以修身养性、陶冶情操。

要有自知之明，遇事要尽力而为，适可而止，不要好胜逞能而去做力所不能及的事。不要过于计较个人的得失，不要常为一些鸡毛蒜皮的事发火，愤怒要克制，怨恨要消除。保持和睦的家庭生活和良好的人际关系、邻里关系，这样在遇到问题时可以得到各方面的支持。

一个拥有平和心态的人，总是尽量做到自然，不必在意太多，并总能找到排解烦恼、忧愁的渠道。

第七章

情感天地，取舍中见真心

不懂珍惜，舍弃后才发现已爱上它

杯子：我寂寞，我需要水，给我点水吧。

主人：好吧，拥有你想要的水，你就不再寂寞吗？

杯子：是的。

主人把开水倒进杯子里。水很热。杯子感到自己快被融化了，杯子想，这就是爱情的力量吧。

水变温了，杯子感觉很舒服，杯子想，这就是生活的感觉吧。

水变凉了，杯子很害怕，怕什么他也不知道，杯子想，这就是失去的滋味吧。

水凉透了，杯子彻底绝望，杯子想，也许这就是缘分的杰作吧。

杯子：主人，快把水倒出去，我不需要了。

主人不在。杯子感觉自己很压抑，可恶的水，冰凉的，放在心里，感觉好难受。

杯子奋力一晃，水终于走出杯子的心里，杯子好开心，突然，杯子掉在了地上。

杯子碎了。临死前，他看见他心里的每一个地方都有水的痕迹，他才知道，他爱水，可是，他再也无法完整地把水放在心里。

杯子在哭。他的眼泪和水融在一起，奢望着能用最后的力量再去爱水一次。

爱情这种东西很玄。当你拥有它时它便如空气一样如影随形，可你有时候却无法感受到它的存在。什么是爱？我们看着夕阳里并肩而立的白发夫妻，是否能够领会到浓烈的爱情沉淀最后只不过是与柴米油盐酱醋茶一样的平淡？

凯瑟琳不止一次想象过他们的银婚典礼：在一个用鲜花装饰着的白色帐篷里，有一个6人管弦乐队；几百个客人拥挤在帐篷内外，丈夫和她交换着钻石手镯；乐队奏起乐曲，她俩摇摇摆摆地跳着舞；然后，爬上游船，打开香槟酒，泪水涟涟的儿女们在码头上向他们挥手……实际情况是：孩子们把两个汉堡包和几个热狗扔在烤架上，扔得乱七八糟的食品等着她和丈夫去收拾，桌子上是他们互赠的礼物——一件看起来什么人都能穿的浴衣，一瓶带喷嘴的淋浴剂。丈夫从烤架上拿起最后一个汉堡包，问凯瑟琳想不想吃。

“你知道，理查德给利丝买了一枚贵重的钻戒，她给他买了一件长毛皮大衣。”凯瑟琳说。

“住在这么热的地方，毛皮大衣有什么用？”丈夫笑着回答。

丈夫开始收拾东西。凯瑟琳看着他。他们一起经历了两次经济危机，3次流产，住过5所房子，养育了3个孩子，用过9辆汽车，有23件家具，度过7次旅行假期，换过12种工作，共有19个银行存折和3张信用卡。凯瑟琳给丈夫剪头发，掖好过33488次右边的衬衣领子；她每次怀孕时，丈夫都给她洗脚；有18675次在她用完车后，丈夫把车子停到它该停的地方。他们共用牙膏、橱柜，共有账单和亲戚，同时，他们也相互分享友情和信任……难道这就是他们在一起生活了25年的一切？

丈夫走过来，对凯瑟琳说：“我给你准备了一件礼物。”

“什么？”她惊喜地问。

“闭上你的眼睛。”当凯瑟琳睁开眼睛时，只见他捧着一棵养在坛子里的椰菜花。“我一直偷偷地养着它，叫孩子们看见，就该把它毁了。”丈夫乐滋滋地说，“我知道你喜欢椰菜花。”

也许，在看似琐碎而平常的日子里，蕴藏的就是一个人的爱情与幸福。但并不是谁都能体会到，这需要一颗能够享受平淡，感受生活的心。有了这样一颗心，你就会用它找到爱的真谛。爱情来时轰轰烈烈，可当岁月流转，失去最初的激情后它便开始变得平淡。这时候，我们需要用细腻的心去感受它的每一点存在。那么你便会如那个杯子一样觉得对方是一个可有可无的人。

可当对方离开以后你会发现，你说某句话的语气带有对方的调调；你的口味重可是做饭时总是注意不要多放盐是受了对方的影响；你的某一句口头禅其实是从对方那里学来；你经常去的地方，你开始接受某一种音乐风格曾经都是对方喜欢的……这些事情密密地就在你的生活里，带有强烈的对方影子，已经成为了你的习惯，很难再改掉。可就是因为平时它们对你而言太平常，空气一样，所以你便熟视无睹，不知道去体味其中所饱含的爱情的味道。

总之，无论在爱情的任何时刻，我们都必须珍惜与对方的每一次相处，用敏感的心去体会其中的点点滴滴，只有这样，你才能明白两个人最平静的生活其实是爱情凝练的结果，否则你也许将失去人间最纯粹的感情。

舍得间懂得珍惜眼前人

从前，有一座圆音寺，每天都有许多人上香拜佛，香火很旺。在圆音寺庙前的横梁上有个蜘蛛结了张网，由于每天都受到香火和虔诚的祭拜的熏陶，蜘蛛便有了佛性。经过了一千多年的修炼，蜘蛛的佛性增加了不少。

忽然有一天，佛祖光临圆音寺，看见这里香火甚旺，十分高兴。离开寺庙的时候不经意间看见了横梁上的蜘蛛。佛祖停下来，问这只蜘蛛："你我相见总算是有缘，我来问你个问题，看你修炼了这一千多年来，有什么真知灼见？"

蜘蛛遇见佛祖很是高兴，连忙答应了。佛祖问道："世间什么才是最珍贵的？"蜘蛛想了想，回答道："世间最珍贵的是'得不到'和'已失去'。"佛祖点了点头，离开了。

蜘蛛依旧在圆音寺的横梁上修炼。

有一天，刮起了大风，风将一滴甘露吹到了蜘蛛网上。蜘蛛望着甘露，见它晶莹透亮，顿生喜爱之意。蜘蛛看着甘露，它觉得这是它最开心的几天。突然，又刮起了一阵大风，将甘露吹走了，蜘蛛很难过。这时佛祖又来了，问蜘蛛："蜘蛛，世间什么才是最珍贵的？"蜘蛛想到了甘露，对佛祖说："世间最珍贵的是'得不到'和'已失去'。"佛祖说："好，既然你有这样的认识，我让你到人间走一趟吧。"

蜘蛛投胎到了一个官宦家庭，成了一个富家小姐，父母为她取了个名字叫蛛儿。很快蛛儿到了 16 岁，出落成了个楚楚动人的少女。

这一日，皇帝决定在后花园为新科状元郎甘鹿举行庆功宴席。宴席上来了许多妙龄少女，包括蛛儿，还有皇帝的小公主长风公主。状元郎在席间表演诗词歌赋，大献才艺，在场的少女无不被他折服。但蛛儿一点也不紧张和吃醋，因为她知道，这是佛祖赐予她的姻缘。

过了些日子，蛛儿陪同母亲上香拜佛的时候，正好甘鹿也陪同母亲而来。上完香拜过佛，两位长辈在一边说上了话。蛛儿和甘鹿便来到走廊上聊天，蛛儿很开心，终于可以和喜欢的人在一起了，但是甘鹿并没有表现出对她的喜爱。蛛儿对甘鹿说："你难道不记得 16 年前圆音寺蜘蛛网上的事情了吗？"甘鹿很诧异，说："蛛儿姑娘，你很漂亮，也很讨人喜欢，但你的想象力未免太丰富了一点吧。"说罢，便和母亲离开了。

几天后，皇帝下诏，命新科状元甘鹿和长风公主完婚，蛛儿和太子芝草完婚。这一消息对蛛儿如同晴天霹雳，她怎么也想不通，佛祖竟然这样对她。几日来，她不吃不喝，生命危在旦夕。太子芝草知道了，急忙赶来，扑倒在床边，对奄奄一息的蛛儿说道："那日，在后花园众姑娘中，我对你一见钟情，我苦求父皇，他才答应。如果你死了，那么我也就不活了。"说着就拿起了宝剑准备自刎。这时，佛祖来了，他对快要出壳的蛛儿灵魂说："蜘蛛，你可曾想过，甘露（甘鹿）是风（长风公主）带来的，最后也是风将它带走的。甘鹿是属于长风公主的，他对你不过是生命中的一段插曲。而太子芝草是当年圆音寺门前的一棵小草，他看了你三千年，爱慕了你三千年，但你却从没有低下头看过它。蜘蛛，我再问你，世间什么才是最珍贵的？”蜘蛛一下子大彻大悟，她对佛祖说：“世间最珍贵的不是‘得不到’和‘已失去’，而是现在能把握的幸福。”刚说完，佛祖就离开了，蛛儿的灵魂也回位了，她睁开眼睛，看到正要自刎的太子芝草，马上打落宝剑，和太子深情地拥抱在一起……

虽说爱情需要用心去等候和追求，然而生命也常常在这种固执地等待中悄然流逝了，人们却并不懂得，如何去珍惜身边的和已经拥有的；他们也不知道，自己已经得到的，其实就是最大的幸福、最真的爱情！

生活总是这样捉弄人，想要的得不到，不留恋的却偏偏徜徉身边。当那个“爱我的人”对我们还恋恋不舍的时候，我们以为这一切幸福都不会消失，我们理所当然地接受他们的爱，心里却在为“得不到”与“已失去”黯然神伤。日子一天天地滑过，直到有一天那个“爱我的人”因失望而选择离开时，我们才蓦然惊醒：原来他（她）才是上天许给我的姻缘！缘分天注定，“得之我幸，失之我命”，唯一要懂得的是：珍惜眼前人。

犹豫是爱情的天敌，面对爱要勇敢地追求

爱，拒绝犹豫、观望。唯有勇敢地付诸行动，才有希望撷取它的甘美。

从上一次无意来到海边，在钓鱼区的报摊上买了一份报纸开始，普雷斯就经常来这一片海域钓鱼。当然只有普雷斯自己知道，他爱上钓鱼的原因，其实是想经常看到负责报摊的米莎——那一个他第一眼看到，就深深爱上的女孩。

钓鱼的人需要很大的耐心，所以他们等待鱼上钩的时候都喜欢在报摊上买一份报纸，一边看报纸一边等，这也给了普雷斯一个合理的理由去接近米莎。

普雷斯做了非常周密的计划：他每周来钓鱼两次，这样就不会表现得太明显，以致让米莎发现。他要事先准备好话题，好在买报纸的几分钟内和米莎搭上话。几周过后，相信他们就可以顺利地交上朋友。虽然米莎的手上没有婚戒，但是也要在最短的时间内确定她是否有男朋友……普雷斯甚至把自己的计划写在了本子上。

于是，在之后的交往中，普雷斯不仅成功地和米莎说上了话，同时，他也爱上了钓鱼。他喜欢等待鱼上钩时的心情，就像是喜欢等待每周和米莎见面的心情；他喜欢和咬钩的鱼周旋，就像每次和米莎聊天的心情，不能着急也不能放松。普雷斯从未这样认为：钓鱼真的是太有意义了。

一天，普雷斯再去钓鱼，发现报摊没有了，他强压着心中的疑虑，询问身边那些经常一起钓鱼的人。

“哦，报摊啊？听说昨天这里发生枪击案，子弹不小心打中了卖报纸的女人，好像是当场死亡了……”后面介绍枪案的话，普雷斯一点也没有听进去。

十几分钟后，普雷斯把自己所有的渔具送给了眼前的人，对方问他怎么不钓鱼了，他无神地说：“那个人走了，就再也没有意义了……”

荷兰足球明星克鲁伊夫曾5次被评为荷兰“足球先生”，3次被评为欧洲“足球先生”。他风度翩翩，言谈举止十分讲究。他曾收到许多姑娘的情书，但他没有理会，因为他要在绿茵场上奔跑。一次，他收到一个用裘皮精装的日记本。每一页上都只有一个名字，他自己亲笔写的名字——克鲁伊夫。一直翻到最后才有一篇文章，那秀丽流畅的笔迹使克鲁伊夫惊诧不已，他一口气读完了它：

“……我已经看过你踢的100多场球，每一场都要求你签名，而且也得到了，我多么幸运啊！当然，对于拥有无数崇拜者的你来说，我是微不足道的一个，‘爱是群星向天使的膜拜’，我多么希望你对我已经有一点印象呵……

“坦率地说，我爱你，这封信花了我整整一个星期，我曾经在月下彷徨，曾经在玫瑰园惆怅，也曾经在公园徘徊，好多次想迎着你，我毕竟才19岁，少女的羞涩仍不时漾上脸来，心中只有恐惧和向往……现在，爱神驱使我寄出了这个本子。

“……如果你不能接受我奉上的爱情，请把这个本子还给我，那上面‘克鲁伊夫’的名字会给我破碎的心一半的慰藉，那另一半就是你，我多么想也得到那另一半呵……”

这封信的字里行间流露出的真挚感情，深深打动了克鲁伊夫，他终于留下了本子。一星期后，克鲁伊夫和丹妮·考斯特尔相会了，21岁的世界足球明星和19岁的美丽姑娘一见钟情，成为一段佳话。

莎士比亚说，犹豫和怯懦是爱情的大敌，当爱来临，请勇敢地射出爱神之箭。如果心中有了爱的萌动，那么就要勇于表达你的爱。否则，白白浪费了机遇。默默地等待固然美好，但韶华易逝，时不我待，“莫待无花空折枝”。

择偶，不被美貌所迷惑

柳树比起其他许多的树种都长得快，简直就像是看着它的嫩枝不断地往上长。对此，周围的植物都自愧不如，赞叹不已。

有一天，年轻的柳树有了自己的想法，它想找一个漂亮多情的妻子。它左思右想，几乎把周围数里内的柳树都想遍了，也找不到一个理想的对象。最后，它终于选中长在它身边的那棵葡萄藤。它觉得葡萄藤长得婀娜多姿、温柔体贴，是一个不可多得的佳偶。

“多么古怪的念头！”伙伴们劝阻它说，“葡萄藤虽然长得漂亮，可是它毕竟和我们不是同类，对你没有任何用处，你跟它结合会吃尽苦头的。我们是树，我们的目标应该向上长。”

这棵年轻的柳树性情执拗极了，根本听不进朋友们的好心规劝，满怀痴情地和年轻的葡萄藤结合了。新婚的生活是甜蜜的，葡萄藤用它那嫩软的藤子，紧紧地拥抱着它。对此，年轻的柳树感到无比的幸福和满足。

葡萄藤找到了可靠的支撑点，它的枝蔓长得非常茂盛，几乎把整棵柳树的树枝都缠满了。不久，繁茂的葡萄藤开始开花结果了。

机灵的农夫看见葡萄藤紧紧缠绕在柳树的枝干上，对新环境已经十分适应了。于是，他动手砍去柳树往上长的主干，只留下那些分岔的枝丫。因为农夫认为，这样一来，树枝就不会把葡萄藤拉长了，秋天采摘葡萄时就方便多了。

高大英俊的柳树被砍去了主干，失去了原先那令人羡慕的匀称又修长的身材，成了一个胖乎乎的矮子。从此，它失去了从前的豪情，只有安于自己的命运了。

可怜的柳树带着让人剪去顶枝的树身，带着残损的枝丫，默默地伫立在大地上，被结满果实的葡萄当成了生存的支柱。

柳树的伙伴们却自由自在地向上生长着，把自己挺拔的树梢不断地伸向天空，它们的树叶快乐地发出沙沙的声音。

追求外表美的择偶心理在年轻人中占有很重要的位置，以至于有的人片面注重对方的外貌而忽略了对方的道德品性、家庭责任感、智慧才能、经济条件，还有双方之间的性格特点、能否长久亲密相处等十分现实的问题，最后，爱情只是昙花一现。

所有人都希望自己的对象更漂亮、更英俊些，这是人之常情，但如果一味地追求这些外表美，就难以得到真爱。靠对方漂亮的外表产生的爱情，是短暂的。随着岁月流逝，爱情也会随着外貌的衰老而消失。正如歌德所说：“外貌美丽只能取悦一时，内心美方能经久不衰。”

爱美之心，人皆有之。世上美的事物无数，而罗丹说，我们都缺乏一双发现美的眼睛。面对显而易见的美，我们总能第一时间追求，而对于内在的，富于深刻内涵的美，我们却总是缺少发现的耐心，在外在美面前做了冲动的奴隶。在选择终身伴侣时，我们应当以坚持以内在美来作为我们的最高准线。因为择偶意味着家庭，而家庭是一种责任。如果仅仅从外在的条件来判断一个人是否能成为你的妻子或丈夫，而不去考察其内在品质，那么我们便是对家庭缺乏必要的责任感，到头来我们不但伤害了自己，同时也伤害了对方。

你无法挑到“最优”的结婚对象

25 岁的小静决定要把自己推销出去了，于是她发动亲戚朋友帮忙介绍对象。亲朋好友们倒也热情，给她介绍了很多可选的对象。

然而，问题又来了，待相亲的人数太多，怎样在众多对象中尽快地找到合适的男友呢？小静当然希望自己挑选的对象是足够好的，甚至是最好的。但要从众多人里面选出最好的一个并非易事，她该怎么做才能争取到这个结果呢？

正如弗洛姆在《爱的艺术》一书中指出的一样：“爱，不是一种本能，而是一种能力，可经有效的学习而获得。”那么，我们要如何培养爱的能力，来寻求到适合自己的爱人呢？也许你会觉得小静的苦恼很好解决，挑对象不就相当于挑篮子里的苹果吗？要从一篮苹果当中挑出一个最好的，逐个比较是最佳法则。

但约会和选苹果不一样，挑选苹果可以把两个拿起来比一比，苹果在同一个篮子里，而且在你的掌控之下，即是说这些苹果在同一时间、同一地点集合，等你检阅。但是，我们在挑选爱人的时候不可能把每个人都接触一遍，一个人在与你约会一次之后，你就必须作出决定是选择还是放弃，一旦你选择了一个，你就没有机会再约会别人了；而一旦你决定淘汰这个人，他就永远出局了。你不可能和每个候选者约会后，再把他们贴上排名的标签，收藏起来，最后才从里面挑最好的一个。

生活就是这样的残酷，大多数情况下机会是不等人的，等你左挑右选，把一切都规划好了，人家可能早就成了别人的如意郎君。

我们每个人都和小静一样，希望能够挑选到最优秀的结婚对象。但是许多事实告诉我们，爱情里没有“最”这个字眼。

著名的思想家、哲学家柏拉图问老师苏格拉底什么是爱情？老师就让他先到麦田里去摘一个全麦田里最大最金黄的麦穗来，只能摘一次，并且只可向前走，不能回头。

柏拉图于是按照老师说的去做了，结果他两手空空地走出了麦田。老师问他为什么没摘？他说：“因为只能摘一次，又不能走回头路，其间即使见到最大、最金黄的，因为不知前面是否有更好的，所以没有摘；走到前面时，又发觉总不及之前见到的好，原来最大、最金黄的麦穗早已错过了。于是，我什么也没摘。”

老师说：“这就是爱情。”

之后又有一天，柏拉图问他的老师什么是婚姻，他的老师就叫他先到树林里，砍下一棵全树林最大、最茂盛、最适合放在家做圣诞树的树。其间同样只能砍一次，以及同样只可以向前走，不能回头。

柏拉图于是照着老师说的话做。这次，他带了一棵普普通通，不是很茂盛，亦不算太差的树回来了。老师问他：“怎么带这棵普普通通的树回来呢？”他说：“有了上一次的经验，当我走了大半路程还两手空空时，看到这棵树也不太差，便砍了，免得最后又什么也带不回来。”老师说：“这就是婚姻！”

我们不得不承认，完美的爱情和婚姻是很难得到，而我们在挑选另一半的时候能够尽量做到的，是尽量通过家人、朋友了解关于异性的信息，在信息尽可能完全的状况下选择适合自己的对象——而一旦已经选择，那么，就要像砍树的柏拉图一样，带着你自己挑选的那棵树坚定地走出来。

占有欲让人失去理智

现实当中也不乏这样的人，强烈的占有欲可能让人失去理智，做出一些常人一般不会去做的事情。别人都成为他的附属品，自己得到的东西别人都别想得到，自己得不到的东西别人更不要得到，这种心理已经完全趋于畸形。不仅自己长期处于愤懑之中，也会让他人感到不舒服。

有个男士饱受一位前女友骚扰，骚扰范围之广，等于古代的“诛九族”，所有亲戚朋友都备受这位不甘离去的女友的电话恐吓。后来他亲自去恳求和解时才发现，原来他的前女友已经有新的同居朋友——她自己有新欢，但就是不让他轻松自如。新的已来，旧爱还不愿割去。

最近还有一个令人震惊的例子：

一位在婚姻关系中不断有外遇的丈夫，在因前妻以验伤单为由诉请离婚后，过了几年还来泼前妻硫酸，导致前妻双眼失明，全身40%烧伤。她失去工作，严重地破了相，还必须抚养两个孩子，还在担心因伤害罪入狱的前夫假释出狱，会继续伤害她。更可怕的是她的前夫沾沾自喜地叫人来传话：“现在你没人要了吧，我还是可以要你，你乖乖把孩子带回来……”

一个永远不想失去你的人，未必是爱你的人，未必对你忠心耿耿。有时只是这种脑袋不清的有强烈占有欲者，他们才会做出各种“损人不利己”的事情，还认为是理所当然。“曾经拥有就永远不要失去”如果在心中有这种偏执的占有欲，想要获得爱的永久保证书，但结果只会让你越走越偏离。

谁说喜欢一样东西就一定要得到它。有时候，有些人，为了得到他喜欢的东西，殚精竭虑，费尽心机，更有甚者可能会不择手段，导致走向极端。也许他得到了他喜欢的东西，但是在他追逐的过程中，失去的东西也无法计算，他付出的代价是其得到的东西所无法弥补的。也许那代价是沉重的，直到最后他才发现罢了。其实喜欢一样东西，不一定要得到它。

有时候为了强求一样东西而令自己的身心都疲惫不堪，是很不划算的。再者，有些东西是“只可远观而不可近瞧的”，一旦你得到了它，日子一久你可能会发现其实它并不如原本想象中的那么好。如果你再发现你失去的和放弃的东西更珍贵的时候，我想你一定会懊恼不已。所以也常有这样的一句话“得不到的东西永远是最好的”。所以当你喜欢一样东西时，得到它并不是你最明智的选择。

谁说喜欢一个人就一定要和他在一起。有时候，有些人为了能和自己所喜欢的人在一起，他们不惜使用“一哭二闹三上吊”这种最原始的办法，想以此挽留爱人。也许这留住了爱人的人，但是却留不住他的心。更有甚者，为此而赔上了自己那年轻而又灿烂的生命，可能这会唤起爱人的回应吧，但是这也带给他更多的内疚与自责，还有不安，从此快乐就会和他挥手告别。其实喜欢一个人，并不一定要和他在一起，虽然有人常说“不在乎天长地久，只在乎曾经拥有”，但是并不是所有的人都会快乐。

喜欢一个人，最重要的是让他快乐，因为他的喜怒哀乐都会牵动你的心绪。所以也有这样一句话“你快乐，所以我快乐。”因此，当你喜欢一个人时，暗恋也不失为上策。有一首歌这样唱：“原来暗恋也很快乐，至少不会毫无选择”；“为何从不觉得感情的事多难负荷，不想占有就不会太坎坷”；“不管你的心是谁的，我也不会受到挫折，只想做个安静的过客”。所以，无论是喜欢一样东西也好，喜欢一个人也罢，与其让自己负累，还不如轻松地面对，即使有一天放弃或者离开，你也学会了平静。

喜欢一样东西，就要学会欣赏它，珍惜它，使它更弥足珍贵。喜欢一个人，就要让他快乐，让他幸福，使那份感情更诚挚。如果你做不到，那还是放手吧，这时，放手也是一种美丽。

婚姻还是要“门当户对”

童话故事里，美丽的公主爱上了穷书生，高傲的王子爱上了灰姑娘；偶像剧中，平凡的女一号总能邂逅富家公子，上演各种煽情浪漫的片段……在我们的心中，这样的爱情才是人世间最传奇、最浪漫的爱情。

而如果说起“门当户对”这个话题，你或许会毫不犹豫地打断说，这都是“老封建”思想在作怪。在“一切皆有可能”的e时代，早已是自由恋爱时代，爱情至上的我们哪里还需要考虑什么“门当户对”啊？

我们不否认，社会等级差别很大的情况下，也会激发出伟大的爱情。但是，更不能否认一个事实是，门当户对的基础上产生爱情的可能性会更大，而且一旦产生之后，会比“门不当户不对”的爱情更易持久和稳定。

从经济学的角度看，门当户对的观念之所以经久不衰，是有着很深的经济底蕴的。因为爱情观念、婚姻习俗等文化现象，属于上层建筑的范畴，我们常说，经济基础决定上层建筑，爱情婚姻当然也应该由经济基础来决定。没有谁去考证，缺乏经济基础，那些公主与穷书生的爱情能维持多久？

当然，现代婚姻的门当户对已不仅指社会地位、经济地位的门当户对，更重要的是婚姻的双方在知识水平、思想境界、审美趣味等各方面的等对。也就是说门当户对不能只限于家庭出身、学历、职业，志趣、爱好也要相对应，即人们常说的“般配”（资源合理配置）。只有双方能站在同一起点、同一平台，能经常进行心灵沟通，不断地给对方惊喜与浪漫、激情与智慧，让生活充满了活力，将婚姻维持得更加长久。反之，学历差别太大难以沟通，志趣不投无法交流，地位差别太大人格难以平等。让一个高级知识分子和一个一字不识的人在一起生活，结果会怎么样呢？

童话故事总是以历经千辛万苦的王子和公主终于走到了一起作为结局，“从此以后，王子与公主过上了幸福的生活”的结局留下的却是未来的未知。婚姻不同于恋爱，双方的想法、习惯会有很大差距，婚后一定会暴露出来，如果一方不肯或无法改变，迟早会破裂。试想，如果“泰坦尼克号”不沉没，让长期在一个贵族世家生活久了的小姐和一个底层小子生活在一起，其结果只会像童话故事中的结尾一样，留给人们去猜想。

不要在家里和办公室里想同样的问题

很多妇女要求离婚的一个主要原因是她们丈夫因为工作而忽视了她们，忽视了家庭生活，这让她们感到痛苦。他们的心思全都在工作上，回到家脾气暴躁，对家人冷漠无情。有这样的丈夫，即使妻子是天使，也无法创造幸福的家庭生活。我们都认识这样的人。他们在公共场所兴致勃勃，富有魅力，一踏进家门就变得脾气古怪，面目可憎，令人难以忍受。他们似乎觉得自己有权利把家庭当做出气筒，因为他们是一家之主。在工作中，有人伤害了他们，他们却迁怒于自己的家人，以此来消气。一些人在家里显得冷若冰霜，难见笑容。他们把自己的沮丧、悲伤和抑郁都带到家里来发泄。他们一回到家，家里就像遇到了灾难。许多人对外人面带笑容，回到家就吹毛求疵，完全不珍惜妻子和家人创造美好家庭生活的努力。

有这样一个男人，他一回到家就对无怨无悔地爱着他的妻子咆哮，却不知道妻子在家的辛苦。妻子整日待在家需要照顾孩子，甘愿承担着家务劳动的辛苦和烦恼，还兴冲冲地等待着他回家。为了丈夫和孩子，她把自己的家装点成世界上最洁净、最温馨的地方。她盼望着丈夫回来。他真的回来了，却因为自己工作中的不如意，工作中的不满和疲惫，甩给妻子一张充满怨气的脸。他抱怨着走进门，孩子们都吓得躲到一边。后来，他竟然还感到很奇怪：为什么他的孩子不再像以前那样欢闹着扑到他的怀里？为什么他的家庭不再像以前那样温暖？为什么他的妻子不多为他着想？

一些这样的男人甚至抱怨自己的家庭生活不够和谐。他认为，如果能得到家庭的鼓励和支持，得到他渴望的和谐生活，那么他的事业就会更成功。

不管你的工作是否如你所愿，都不要把工作的烦恼带回家。这样只会浪费你的时间和精力，让你的家人陷于担忧和愤怒之中，而不会对你解决工作中的问题有任何帮助。

如果你养成了把所有困扰你、让你烦恼的工作和忧虑留在办公室，把所有这些问题在办公室里解决好，那么，你会发现你的家庭生活将有多么的幸福啊！对你来说，家会成为最幸福、最温馨、最甜蜜的地方。你会发现，这是你最正确、最划算的投资，这项投资甚至要胜过你在工作中的任何投资。

如果你和孩子们四处嬉戏，或者与家人一起玩乐，过一个快乐的晚上，不去理会明天会发生什么，那么，第二天，你会发现自己更加充满活力。你将变得更强壮、更灵活，手头的工作也似乎变得更容易。家庭是世界上最神圣的地方，你应该把它看作一个可以让你彻底从工作的劳累、紧张和痛苦中获得解脱的地方；看作一个你永远渴望的地方，一个你从不曾想离开的地方；看作一个可以远离生活压力的地方；看作一个可以逃离混乱、回归宁静与和谐的地方。而不是你制造混乱和不幸的地方。

鸡毛蒜皮就是家庭中最重要的事

家庭幸福的秘诀就是注重细小的事务，因为家庭生活从来不是，也不可能总是像过节一样，充满着激情和大动荡，家庭生活是由一件一件的琐事组成的。一个一个的小欣喜才汇成大欣喜。

也许有人说自己不善于处理小的困难，却擅长于处理大的困难。这句话适用于大多数人，但随着时间的推移，你会发现，如果你连油盐酱醋、擦地板这样的小事都处理不好，是很能让家庭之舟顺风航行的。

妻子该有一件新大衣了，丈夫的皮鞋该擦了，如果我们不对此多加注意，这些细小的问题就会时时阻碍家庭成员之间的交流，影响我们享受家庭生活的快乐。

当真正的困难来临的时候，我们通常能够勇于面对，但是，那些小烦恼才是影响我们的元凶。它们虽小，却很烦人。它们就像小虫子，到处飞，到处咬，弄得人们心神不宁。它们阻挡我们前行的道路，占用我们的时间，使我们大部分时间都在对付它们。

如果我们能够在大量的小困难面前保持心境平和，我们就一定能承受更大的考验。

生命是否丰富多彩在更大程度上取决于小事情而不是大事情，抱有这种观点的人才是聪明的。因为，只有这些细小的事物才能描绘出生活的细节。

当面对困难时，一个人可能会表现得很出色；可是，面对小问题时，他可能会表现得很差劲。有些人在重大的事情上可能很有耐心，可是在细琐的事情上却有可能失去耐心。

奇怪的是，我们在外人面前表现得可能很周到，而在自己最爱的人面前却完全换了一个样。

当我们最亲爱的人面对困难时，我们可能会挺身而出，做出自己最大的努力，但当一切归于平静之后，我们之间的关系却又回到了原来的状态。

自古以来，花就被认为是爱的语言。它们不必花费你多少钱，在花季的时候尤其便宜，而且常常街角上就有人在贩卖。但是从一般丈夫买一束水仙花回家的情形之少来看，你或许会认为它们像兰花那样贵，像长在阿尔卑斯山高入云霄的峭壁上的薄云草那样难以买到。

大多数的男人，忽略在日常的小地方上表示体贴。他们不知道：爱的失去，尽都是在小小地方。因此，如果你要维护家庭生活的幸福快乐：“多注意小事”。

为什么要等到太太生病住院，才为她买一束花？为什么不在明天晚上就为她买一束玫瑰花？你是喜欢试验的人，那就试试看会有什么结果。在遇到灾难时表现英勇当然很好，但是在日常生活中能够打起精神、保持激情，则会更好。因此，对于家庭生活中这些细小的事务，我们是接受还是拒绝，是高兴地面对还是悲伤地面对，是表现得有风度还是表现得很差劲，才是问题的关键所在。请注意细小的家庭事务吧。

德国诗人海涅曾经说：“我宁愿用一小杯的真爱织成一个美满的家庭，不愿用几大船的家具，组成一个索然无趣的家庭。”

当你疲倦的时候，你需要休息，家是港湾；当你失意的时候，你需要抚慰，家是母亲的纤手；当你得意的时候，你需要倾诉，家是你的舞台。家庭幸福是人类的第一恩物，所以尽你的所能维系它的稳定与幸福是命运之神交给你的义务，你要记住，衣物、房子和家具之美仅仅是用于衬托家庭之爱的装饰，即使把世界上所有华丽的东西堆积起来都比不上一个美好的家庭，因此，对自己的家庭更多地付出你的真爱，哪怕一点点，也胜过很多的家具和世界上所有的装饰师能够提供的最华丽的物品。

婚姻投资：你的那一位是大款还是伙夫

一说到自己的理想伴侣，女人可以开出各式各样的条件，比如，温柔、体贴、有责任感、孝顺、有钱、有男子气概，或没有不良嗜好、可以养家糊口、学历高、身材魁梧，有的还希望有很好的职业——医生、律师，也有人喜欢军人……可是千挑万选，什么样的男人才算最好的人生伴侣呢？

1. 能够给你工作和事业提出有效建议的男人

女人也有自己的工作和事业。女人在工作中由于自身的感性因素更容易受伤害。所以，找一个可以为你分担工作压力，为你排解工作中忧愁的男人会为你的工作增色不少。

2. 把另一半放在与自己平等地位的男人

一个女人找到一个尊重她的男人，那么不管在何时何地，他懂得考虑你的权益，以你的幸福为前提，这样他才能给你安全感，他才不会借爱情和婚姻之名，行剥削和迫害之实。会尊重，才懂得信任。首先，他必须是一个不重男轻女的人，还必须是一个把你和他自己放在平等地位的人。他应该认为，你不比他重要，但也不比他不重要。他懂得尊重你的人生目标，以及生活乐趣，你快乐，他就会开心；他不开心，不能造成你不快乐。

3. 心中有家的男人

男人绝对不能没有事业心，但如果他的事业心太重，他花在家庭和你身上的心思就会很少。你要他陪你逛街，他说没意思；你要他陪你看电影，他说没时间。他事业取得了成功，你也跟着风光，但那是别人看到的，别人看不到的是你在漫漫时光里的寂寞。

4. 和你人生道路一样的男人

每个人的人生观不同，所以走的人生道路也是不同的。假如你是一个一心想出人头地的人，为了事业的成功可以牺牲时间、精力，甚至友情、善良和正义。如果你的丈夫和你一样，抱着为了成功可以不择手段的想法，那么你们就会像一对优秀的合作伙伴，可以每晚都一起“密谋”。如果你生来淡泊人生，只想有三两知己、一本好书，那你也得选一个和你持同样人生哲学、可以欣赏你的人共度一生。有两对夫妇，一对奉行享乐主义，对所有的娱乐和旅游项目都积极倡导；而另一对是谨慎的节约主义者，为防老，为育子，就是坐车都要考虑是地铁省钱还是公交车省钱。两对夫妇各得其所，日子过得都很甜蜜，假如换过来，后果可想而知。

5. 浪漫而不多情的男人

许多女人都追求浪漫的生活，如果能够找一个给自己的生活注入浪漫元素的老公，生活就是再累再苦，都像生活在童话世界里。可是，浪漫不等于多情。多情的男人虽然体贴入微，让你饱尝爱情的甜美，但他们天生多情，像金庸名著《天龙八部》里的段王爷，见一个爱一个，对谁都舍不得，到头来受伤的还是被他爱过的那些女人。

6. 让你感受到亲情的男人

理想爱人的一个要素就是，你能在对方面前牙不刷，脸不洗；你能把脚放在桌上；你能放声大哭；你能大放厥词，说希望那个老给你穿小鞋的上司生场恶疾，你好取而代之……那时的你在他面前就好像在自己的父母面前。女孩白天上班在外面扮演着一个个角色。晚上回家依偎在让自己表现真我的老公怀里，整个心都静下来了。

总之，一切美好的和丑陋的、善良的和恶毒的，你都敢在对方面前不加掩饰、真实地表现出来，那么，这样的男人是值得你和他过一辈子的。

你也许会想，嫁个理想男人真不容易，所以有的时候我们只能退而求其次。实在找不到更好的男人，就嫁爱你吧！管他是大款还是伙夫，只要有爱，就会幸福。

警惕第四类情感

两性间除却亲情、友情之外的情感是灰色的，而这个度很少有人能把握好。聪明人从不轻易走进灰色地带。

在多元化的开放社会中，现代人可以有不同的生活方式和发展方向，婚姻大事似乎已经不像从前那么具有绝对性价值。然而两性关系的亲密发展，透过婚姻制度仍然有其个人与社会上的意义；婚姻上的契约关系，使两人有机会在一份关系上经营得更持久，而使其人格更成熟，社会角色更丰富。

婚姻中的种种变化，有时使人措手不及，甚至拒绝去面对。人们总希望花常好月常圆，然而婚姻生活的本质并非如同婚纱般的浪漫，它是来自不同家庭文化的两个人，结合在一起共同生活。婚姻中双方很多时候都面临着各种诱惑。

一位白领丽人黄曼莉，在一家著名的跨国集团工作，她有个非常好的异性朋友孟俊峰。那时候他们在一起无话不谈，可是唯独没谈到彼此对对方的感情。那时候他们各自有自己的丈夫妻子。曾经觉得有个这样的异性知己真是三生有幸。为此还曾开玩笑地说：以后我们再结婚的对象不会是对方吧。

一天晚上黄曼莉感觉很郁闷，便一个人逛街，想发消息叫她的老公来陪，可是他没空。黄曼莉愈加难过，平时因为工作的关系他们很少有机会见面。于是黄曼莉想起了孟俊峰，便发消息给他。孟俊峰说：我在淮海路，一个人，很无聊，你在哪，有空吗？

孟俊峰很快就发回了消息，他说：我在卢浦大桥上，那一会儿见吧。黄曼莉说：好，天桥下见。他说好，15 分钟后到。

15 分钟后，黄俊峰如约而至。像平时一样，大家互相嘲笑了几句。孟俊峰说：你通宵？黄曼莉说：嗯。孟俊峰说：真的？黄曼莉说：嗯。孟俊峰说：我陪你。

后来孟俊峰对黄曼莉说：以为你和老公吵架，心情不好才叫我出来的。所以想也没想就叫 TAXI 赶来了。

黄曼莉也承认，她很喜欢和孟俊峰在一起的感觉。可是又好像比爱差了点，但却肯定超过普通朋友的界限。

从KTV里出来的时候，天已亮了，他们不约而同地叹了口气说对不起自己的另一半。

男女间真的存在真正的友谊吗？黄曼莉和孟俊峰之间是爱情还是友情？

人生难得一知己。知己为她曰“红颜”，为他曰“蓝颜”。他与她、她与他之间，就有了一种游走于亲情、爱情、友情之外的第四类情感。它比爱情少一点，比友情多一点，少了一种人为的羁绊和功利，多了一份情感的释放和挂牵。它介于情人和朋友之间，有亲密的情感和肢体交流，但不发生性关系，以不影响对方的正常生活和发展为前提。第四类情感，比友情多的是深层的相知、信赖与默契。它是升华了的精神友情，又没有爱情中的卿卿我我与徒劳牵挂。第四类情感其实是一个陷阱，陷阱的名字就是“婚外恋”。

外遇关系经常以恨收场。有些人以为外遇是为了寻求理想中的爱，为了爱可以不惜冒天下之大不韪。其实这只是一厢情愿单纯的想法。外遇者在开始阶段固然有爱的欢愉与享受，但为期甚短，很少有不以冲突或恨收场的。带给自己家庭的裂痕却要很长时间才能消除，有些甚至永远消除不掉，导致婚姻解体。我们能看到现实生活中，婚外恋获得圆满结局的实不多见，其中虽然由于男子出尔反尔，最终结束恋情的较多，但仅归咎于他们伪善、薄情难免失之偏颇。男子除了更看重事业前程，更现实外，还常因妻子无甚过错而不忍绝情离异。然而，有妇之夫既然要承担对妻子的道义责任，就不该在当初放纵自己，另有他恋，而且给对重结鸾凤满怀希望的情人带来毁灭性的打击。

那一夜，舍身炸了婚姻的碉堡

不管是赫赫有名的大网站，还是鲜为人知的小网站，永远都离不开情感的话题。各网站为了提高人气纷纷增设名称暧昧的聊天室，无所不在的网络聊天室给生活中日渐冷落疏离的人们注入了些许温情，也给那些“什么都不缺，独缺情人”的人们提供了网上钓艳的方便途径。

在昏暗喧哗的酒吧里，酒精会让人们头脑发晕。人们在夜晚往往会变得比较感性而且脆弱，加上音乐、烟酒和令人昏昏欲睡的昏暗灯光，更会让人迷失自我。“今晚你一个人吗？”这是酒吧里“一夜情”最平常的开场白。对浪漫情怀有着特别渴求的女人的心理防线最容易被攻破，白天忙忙碌碌的都市男女此刻都变得脆弱而敏感。

通讯方式的发达使人们的交流方式越来越多样化，手机握在手里，打电话发短信，还可以随时上网，还有QQ、MSN、网易泡泡等各种交友的“即时聊”工具。网络公司为赚得更多的利润，开设各类名目的手机速配。“用手机把你的出生年月日发到××，可以为你寻找同年同月同日生的另一半。”“你希望在芸芸众生中找到她吗？只需发送××到××。”

现在不少年轻女性赞同和尝试“一夜情”，与当前的电视、电影及文学作品中故意渲染其浪漫美好、毫无约束不无关系。而事实上，由于这种非正常的性关系绝大多数是在毫无设防的状态下进行的，所以难免会产生众多让人意想不到的后遗症。

1. 心理阴霾

“一夜情”在某些人心目中被畸形定位成值得炫耀的个人魅力，似乎任何道德规范都如同禁锢人性的桎梏，“爱我所爱，无怨无悔”，而实际上这种不正当的性关系，在彼此心理上多多少少会留下如同偷窃者一样的烙印。激情过后，除了担心可能怀孕、患病、被他人知晓外，如何面对现在或未来的伴侣，这段不合法的性经历该深深掩埋还是从容道出，总归是潜藏心头的一块巨石。“我好后悔”，这是当事者事后经常发出的叹息，不过来得晚了些。

2. 患病风险

“偶尔一次没关系”，这是“一夜情”女性普遍的心态，总觉得一次偷情不会出什么事。由于“一夜情”的发生常常带有偶然性，加之为了追求快感，男女双方一般很少事先采取必要的防护措施，比如使用避孕套、局部清洁等，更由于彼此对对方既往的性经历和健康状况几乎一无所知，因此，这“一次”就很可能沾染性病甚至艾滋病，众多的临床统计能够充分证实这一点。

3. 婚姻危机

对于已婚的年轻人，经不住“一夜情”诱惑的结果不仅仅是心理和肉体上的伤害，还会造成家庭的破裂。

张丽结婚后便和丈夫来到北京，因为工作的需要，夫妻二人通常是一个星期或是一个月才见一面，张丽特别享受分居带来的自由。她开始频繁地和一些男人发生“一夜情”，因为她的介入，有许多家庭被拆散了。可当时她并没有这样想，她觉得自己玩的是“一夜情”，那么对方的家庭出现变故就应与自己无关。直到姐姐和姐夫因“一夜情”而离婚后张丽才意识到事情是多么严重。于是她决定以后再也不做对不起丈夫的事。但事情不会就这样结束，一个偶然的机会，张丽的事被丈夫知道了，二人准备协议离婚。张丽很后悔，她希望丈夫能原谅她，她会尽最大的努力挽回丈夫的心，保持家庭的完整性。如果家庭破裂，最终受伤害的是孩子和双方的家人，她希望丈夫能看在这一点上原谅自己。

贪图一时之快的后果是严重的，要付出惨重的代价，所以我们要管好自己，抵制诱惑，不要在第一次与人见面就擦枪走火，更要坚决地摒弃“一夜情”。

甜言蜜语，也来宠宠男人的耳根

夫妻间的甜言蜜语，实际上就是充满感情的言语交流。许多关系冷漠的夫妻，他们的共同之处就是相互间语言太苍白，太没人情味了，以致情感冷却，甚至走到家庭破裂的边缘。所以，情感语言的交流对于夫妻双方来说比恋爱时节的谈情说爱更为重要。

“你这身打扮，真帅，让我好好看一看。”

“我怎么觉得跟你说一辈子的话也说不够呢。”

“你这两天太辛苦，咱们出去吃一顿吧。”

“拥有你是我最大的福气。”

“你脸色不大好，身体哪儿不舒服吗？”

“你不要对我这么凶，好吗？我很伤心。”

“这个家没有你，简直就难以想象。”

……

总之，女人要把心中的爱通过语言表达出来，让他时刻体会到你深爱着他，并时时创造一种美妙的生活环境取悦他，那样你们的感情会一天比一天深厚，他对你的爱也会一天比一天深。

不要以为甜言蜜语只能从男人的口中说出来，女人也应该不失时机地对男人说一些让他高兴的话，因为无论男人还是女人都需要心灵的滋养，只不过女人的方式与男人会有所区别。

妻子常对丈夫说：“晚上，你不在家里我害怕。”这的确是一句很管用的话。它满足了男子汉作为家庭保护神的自尊，也表达了女人对男人的依恋之情，也委婉地暗示了妻子深爱着丈夫、生怕被别的女人抢走的心理。如何赢得男人的爱，怎样才能让男人高兴，也是一门艺术。

你平常所使用的言语，可以说是把你的心思及想法改变了一个形状，然后才把它们表现出来的。因此，你对于自己每天所使用的言语，必须考虑再三，而后才使它派上用场。

请你估计一番，下面列举的言语之中，你到底对你所爱的人使用了多少？

“我毕生只爱你这个男人。”

“我依偎在你身旁，就会感觉无比幸福。”

“对于我来说，你就是一切，什么东西也换不了。”

“你是一个非常了不起的人。”

“我深知你的内心，我无时无刻不在关心你。”

“只要和你生活在一起，我就感到心满意足了。”

只要是你想对他说的由衷的亲切、喜爱之情，都可以添一些“甜味剂”，把它表达出来。与他久别重逢时你可以讲：“好像在做梦，多么希望永远不要清醒。”你以充满爱意的眼神望着他：“总是惦念着你！别的事我一概不想……我感觉，好像一直跟你在一起。”这是“无法忘怀、时时忆起”的心境，只要谈过恋爱的男女，一定有此体验。除了他以外，任何事都不放在眼中，总是想念着他。上面那句话不用怕羞，可以反复使用。相爱之初，热烈的甜言蜜语绝对不会使人感到厌烦，他也许还认为不够呢！

“你喜欢我吗？”你不妨大胆地问他。

“说说看，喜欢到什么程度？”或用这样的语气追问。

“请你发誓，永远爱我！’甚至你单刀直入地这样对他撒娇说。

“世界是为我们而存在，对不对？”还有许多甜蜜的爱语。

有很多女性使用如此甜蜜的词句接二连三地向男性表示“永远不变的纯真爱情”，自己便会沉浸在自我陶醉之中，而男性的反应也会是积极的。

在社会活动中，男性总喜欢被人发现自己存在的价值，恰当地运用甜言蜜语，使他感受到自己的价值，可以使两人之间的爱情温度逐渐升高。

如果你希望爱情之树常青，就不要吝惜你的甜言蜜语，它会使你的爱情之路更为平坦、顺畅。

梨花带雨绝杀他的怜香惜玉

酸甜苦辣、喜怒哀乐，女人总是能用眼泪来描述，即使那些被人仰望的女英雄，她也有一段不为外人所知的苦痛是由眼泪浸泡着的。没有被时间磨砺的女人是苍白的，有着真实眼泪的女人是美丽的。

有时候，女人可以为一只流浪猫伤心半天，也可以对着玫瑰花落泪。女人的心是纤细敏感的，她可以无端为了某一个触动心弦的细节而感动，然后由点及面，触动全身的神经，所有伤心的、真心的、痴心的往事涌进脑海，一发而不可收，也就哭得一塌糊涂了。

对于怕看到女人掉眼泪的男人来说，那是致命的温柔武器。男人一看到女人梨花带雨，就心生愧疚，一把拥女人入怀，不停地说："我的错是我的错，你的错也是我的错，千错万错都是我的错。"也或者，女人的梨花带雨、我见犹怜，恰恰激起男人的保护欲，他会在心里告诉自己，眼前这女人是我穷其一生要保护的女人，我尽一切所能在往后的日子里不让她掉一滴泪。

友情发展成爱情，这个就有点戏剧成分了。女人因为失恋，因为某些伤心事（不过通常情况下女人的哭因为失恋的成分居多）郁闷而找男性友人倾诉时，述到伤心处做唯有泪千行状，这时的男人就绅士般地敞开自己的怀抱。上帝已经给男人创造了机会，至于以后他们是否能发展成一对恋人，就不得而知了。

至于对女人的眼泪无动于衷的男人，同样可以归为两种，一是他不爱女人了，二是他早已习惯女人动不动就掉眼泪的习惯。前者表现为郎心如铁，多数是在男人提出分手时。"我去意已决，你掉再多的眼泪也无济于事，我是不会因为脚下泪水泛滥而做志愿军救灾抢险的。"而后者则表现为麻木。通常这种情况下，爱情不久后也将呜呼。一开始是视若无睹，之后是有点烦，接下来是你哭你的，我看我的世界杯，最后是干脆眼不见为净。

女人在流泪时男人的反应固然重要，可女人要清楚地明白，在男人面前掉眼泪，那是昂贵而不是低贱的，再怎么爱你的男人也会厌烦你三天两头哭哭啼啼的。

眼泪是女人作秀的最佳道具，它和羞涩一样已经成为女性美的象征。女人哭起来像梨花带雨，愈显娇媚，又如怨似诉，那份无助、伤感和虚弱足以感动苍天。孟姜女之所以哭倒长城，林妹妹至今仍是"大众情人"，都是哭中见情、哭中见媚。

女人丰盈的泪水在一瞬间就会将激烈的冲突化为乌有，是一种坚实的生活样式，能将自己的生活变成具有永恒吸引力的连续剧。

事业上，女人常常是强撑着与男人们竞争。如今，谁因为你是个女人而让你个车、马、炮？只有在晚上，独自面对自己，那强忍着的泪潸然而下，才能露出你柔弱的本性。

生活中，日月轮回，与女人相伴的却是艰辛。她们常常是职员，是母亲，是妻子，还是女儿，身兼数职，哪一样都不敢怠慢，弄得身心疲惫，有泪只能往肚里流。

正因为如此，女人只能把更多的脆弱抛洒在感情上。

在爱人面前，看悲惨故事片或电视剧，哭得像个泪人儿，让他知道你有一颗脆弱敏感的心。

闹意见闹得不可开交，与其硬碰硬两败俱伤，倒不如适时运用“泪弹攻势”化解僵局，生活中才少了许多惨烈。

眼泪的确有绝佳的好处，“杀人于无形”，你不必表现得像个悍妇，也不会损坏自己一贯柔弱无助的形象。

恋爱是一场斗智斗勇的经历，眼泪是其中的语言，是情感游戏，有时还是对付男人的不二法宝。但是，眼泪更是女人内心情感的真实表露，穿过泪水的小河，我们看到的是完整的女人！

以柔克刚，该示弱时就示弱

网上曾流行这样一段话：“女人读书不宜多，大专生是小龙女，本科生是黄蓉，研究生是赵敏，博士生是李莫愁，博士后是灭绝师太。”更有女人曾这样感叹：现实生活中，女人的能力总是和她的幸福成反比。

在如今的许多剩女中，不乏好强心重的女强人。她们怎么也想不明白：为什么大方善良，长相也不算难看的自己总是为他着想，却总是被恋爱和婚姻抛弃？那是因为，太强势的女人会让男人生畏的，你力大无比，你才识过人，你亭亭精明，那还要男人做什么？在男人的心目中，女人终究是娇弱的形象。女人太要强，能力太强，往往让男人望而却步。

在男人心目中，自己是刚强如铁的形象，女人是小鸟依人的柔弱姿态，爱情中，男人天生的使命即呵护小女人。男人喜欢被女人需要，觉得那是一件很幸福的事情，他们总是乐于为心爱的女人做任何的事情。所以聪明的女人你要知道在适当的时候向他示弱，自己明明可以做得到的事情，也要装着不会做，对男朋友说：“电脑装个系统好麻烦哦，你来帮我装好不好？”面对这样撒娇示弱的小女人，哪个男人心里不会生出怜惜之心？

在迟子建的小说《逝川》中，吉喜就是一个好强的女人，正是因为她的能力太强，让男人望而却步，以至于她孤老一生。

“年轻时的胡会能骑善射，围剿龟鱼最有经验。别看他个头不高，相貌平平，但却是阿甲姑娘心中的偶像。那时的吉喜不但能捕鱼、能吃生鱼，还会刺绣、裁剪、酿酒。胡会那时常常到吉喜这儿来讨烟吃，吉喜的木屋也是胡会帮忙张罗盖起来的。那时的吉喜有个天真的想法，认定百里挑一的她会成为胡会的妻子，然而胡会却娶了毫无姿色和持家能力的彩珠。胡会结婚那天吉喜正在逝川旁刳生鱼，她看见迎亲的队伍过来了，看见了胡会胸前戴着的愚蠢的红花，吉喜便将木盆中满漾着鱼鳞的腥水兜头朝他浇去，并且发出快意的笑声。胡会歉意地冲吉喜笑笑，满身腥气地去接新娘。吉喜站在逝川旁拈起一条花纹点点的狗鱼，大口大口地咀嚼着，眼泪簌簌地落了下来。

胡会曾在某一年捕泪鱼的时候告诉吉喜他没有娶她的原因。胡会说："你太能了，你什么都会，你能挑起门户过日子，男人在你的屋檐下会慢慢丧失生活能力的，你能过了头。"

吉喜恨恨地说："我有能力难道也是罪过吗？"

吉喜想，一个渔妇如果不会捕鱼、制干菜、晒鱼干、酿酒、织网，而只是会生孩子，那又有什么可爱呢？吉喜的这种想法酿造了她一生的悲剧。在阿甲，男人们都欣赏她，都喜欢喝她酿的酒，她烹的茶，她制的烟叶，喜欢看她吃生鱼时生机勃勃的表情，喜欢她那一口与众不同的白牙，但没有一个男人娶她。逝川日日夜夜地流，吉喜一天天地苍老，两岸的树林却愈发蓊郁了。"

男人天生有英雄情结，不管多么懦弱的男人，都希望在女人面前充满力量，以满足自己天生的保护欲。男人为什么喜欢那种小鸟依人的女人呢？因为小鸟依人的女人藏起了她的力量，掩盖了她的才识。这种女人精明就精明在她会示弱，让男人觉得自己是高大的、不可或缺的。所以，女人不要总以女强人的身份出现，适当在男人面前示示弱，或许就不至于吓跑你的王子。

别把对方的爱视为理所当然，爱需要相互付出

他从乡间给她带来一袋玉米，她煮了一个吃，饱满糯甜。他看到她那副沉醉的样子，笑了。

她对他最初的感动，是缘于他等待的耐心。因为晚自习，夜黑，她和他约好了在一个路灯口下见，然后一起走。

于是，很多个晚上，当她匆匆地赶在路上时，隔不远便可看见一个清瘦的男孩子静静地立在灯下——差不多每次都是他等她。

有一个晚上，不知为什么，她迟到了将近两个小时，最后急急地赶到那里时，原以为他一定走了，不料他仍如往日一样在那里静静张望。

这一刹那，便成为她日后柔情涌动的回忆。

他一直很宠她。他的至诚让她相信，他们的爱是可以恒久的。

这一阵子，学区要举行教学比武大赛，她作为学校的代表之一开始忙碌起来。

于是和他的见面少了，电话少了。他心疼她，老跟她说不要太累了。她心里甜蜜，却又急急地要结束对话，说好了，好了，要做事去了。

其实也不是真的忙得没有一点空隙。在空闲的时间里，她也想着要见他，要跟他说话。转而又想：爱情握在手心，是这样的平实与温暖，飞不走的。

忙完之后，再去找他，却渐渐地发现了他的冷淡。

她开始不安地感觉到有一种美好正悄悄消逝。她的不安一天天地扩大，直到那天，他平静地说：分手吧。她拽住他的衣角追问自己做错了什么，她可以改……他说没有谁错，然后轻轻挣脱。

她不明白曾经是那样一份令她放心的爱情，怎会说走就走呢？

一个人愣着睡不着。半夜经过厨房，蓦地想起冰箱里的玉米，他给她带来的。

她煮了一个吃。玉米已是干瘪无味，全无先前的饱满糯甜，像是在无声地谴责她的遗忘。

她忽然潸然泪下。她所忽视的恰是她珍爱的，她的爱情不正如这玉米一样被她搁置得太久了？

关于爱情有一个老得掉渣的命题：你要找一个爱你的人，还是要找一个你爱的人？都说人在爱情里总是会变得自私，因为被关注，被宠爱的感觉是那么美妙。当对方的付出变成了一种习惯，我们的索求也就成为了一种理所当然的态度。爱情从一开始便是两个人的事情，从来没有一个人能够演绎长久的爱情，因此，爱情中的双方应当在付出与索取间寻找一种微妙的平衡。只有付出没有索取的爱情，或是只有索取没有付出的爱情，到头来只会令人心力交瘁。

爱情是不按逻辑发展的，所以必须时时注意它的变化。爱更不是永恒的，所以必须不断地追求。

爱情是情感开出的最美的花朵。花无千日红，再美的花朵失了灌溉到头来也会枯萎，所以总是有人说，对爱情要善于经营。这“经营”二字浓缩了多少奥妙，它意味着对彼此的付出；意味着时时关注，处处留心；意味着从每一日的平常小事中感受对方的真诚与用心；意味着在适当的时候给对方以回报。相信用付出与感恩的甘露浇灌，你的爱情之花会开得持久而绚烂。

用钱讨来的爱情一定不会长久

他是公司总经理，她却只是一个出租车司机。他们结婚的时候，很多人都纳闷，这样一个姿色平平的女人，怎么这么容易钓到了一个金龟婿？他当时只是坐了她的车，而且是在深夜微醉的情况下。就像很多喝醉了酒误事的人一样，他下车的时候，忘记了他的包。其实包里也没有什么巨款，只有一个上锁的手机和一些普通的业务资料。他睡到半夜，醒来想找一个朋友的电话号码，才发现包丢在出租车上了。

他其实也没有在意，丢了就丢了，又不是第一次了，但是他习惯性地走到窗边往外望了望，竟然看到了他坐的那辆出租车。

她为了等他拿包，已经在出租车里睡着了。醒来后，她只是简单说了一句：东西掉了，会耽误事情，你的手机锁了，所以也不好找到你，只好在这儿等你了。你明天早上上班也总会想起来的。

就因为这句话，他看到了她心里的善良，商场上尔虞我诈让他失去了对人的信任，但是他和她相遇，让他找到了他生命中最需要的。

在20世纪70年代的时候，爱情好像还很纯粹，河边的拉手，几张纸条这是足够的爱和浪漫。然后现在什么是爱情，谁还说得出来？

是什么改变了爱情？是金钱。金钱与爱情，不管你承不承认，很多时候它们是放在同一个天平上称量。金钱如此残酷地影响着爱情，金钱的残酷不是用暴力，而是温柔的浸淫。

女人开始用金钱而不是爱情来衡量男人，如果男人有钱，女人不会在乎自己是不是喜欢他。男人如果用大把的金钱换回来自以为是的爱情，那这样的女人很快会被更有钱的大款买去，有些女人甚至成了商品，可以用钱来交易。

男人也会找相应价值的女人，这里有一个公平交换的原则，即使你再年轻，再漂亮，再会作纯情秀，他还是会想，你90%是冲着我的钱来的。在与女人的交往中，男人最大的收获就是学会了逆向思维，从某种程度看，女人是男人的老师，一点也不夸张。

男人不会珍惜一个为了钱出卖爱情的女人，因为用钱讨来的爱情一定不会长久。他看重的是人的善良，爱的也是女人的善良。即便这个女人看上去没有高贵的身份，但是却有一颗高贵的心灵。

失恋可以使一个人的灵魂得到升华

不要害怕失恋，更不要因失恋而消沉萎靡。经过爱情的折磨，一个人会焕发别样的光彩，灵魂得到升华，走向更远大的成功。

爱情是人生中最美丽的事，但人生并不如意，相爱的人并不都会有完满的结局，失恋的故事每天都在这个世界上上演。

也许目前生活中的你正经受爱人离去后的煎熬，失恋的折磨是残酷的，但同时也充满勃勃的生机。充分把握你自己，不要让这次折磨打垮你，经过这次折磨，你的灵魂会得到一次升华，并由此创造更美好的人生。

大音乐家贝多芬，31 岁时 境况艰难，无法娶心爱的人。两年后对方嫁给别人了，贝多芬痛苦得写了遗嘱想自杀。但他最终从音乐中寻到了安慰，不久即创作出《第二交响乐》。36 岁之后，他与丹兰士的爱情又被毁了，又是一次无情的打击，但他决心为事业奋斗，接连创作出《第七交响曲》《第八交响曲》《第九交响曲》成了伟大的“音乐主帅”。居里夫人年轻时第一次爱上的是当家庭教师的那家主人的大儿子卡西密尔。由于对方父母反对，漂亮英俊的卡西密尔向她宣布断交。失恋的痛苦像反作用力一样，推着她以友狂般的勇气去奋斗。生活和科学在召唤，她终于跳出了失恋的深渊，踏上了科学大道并觅到了知音。

歌德多次失恋过，与绿蒂分手是第 5 次失恋，这次最痛苦，多次欲自尽。但他终于坚强地战胜了怯懦。当绿蒂结婚时，他还送了礼物，祝他们幸福。后来绿蒂就成为小说《少年维特之烦恼》中的主人公之一了。歌德每次失恋，都是凭借文学来摆脱精神痛苦的。

从以上这些名人的故事中我们可以看到失恋对一个人一生的价值所在。失恋者积极的态度会使“自我”得到更新和升华，全身心地投入到工作中去，许多失恋者因此而创造出了辉煌的成就。像歌德、贝多芬、罗曼·罗兰、诺贝尔、居里夫人、牛顿等历史名人，都曾饱受过失恋的痛苦。他们可谓是用奋斗的办法更新“自我”，积极转移失恋痛苦的楷模。

所以失恋并不是一件坏事，失恋的折磨可以激起你的斗志，增添你的力量，推动你不断向前！

第八章

智慧理财，舍得间成大家

吃不穷穿不穷，算计不来一世穷

俗话说：吃不穷穿不穷，算计不来一世穷。只有仔细盘算，将钱用在刀刃上才会创造财富，所以，花钱也是一门学问。

两个开发商，一个在城东开发圆梦花园，一个在城西开发凤凰山庄。

一年后，总投资10个亿的圆梦花园建成了。60栋楼房环湖排列，波光倒影，清新雅静，真如花园一般。不久，凤凰山庄也竣工了。它真像一座山庄，60栋楼房依山而筑，青砖红瓦，绿树掩映，确实是理想的居住地。

圆梦花园首先在电视上打出广告，接着是报纸和电台，他们打算投资100万做宣传。凤凰山庄建好后也拿出100万，不过没交给广告公司，而是给了公交公司，让他们把跑西线的车由每天的10班增加到每天50班。一年过去，凤凰山庄开始清盘，圆梦花园开始降价。

现在去凤凰山庄的车每天已达到500班，几乎每3分钟就有一辆。坐这条线路上的车，可以得到一张如公园门票大小的彩色车票，它的正面是凤凰山庄的广告，反面是一首唐诗中的七言绝句，这种车票每周一换。据说，凤凰山庄有个孩子在车上背了400多首唐诗，最少的也背了50几首。

前不久，圆梦花园向银行申请破产，凤凰山庄借势收购，从此，市区又多了一条车票上印有宋词的线路。

英国著名文学家罗斯金说：通常人们认为，消费这两个字的含义应该是“奢侈的花费”；其实不对，消费应该解释为“有效的投资”。也就是说，我们应该怎样去购置必要的家具，怎样把钱花在最恰当的用途上，怎样安排在衣、食、住、行，以及教育和娱乐等方面的花费。

只要把钱花出去，然后换回某样东西，你就已经进行了一次投资。不要小看这一小小的交换——它代表着你的投资理念。比如买衣服，有些人把金钱过于分散，买回来的都是些只能穿一季的货色，每件衣服的平均使用率很低，而且这些衣服从买回的那天就飞速贬值，其实这是一项非常错误的消费，为何不选择虽贵但质量上乘的衣服呢？价钱虽然贵一两倍，但每件衣服的寿命却最少长达四五年，而且由于较贵的衣服一般都设计得很漂亮，颇为时尚，所以不容易被淘汰，这样算下来，平均每次穿着的费用比穿廉价货便宜，更减少了处理每年过时衣物的烦恼。

消费是一次性的行为。所以要提倡理智消费的原则，只买最需要的东西，只买物有所值的东西。不要凭一时好恶盲目地消费，因为冲动的消费只是在糟蹋钱。真正有智慧的投资者会将每一分钱都用到“刀刃”上，并让其发挥最大的作用。

钱，用了才是自己的

“钱，用了才是自己的。”当时，星云大师正在负责《人生杂志》的编辑工作，当他第一次从杂志的发行人东初法师口中听到这句话时，心中为之一震。在后来的人生岁月中，他越来越认识到这句话乃是俗世人生的至理，也由此领悟到：“有钱是福报，会用钱才是智慧。”

很多人拥有财富，却不知道如何将这份福报转化为能滋润到自己和他人的甘霖。星云大师说：拥有财物而不用，和“没有”并没有什么差别；拥有财物不会用，和“无用”也没什么不同。

每个人都希望拥有自己的房子，但如果不能和至爱家人住在一起，别墅也就没有了家的感觉；每个人都希望拥有自己的田产，但若不在其中播撒种子，一块荒地也就失去了存在的意义；每个人都希望能拥有巨额的财富，但如果只是紧紧握在手中而不使用，一张永远不能支取的存折的价值又在哪里呢？

以前，有一对兄弟，他们自幼失去了父母，相依为命，家境十分贫寒。他们俩终日以打柴为生，生活十分艰苦。即便如此，兄弟俩也从来没有抱怨过，他们起早贪黑，一天到晚忙得不亦乐乎。而且，哥哥照顾弟弟，弟弟心疼哥哥，生活虽然艰苦，但过得还算舒心。

观世音菩萨得知了他们二人的情况，为他们的亲情所感动，决定下界去帮他们。清晨时分，菩萨来到兄弟俩的梦中，对他们说：“远方有一座太阳山，山上撒满了金光灿灿的金子，你们可以前去拾取。不过路途非常艰险，你们可要小心！并且，太阳山温度很高，你们一定要在太阳出来之前下山，否则，就会被烧死在上边。”说完，菩萨就不见了。

兄弟二人从睡梦中醒来，非常兴奋。他们商量了一下，便起程去了太阳山。一路上，他们不但遇到了毒蛇猛兽、豺狼虎豹，而且天空中狂风大作、电闪雷鸣。兄弟俩咬紧牙关，团结一致，最终战胜了各种艰难险阻，来到了太阳山。

兄弟俩一看，漫山遍野都是黄金，金灿灿的，照得人睁不开眼。弟弟一脸的兴奋，望着这些黄金不住地笑，而哥哥只是淡淡地笑。

哥哥从山上捡了一块黄金，装在口袋里，下山去了。弟弟捡了一块又一块，就是不肯罢手。不一会儿整个袋子都装满了，弟弟还是不肯住手。此时，太阳快出来了，可是弟弟仍在不住地捡。

一会儿，太阳真的出来了，山上的温度也在渐渐升高。这时，弟弟才慌了神，急忙背着黄金往回跑，无奈金子太重，压得他根本跑不快。太阳越升越高，弟弟终于倒了下去，被烧死在太阳山上。

哥哥回家后，用捡到的那块金子当本钱，做起了生意，并且时常资助身边需要帮助的人。后来哥哥成了远近闻名的大富翁和慈善家，可弟弟永远留在了太阳山。

这个故事中，弟弟一心想“拥有”，而哥哥聪明地“用有”，前者因贪得无厌而命丧黄泉，后者却因“不贪”享受到了财富带来的福报。金钱是人们满足自身物质需求的重要手段，常人对金钱的渴望就如同对物质享受的贪恋。人人都想“拥有”，这无可厚非，但问题在于多数人的欲望没有止境，填饱了肚子，又求珍馐；娶了娇妻，又想美妾；有了房舍，又求华厦；谋得一职，又求升官；得到千钱，又求万金……宝贵的一生就在这无止境的追求“拥有”中，苦恼地度过了。

星云大师从小生活比较贫苦，所以养成了不乱花钱的习惯；在多年的修行中，佛教中“布施”“慈悲”的观念以及东初老人的教导又让他养成不积聚的习惯。所谓的把钱“花出去”并非提倡奢侈消费，法师认为，将手中的财富用在有价值、有意义的事情上，比积攒在手中能够发挥更大的作用，而现实也屡屡证明他的观点是正确的。

多年以前，有一个家境贫寒的小女孩想随星云大师学习佛法。虽然法师很想帮助她，但当时他自己都还没有安顿下来，所以只能婉言拒绝。

看到小女孩要走，法师心中又非常不忍，于是他掏出身上仅有的50元钱给她，让她另寻一处佛学院。女孩收下了赠金，对星云大师感激万分。

三十多年之后，佛光山收到了一笔500万元的捐赠，捐赠者正是当年那个小女孩。

本着一种欢喜结缘的心态把钱花出去，“钱，用了才是自己的，也是社会大家所共有的。”这是何等博爱的心境！

河水要流动，才能涓涓不绝；空气要流动，才能生意盎然。拥有，还需“用有”才有意义，星云大师曾说，如能以“用有”的胸怀，来应真理；以“用有”的财富，顺应人间，让因缘有、共同有，来取代私有的狭隘；让惜福有，感恩有，来消除占有的偏执，即所谓“拥有，是富者；用有，才是智者”。富而加智，岂不善矣。

人省钱，不如钱生钱

在生活中，很多人都坚持将辛辛苦苦挣得的金钱存进银行，认为这样安全，结果，不思投资，那么钱就会成为死钱。你虽然不会为没钱生活而忧虑，但你也永远不能成为亿万富翁。钱就像水一样，只有流动起来了，才能创造更多的价值。

人的生命在于运动，财富的生命也在于运动。作为金钱，可以是静止的，而资金必须是运动的，这是市场经济的一般规律。资金在市场经济的舞台上害怕孤独，不甘寂寞，需要明快的节奏和丰富多彩的生活。把赚到的钱存在手中，把它静置起来，远不如合理的投资利用更有价值，更有意义。

犹太人的金钱法则就是：钱是在流动中赚出来的，而不是靠克扣自己攒下来的。他们崇尚的是“钱生钱”，而不是“人省钱”。有个犹太商人说：“很多人如果把钱流通起来，就会觉得生活上失去了保障。因此，男人每天为了衣、食、住在外面辛苦工作，女人则每天计算如何尽量克扣生活费存入银行，人的一生就这样过去，还有什么意思呢？而且，当存折上的钱越来越多的时候，在心理上觉得相当有保障，这就养成了依赖性而失去了冒险奋斗的精神。这样，岂不是把有用的钱全部束之高阁，使自己赚钱的机会溜走了吗？”

一位理财学者曾这样说过：“认为储蓄是生活上的安定保障，储蓄的钱越多，则在心理上的安全保障的程度就越高，如此累积下去，就永远不会得到满足，再说，哪有省吃俭用一辈子，在银行存了一生的钱，光靠利滚利而成为世界上有名的富翁的？”

不少人认为钱存在银行能赚取利息，能享受到复利，这样就算是对金钱有了妥善的安排，已经尽到了理财的责任。事实上，利息在通货膨胀的侵蚀下，实质报酬率接近于零，等于没有理财。

每一个人最后能拥有多少财富，是难以预料的事情，唯一可以确定的是，将钱存在银行只能保证生活安定，而想致富，比登天还难。将自己所有的钱都存在银行的人，到了年老时不但不能致富，常常连财务自主的水平都无法达到，这种事例在现实生活中并不少见。选择以银行存款作为理财方式的人，无非是让自己有一个很好的保障，但事实上，把钱长期存在银行里是最危险的理财方式。

通常贫穷人家对于富人之所以能够致富，较正面的看法是将其归之于富人比自己努力或者他们克勤克俭，较负面的想法是将其归之于运气好或者从事不正当或违法的行业。但这些人万万没想到，真正造成他们的财富被远抛诸于后的，是他们的理财习惯。因为穷人与富人的理财方式不同，穷人的财产多是存放在银行，富人的财产多是以房地产、股票的方式存放。一位成功的企业家曾对资金做过生动的比喻："资金对于企业如同血液与人体，血液循环欠佳导致人体机理失调，资金运转不灵造成经营不善。如何保持充分的资金并灵活运用，是经营者不能不注意的事。"这话既显示出这位企业家的高财商，又说明了资金运动加速创富的深刻道理。

其实，经营者最初不管赚到多少钱，都应该明白俗话中所讲的"家有资财万贯，不如经商开店""死水怕用勺子舀"这个道理。生活中人们都有这样的感觉，钱再多也不够花。为什么？因为"坐吃山空"。试想，一个雪球，放在雪地上不动，它永远也不可能变大；相反，如果把它滚起来，就会越来越大。钱财亦是如此，只有流通起来才能赚取更多的利润。

著名的石油大王洛克菲勒从小便懂得以钱生钱的道理。

他的父亲从他四五岁的时候就让他帮助妈妈提水、拿咖啡杯，然后给他一些零花钱。他们还把各种劳动都标上了价格：打扫 10 平方米的室内卫生可以得到半美分，打扫 10 平方米的室外卫生可以得到一美分，给父母做早餐得到 12 个美分。

他还到父亲的农场帮父亲干活，帮父亲挤一头奶牛，跑运输，包括拿牛奶桶，都算好账。

但这样辛苦挣得的钱，洛克菲勒并不是将它们小心的储蓄起来。他把自己劳动所得的 50 美元贷给了附近的农民，他们说好利息和归还的日期之后，到了时间他就毫不含糊地收回 53.75 美元的本息。这令当地的农民觉得不可思议：这样的一个小孩居然有这么好的商业意识。

要想拥有金钱，不但要学会储蓄理财，同时还要学会以钱生钱，在学会"节流"的同时更重要的是学会"开源"，让资金流动起来。

从经济学的角度看，资金的生命就在于运动。资金只有在进行商品交换时才产生价值，只有在周转中才产生价值。失去了周转，不仅不可能增值，而且还失去了存在的价值。如果把资金作为资本，合理地加以利用，那就会赚取更多的钱。而攒钱是成不了富翁的，只有赚钱才能赚成富翁，一味地攒钱，花钱的时候，就会极其的吝啬，这会让你获得贫穷的思想，让你永远也没有发财的机会。

当然从事经营，风险是时刻存在的。古人讲："福兮祸所伏，祸兮福所倚。"赢利是与风险并存的。在金钱的滚动中，在资本的运动中，发挥你的才智，开启你的财商，不要陷入顽固的思想中无法自拔，你就可能成为新的富豪。

学会用收入的 10%，养活你的“金母鸡”

巴比伦在历史上一直以“全世界首富之都”著称于世，其财富之多超乎想象。即使千百年的绵延变迁，巴比伦的繁荣昌盛却历久不衰。

为什么巴比伦人会那么富有呢？美国著名的理财专家乔治·克拉森在其《巴比伦富翁的理财课》中为我们给出了答案：用收入的 10%，养活你的“金母鸡”。

“治愈贫穷的第一个妙方，就是每赚进十个钱币，至多只花掉九个。长此坚持不懈，这样你的钱包就将很快开始鼓胀起来。钱包不断增加的重量，会让你抓在手里的感觉好极了，而且也会让你的灵魂得到一种奇妙的满足。”

“它的妙处就在于，当我们的支出不再超过所有收入的 9/10 以后，我们的生活过得并不比以前匮乏。而且不久以后，钱币比以前更加容易积攒下来。”

相信很多年轻人都会希望，就算是有点年纪之后，自己还会是一位时尚、经济条件在中上、不需要伸手向家人要钱，而且全身还能散发自信魅力的人。但很多人也都承认，这些幸福是需要用钱来打造的。所以，为了以后的幸福生活，请记得巴比伦富翁的致富秘诀：用收入的 10%，养活你的“金母鸡”。

但是很多年轻人并没有意识到这一点，他们总是让自己的钱在不知不觉中花掉。

于娜和李丽是一对好朋友，有一次两人相约去逛街。刚巧一知名品牌的衣服正在打折。于娜钻进衣服堆里开心地“杀”红了眼，东挑西选地拿了一大堆，但是李丽逛来逛去，却只拿了一件经典款式的小衣服准备付账。

于娜很惊讶：“你就买了一件？”

“恩，我想存点钱买套房，所以得省一点。”

“可是现在很便宜呢，买了很划算！”

李丽还是摇了摇头。

多年后，李丽用节省下来的钱从一间小套房开始投资，到现在买卖过五套房子以上。由于这几年房价狂飙，才年过 30 岁的她，已成一位名副其实的富婆了。反观于娜，依然守着每个月几千块的薪水捉襟捉肘地过日子。

辛苦赚来的钱，当然要能为自己的幸福加分，聪明的人懂得投资在外，聪明的人懂得投资理财。年轻的朋友们一定就要学会好好掌握自己努力赚来的辛苦钱，用这些钱的 1/10，养活一只能为你下金蛋的“金母鸡”。

把钱花在最需要的地方

居家过日子，同样的钱，会买和不会买相差很多。这里就存在一个如何花钱的问题，你希望你的资金得到最大限度的利用吗？只有在恰当的时间买到适合的物品才能算是钱花对了地方，只有学会花钱，把钱花在最需要的地方，你就会发现情况会大有不同。

要想做到把钱花在刀刃上，那么对家中需添置的物品做到心中有数，经常留意报纸的广告信息。比如：哪些商场开业酬宾，哪些商场歇业清仓，哪里在举办商品特卖会，哪些商家在搞让利、打折或促销等活动。掌握了这些商品信息，再有的放矢，会比平时购买实惠得多，如果你没有事先准备，想想你口袋中的钱，还能办那么多的事呢？

要培养节俭的习惯，但同时也要注意绕开节俭的沼泽地。

"没有投资就没有回报"，"小处节省，大处浪费"，还有许多家喻户晓的谚语都反映了错误的节约不仅无益反而有害的常识。

有些人浪费了大量的时间，用错误的方法来节省不该节省的东西。曾经有个鲜花店的女老板制定了这样一条规矩，要她的员工不顾一切地节省包装绳，即使要耗费大量的时间也在所不惜。她还要求尽量省电，而昏暗的店面让许多顾客望而止步。她不知道明亮的灯光其实是最好的广告。

人，不能以心智的发展和能力的提高为代价来拼命节约，因为这些都是你事业成功的资本和达到目标的动力，所以不要因此扼杀了你的创造力和"生产力"。要想方设法提高你的能力和水平，这将帮助你最大限度地挖掘你的潜力，使你身体健康，感受到无比的快乐。

把钱花在最需要的地方，试一试，结果会不一样。

一个人能否拿得出10块到15块钱参加一次宴会，这本身并不是什么问题，他可能为此花掉了15块钱，但他也许通过与成就卓著的客人结交，获得了相当于100块钱的鼓舞和灵感。那样的场合常常对一个追求财富的人有巨大的刺激作用，因为他可以结交到各种博学多闻、经验丰富的人。在自己力所能及的情况下，对任何有助于增进知识、开阔视野的事情进行投资都是明智的消费。

如果一个人要追求最大的成功和最圆满的人生，那么他就会把这种消费当做一种最恰当的投资，他就不会为错误的节约观所困惑，也不会为错误的"奢侈观念"所束缚。

有人曾开玩笑地说："全世界的财富都在犹太人手里。"犹太人以经商闻名世界，他们认为，节俭带不来财富，把钱用在最需要的地方，懂得投入才能有所收获。所以，我们应该把钱用得最为恰当、最为有效，这不仅是真正的节俭，更是发财致富的捷径。

走出心理消费误区

据说，香港有"拜金女"连续让两个男人破产，日本也有不少拜金女星，虽然没有让身边的男人一蹶不振，但自己赚来的钱也是花得干干净净，非要靠理财大师在一旁指点，才能存下自己的"安全基金"。

许多年轻人花钱从不知道控制，他们很多人都有严重的消费心理误区，看看那些自称"月光族"的年轻人就知道了。

为了不过那种上半月富人、下半月穷人的尴尬生活，为了望着一时冲动买回来的无用物而兴叹的事少发生，女人要学会花钱，走出消费心理误区，做个聪明人。

消费者在购物过程中，对所需商品有不同的要求，会出现不同的心理活动。这种消费心理活动支配着人们的购买行为，其中有健康的，也有不健康的。

1. 盲从心理

中国人喜欢盲从，购物上也一样，盲目跟风是很典型的消费心理误区。

很多人在购物认识和行为上有不由自主地趋向于同多数人相一致的购买行为。

盲目追随他人购买，表面上是得到了某种利益，事实却并非如此。很多人都曾受抢购风的影响而买回一大堆东西，事后懊悔不已。消费者的合理消费决策必须立足于自身的需要，多了解商品知识，掌握市场行情，才能有效地避免从众行为导致的错误购买。

2. 求名心理

许多人在购物时都容易有求名心理。

名牌是生产者经过长期努力而获得的市场声誉，名牌代表高质量，代表较高的价格，代表着使用者的身份和社会地位。如果消费者为了追求产品的质量保证，或者为了弥补自己商品知识不足而导致购物后的懊悔而选择名牌产品，那是明智的；但如果买名牌是为了炫耀阔绰或其他名牌带来的其他什么，以求得到心理上的满足，则是陷入了购买名牌的误区。

3. 求廉心理

求廉心理在消费者的购买行为中表现得最为突出，其中主要原因是经济收入不太充裕和勤俭持家的传统思想，用尽可能少的经济付出求得尽可能多的回报。

所谓物美价廉，这种想法是不错的，但它也可能产生消极的后果。一方面，在观念上求廉心理引导着消费者低水平消费、吝啬消费；另一方面，有的消费者的求廉心理走向极端，购物时永远把价格便宜放在第一位，进而发展为只要是廉价商品，不管有用没用照买不误。

所以有求廉心理的消费者在市场上寻求价廉商品的同时，必须考虑商品的实用性和一定的质量保证，否则会得不偿失的。

走出消费误区，你才能做到理智消费。

远离“遗憾消费”

日常生活中，常见到这样一种现象：许多年轻人，特别是一些年轻的女人，在购买商品时总是兴致勃勃，信心十足，但是买到家后，不是觉得价钱贵，就是感到质量不好，有的甚至是不适用的。这时，想退又嫌麻烦，不退心里又懊恼不停。这种情景在消费心理学上叫做“遗憾消费”。

小婷最近要搬家，在整理屋子时，居然一找出 1 只包，20 双鞋，还都是完全可以使用的那种，其间不乏价值不菲的名牌货。这些大多是小婷一时冲动的杰作，因为店员的蜜语甜言，因为自以为的一见钟情，因为贪便宜……又都因为不是真金，经不住烈火的考验，有的使用一季，有的使用一个月，甚至有的在买回的当天就被小婷无情地打入冷宫，过上了暗无天日的日子。终于翻身得以见天日，却又遭遇被小婷无情抛弃的命运，小婷说了句“扔了确实可惜，可留着占地方不说，以后肯定也不会再用。”于是只好背着家里人悄悄地把它们处理了。

这种事情相信在大多数女人身上都发生过，只不过扔的物品或多或少，或鞋或帽或衣服，为什么当初我们会买这些东西呢？其实好多东西我们并不需要它，只是心血来潮或一时冲动的杰作而已。

据某消费者协会对 1000 名妇女的问卷调查显示：有 13% 的人承认她们经常花一些不该花的钱，购物后常常后悔，因为在心血来潮时买的东西根本用不上或很少使用。有位离异的中年妇女在苦闷孤独中每天逛商店，买下许多她在当“姑娘”时爱穿的衣服。这些色艳形瘦的服装显然已不合适她的年龄和发福的体态，但她说：“很想重新活一次，回到恋爱的年龄，因此在商店里就有一种难以控制的欲望。”

心理学家和心理医生指出："遗憾消费"可以说是轻微心理变态的一种表现。在购物中，压抑的心情虽可以有所缓解和得到发泄，但为此却常常付出了可观的金钱代价。

据报道，德国有10%的妇女有购物癖。柏林消费协会调查表明，有100万德国人（其中90%是妇女）沉溺于购物，染上购物癖的全是上班族和薪水阶层。在美国"遗憾消费者"中，女性是男性的两倍。

"遗憾消费"的形成有很多原因，也因人而异，它不仅和人的性格、阅历、收入水平有关，而且还和人的修养水平有一定的联系。怎样才能有效地防止这种"遗憾消费"呢？教你几招可以试一试。

首先，不要一次性购买。换句话说就是不要突击花钱。一些青年朋友在面临结婚或建设爱巢的时候，往往一改平时省吃俭用的习惯，一旦需要就会把长期攒下来的钱一次花光。其实不妨采取统筹兼顾，随遇随买的办法。家庭消费应该从大处着眼，小处着手。买东西最好有个计划，各个击破，切忌全面开花。

其次，冲动性购买不可取。就是说不要在事先无计划的情况下，临时产生购买行为。尤其是不要受广告和精美包装的冲击及片面追求新奇和从众心理的影响，打乱了正常的消费开支。避免冲动，要遵循价值原则，所购物品应是生活必需品，遇到可买可不买的东西，不管别人怎样抢购，也不要盲目从众。

买任何东西，办任何事情都要有主见。有的人决策能力较差，对所购之物总是拿不定主意，同样买服装，款式很时髦，但花色却很单调，有的质量很好，价格又很贵，让人一时难以确定购买哪件服装为合适。结果这方面相中了，买了又后悔另一方面的不足。还有人本来自己认为很好的商品，当给亲友同事欣赏时，听到别人说这件东西质量太差，样式太老，如何不好时，内心里便生出一种"悔不该买"的叹息。这两种人都是缺乏主见的消费者。

要克服缺乏主见的购买行为，就要培养自己的合理决策能力，首先要有自己的主见和信心，要加强自身修养，时常阅读一些有关消费的报刊，以不断积累购买和使用商品的经验教训，不要盲目地模仿别人，也不要盲目地听别人说三道四，这样就会增强我们对购品的鉴别力。其次，要在购物中进行合理决策，掌握行情，掌握产品的发展，包括价格、质量，这样就能在购物中避害趋利，减少后悔。

免费的东西却让我们花掉更多的钱

Lily 在手机促销时买了一款新手机，获赠了一张某著名影楼的优惠券。优惠券上说了好多优惠活动，包括赠送一本 10 寸的相册，一幅放大的个人海报，免费 3 个化妆造型，免费拍照 20 张……看起来很是诱人。于是，Lily 去了，结果呢？化妆免费，可是粉扑 10 元一个，假睫毛 20 元一对；造型免费，能选的衣服比路边小摊的还差，稍好一点的衣服穿一下 30 元；照片洗出来后，先给你看洗成 1 寸的小照片，这些小照片你想要的话，每张 5 块钱。从里边你选想要放大的照片，洗一张 25 元，如果你只要送的，那些素质很低的服务员会告诉你，他们业务太忙，你想要的话一个月以后来取。最后，Lily 这一去花了近 500 元，但依然没拿回底片。

经济学家一直坚信的真理是"天下没有免费的午餐"。商家不是不求回报的慈善家，他们所追求的是利润最大化，那么，为什么要给你提供免费午餐呢？但现实生活中，我们还是一再相信这样的事情。原因何在？因为虽然我们每一个人都是经济人，也追求自身利益的最大化，但是，经济人的理性是有限的，在利益尤其是能轻易获得的利益面前，更容易失去理性。或许你还是会不解，同为理性经济人的商家和消费者，各自都在追求自身利益的最大化，为什么最终"受伤"的总是消费者呢？

信息经济学可以给我们答案。消费者处于劣势的原因主要是由于双方信息的不对称造成的。所谓信息不对称，就是指双方对商品掌握的信息的多少和深入程度不一样。信息经济学认为，信息不对称造成了市场交易双方的利益失衡，影响社会的公平、公正原则以及市场配置资源的效率。在商家和消费者对商品所了解的信息中，商家总是比消费者要多得多，消费者了解到的只是商品的款式、颜色、大小等外观特点，对于其真正的实际情况，就无法了解的确切了，而只能通过商家的宣传来了解。此外，信息经济学的价值不在于揭示了信息不对称，而在于说明了信息和资本、土地一样，是一种需要进行经济核算的生产要素。因此，你要想获得更多的信息，就必须付出更多的成本。交易双方实际上是在进行无休止的信息博弈。俗话说，"隔行如隔山"，这座山其实就是信息不对称，而要获得这些信息是要付出成本（代价）的。

商家的优势就是在于对商品信息和营销策略的占有，而且信息占有量要尽可能多地大于消费者，只有这样才能保证在每一次交易中获利。所谓"买的没有卖的精"，在消费者与商家博弈的一开始，消费者占有信息的劣势地位就注定这次较量的失败。

当然，高明的商家会让消费者心甘情愿地上当，且浑然不觉；而让消费者意识到自己受骗的商家绝非高明，他的顾客会越来越少。

在双方信息不对称的情况下，处于信息劣势的一方总会处于博弈的劣势。而我们常常会把这归咎于受害者，说是贪小便宜，在利益面前失去理智惹的祸。在经济学上却不能这么说，因为在利益面前，任何人都会心动的，经济学上的理性人永远不会失去理性，即永远都会朝着有利于自己的方向作出选择，他掌握的信息达到什么程度，他便会作出和自己掌握的信息相一致的选择。如你和一个美女一见钟情，就是你被美女表面信息（美丽动人）所打动，但是结婚后才发现她好吃懒做，而且蛮不讲理，如果你早早就知道她的这些信息，是断然不会与她结婚的。

由此可见，在现实生活中，在我们对对方信息了解不充分的情况下，就要特别留意，要小心特别美丽、特别动人、特别神圣的一切！

会赚钱，更要会投资

许多人每月都拿着固定的薪水，看着自己工资卡里的数字一天天涨起来，他们可以尽情地消费，总感觉高枕无忧。直到有一天刷卡时售货员告诉她们：“这张卡透支了。”这时，他们才惊慌起来，也奇怪起来：“每个月的薪水也不少，都跑到哪儿去了？”对年轻人来说，赚钱固然重要，但是投资更是不可或缺的。只会赚钱不会投资，到头来还是一个“穷人”。

王慧已经工作两年了，现在的月薪是五千。除去租房和吃饭的开支，每月还能剩下四千多，可她每到月底还是要向朋友借钱。而她的同学中，许多人没有她挣得多，却从来没有借过钱，反倒是她总向人家借钱。原来，王慧只会努力工作，努力挣钱，以为这样自己就可以富起来，但她挣的钱全部拿来消费，从来没有考虑过如何投资。而她的同学早早就有投资的意识，虽然挣的不是很多，但总是能存一部分钱，把这些钱拿来投资，收到了很好的回报，账户中的钱自然也越来越多。

注重投资、善于投资，就能步入财富的殿堂；而不注重投资、不善于投资，就可能要过拮据的生活。女人，要会赚钱，但更要会投资。

这里有一套方案，可能对你有所帮助，年轻的朋友们不妨看看。

第一步，从重视小钱开始。

很多人都认为投资得有一大笔钱才能开始，总存有手头上的钱暂不宽裕的心理。

他们认为投资一次性至少也得是万儿八千的，否则就没什么意义。但是富翁的钱也是从一元钱攒起来的，财务自由不是一天就可以实现的。

第二步，积少成多也能成大富翁。

你现在节约下来的每一元钱，都是筑造财富大楼的一块基石。攒钱如此，花钱也如此，花 20 元钱和 40 元钱也许一次比起来没有什么区别，但时间长了，所产生的贫富差异却很悬殊。

第三步，不能只活在现在。

有一些女孩说不愿意投资股票，因为她不想等 10 年才成为富婆，她想享受眼前的生活。事实是，10 年后你是否能保证比现在过得更好。你将来的生活条件是由你过去所做的投资而决定的，所以，不妨在此刻为你的将来做好准备！

第四步，让我们来买公司本身。

有些人总是在问为什么总存不下钱，他们总是觉得钱是花出去了，但从来没见任何回报。针对这种情况，建议大家不再买公司所销售的产品，开始买公司本身。美国对有钱人（年收入 22.5 万或持有 300 万资产）做的一项调查表明，富人会把他们全部收入的 30% 左右拿去投资。这并不一定可以致富，但却是他们成为富人的原因。

第五步，贫富不在于存折的厚薄。

如果你的工作只付给你每年 18 万的薪水，要想年薪百万，你就得找 6 份工作，但那时的你身体却会因此垮掉。难道 100 万就真的赚不到了吗？但是仍有很多每年赚 100 万的人，他们也只有一份和你相当的工作，但却不断地有支票入账。二者的区别就是，智者并不看工资的多少，而是看怎么才能让里面的钱高效地运转起来。

第六步，不走父母的老路。

如果你不想象父母一样辛苦操劳一生而依旧清贫的话，那就别过他们的生活，要从他们那一代人的思想中解放出来，把投资永远放在人生中的重要位置。

为自己和家人买一份保险

26 岁的小美是家里的独生女。小美的父母很早以前就下岗了，母亲身体不好，多年来靠父亲四处打零工维持着艰难的生活，小美在四年大学生活里一直坚持勤工俭学，直到去年毕业，进入一家外资企业工作，拿着优厚的薪水，一家人才终于松了口气，父母也不必再那么辛苦，准备安享晚年了。

然而，突如其来的一场车祸令小美全家措手不及。小美在一场车祸受伤严重，巨额的医疗费也让小美的父母一筹莫展。正无奈时，保险公司工作人员来到了小美家，并雪中送炭地送来了保险赔偿金。原来，小美在工作后不久就在寿险规划师的建议下，购买了 20 万元意外伤险。幸好有着 20 万元赔偿金，解决了小美医疗费的燃眉之急。

或许当初买保险的时候并没有对保险有具体的认识，但小美在生命垂危的时候，才真正感受到了保险的真正价值。

我们对于“保险”这个词并不陌生。保险是以契约形式确立双方经济关系，以缴纳保险费建立起来的保险基金，对保险合同规定范围内的灾害事故所造成的损失，进行经济补偿或给付的一种经济形式。

就像大家所知道的，事故的发生是一个概率的问题，而买保险就是承认这个概率的存在。从本质上讲，买保险的目的是减小未来生命中或者一段时间内可能发生的事故发生后给个人、家庭和社会带来的影响。

从经济学上看，保险作为最古老的风险管理方法之一，是为了确保经济生活的安定，对特定危险事故或特定的事件的发生所导致的损失，运用多数单位的集体力量，根据合理的计算，共同建立基金。通俗地说，就像在一个家庭中，如果某个家庭成员发生意外，就会找亲戚朋友来帮忙。但亲戚朋友有限，能提供的帮助也有限，于是，我们有了社会范围内的保险。

有些年轻人喜好激进的投资方式，现金投资总喜欢和收益率挂钩，因此，保险投资很难让其感冒。但保险的优势不在于投资收益率的高低，而在于它的保障功能。保险好比理财金字塔的地基，只有为自己准备好充足的保障，其他的理财计划才可能一一实现。只要每年缴纳的保费在合理的收入比例范围内，保险对你的整体投资计划不会有什么影响，还能为风险投资保驾护航。在风险投资失败的时候，你完全有能力跌倒了再爬起；在意外和疾病等风险来临的时候，因为购买了足够的保险也不会影响你对风险投资的继续。

同时，专家提醒，选择保险必须慎重。保险不是普通的商品，一件衣服或一套家具买来了，不喜欢可以不穿、不用，也可以送人；而保险不能转送。有些人买保险，是因为营销员是朋友或亲戚，碍于情面硬着头皮买下；或是不看条款，光听介绍，盲目轻信，买后才发现不适合自己。因此，当我们为自己和家人挑选保险的时候，应当注意广泛搜集信息，根据实际情况选择最合适的保险，让其为我们的生活筑起一道无忧的城墙。

花小钱办大事，爱“拼”才能省

金融危机期间，在知名拼客网站“上海拼客网”上，一位叫“我拼”的网友提出了“拼学”口号，该网友在帖子中写道：最近听说了一种“心理咨询师”培训不错，我和3个同事都报名了，再加一些人就可以拿下9折优惠啦，将近省去1000块，真划算。上海其他机构像德瑞姆、华师大都要9150块，我们差不多8000块就可以了。有兴趣的拼友，大家一起省钱学习啦……

2008年金融危机风潮下，以省钱、节约为宗旨的都市拼客族日益蓬勃壮大，而且衍生出了令人眼花缭乱、无孔不入的众多拼法。林林总总的网站上，拼房、拼玩、拼购、拼学、拼宠物、拼友、拼婚、拼生日、拼事业……五花八门征求拼友的帖子层出不穷。所谓拼客，这里的“拼”不是拼命、拼刺、拼抢、拼杀、拼争、拼死，而是拼凑、拼合。拼客指为某件事或行为，素不相识的人通过互联网，自发组织的一个群体。如旅游、购物。因此，拼客指的就是集中在一起共同完成一件事或活动，实行AA制消费的一群人。这样，既可以分摊成本、共享优惠，又能享受快乐并从中交友识友。

简而言之，拼客们的宗旨就是：联合更多的人，花更少的钱，消耗更少的精力，做成想做的事情，享受更好的生活。越来越流行的“拼客”一族已经成为一种时尚、一种潮流、一种理念、一种生活的态度。而拼客们所拼的对象，更是名目繁多——拼车、拼房、拼卡、拼购、拼竞技、拼游等。

1. 拼房

就是找人合租房。许多刚参加工作，收入不高的年轻人，在拼客网站上发帖子，寻求“拼房”伙伴，分摊房租，节省开支。拼房费用共担，舒适共享，花的更少，住得更好，成为很多在大城市打拼的年轻人的理性选择。

2. 拼车

起始地和目的地相同或相近的几个人结伴搭车，车费均摊或根据路程远近，按比例分配出租车费用。也可以搭乘私家车，费用由搭车者与车主具体协商。平日上下班拼车、周末郊游拼车、长假回家拼车、出差办事拼车……方便省钱的拼车已成为都市第四种乘车方式，有网站这样介绍拼车板块：公交太慢，地铁太挤，打车太贵，买车太远，不如邻居一起拼车；买车难养，挤公交太累，还是合伙拼车最够味儿。

3. 拼学

一起结伴考研、学英语、上培训班等，互相分享学习资料，交流学习心得，既省了钱，也避免了一个人学习的枯燥。都市白领需要不断培训充电，暴利的培训机构收费动辄上千，因此，越来越多的考证考研一族加入了拼学行列中。

4. 拼餐

上班时不爱吃工作餐，找几个人一起去饭店包餐，非常划算。离家在外的打工者，节日很孤单，找几个朋友大家拼餐，出一份钱，吃到各种特色菜。有拼网这样介绍拼餐板块：吃只烤全羊，只需付只羊腿的钱！

5. 拼卡

现代都市人，谁的口袋里没有几张卡，购物卡、游泳卡、健身卡、美容美体卡无所不有。这些卡一般都有使用期限，一个人很难在规定期限内用完使用次数，于是，多人合用一张卡的拼卡族出现了。拼卡就是指两人或多人合办一张卡、共用一张卡，也可以是各自不同的 VIP 卡相互借用，助人又积分，发挥卡的最大价值。

6. 拼书碟

成功人士哪个案头书柜没有几套哈佛工商管理教材？都市白领谁家没有一堆时尚杂志？层出不穷的最新大碟，想要购置的图书、杂志实在是太多了，但又不能全买下来。有志同道合的伙伴，每个人买一本，轮着看，花一本杂志的钱，看两本以上的杂志，省了钱，还丰富了谈资。大家都看过的内容，有了共同话题，深入交流后也有了更深刻的认识。

“只有想不到，没有‘拼’不到”“爱‘拼’就会赢”已成为当今不少都市青年的生活理念。理财专家指出，“拼客消费”是一种面对实际生活的理性态度，一种共赢的生活方式，是人们的消费观念和行为走向成熟的表现，也是一种节俭和环保的生活方式。同时，专家也建议，要实现拼客消费，需要找到跟自己收入水平、支出情况以及生活方式相似相近的人群，再从其中找到跟自己有相同需求、相同目的的人。在一个人的实际生活圈子里并不一定能找到这样合适的人选，拼客俱乐部和拼客网的出现，使得拼客信息资源得到共享，你只要在这些信息平台发布自己的拼客需求，很快就会得到响应，实现拼客消费。

还有律师对拼客提出几点建议：与陌生人实现拼客消费时，务必要了解对方的身份、背景。另外，事先签订好书面协议，写清楚费用条款，不要图方便，什么都不谈，等发生纠纷时才悔不当初。在商场“拼购”时，尽量和购买能力相当的人“拼购”，如果是和陌生人“拼购”，则需要有人“全程监管”。

去二手市场淘淘“宝”

二手市场最早出现在19世纪的欧洲，它还有另外一个名字叫“跳蚤市场”。由一个个小地摊组成，市场规模大小不等。出售商品多是旧货、人们多余的物品及未曾用过但已过时的衣物等。小到衣服上的装饰物，大到完整的旧汽车、电视机、数码相机，一应俱全，应有尽有，而且价格低廉。伴随着信息技术的发展，二手市场也迅速发展起来，网上二手商品交易已成为网上商品交易的一项重要内容。

二手商品交易以其便捷、廉价、实用的特点受到顾客们的普遍欢迎。“只选对的，不选贵的”也成了许多二手市场最吸引人的广告标语。

二十几岁的年轻人多是出生在20世纪80年代极具个性化的，我们爱时尚爱新奇，每当有新产品推出，无论是最新的衣服、包包，还是手机、相机、MP3等数码产品，“时尚潮人”们总是争先购买最热的新品，而淘汰下来的旧产品，就可以放到二手市场，卖给那些只愿出低价的其他消费者。当今社会商品更新速度越来越快，这也进一步促进了二手交易市场的繁荣。从经济学上看，二手市场的形成是经济学中的“边际效用递减规律”在起作用。

“边际效用递减规律”（the law of diminishing returns）是微观经济学的基本规律之一。这里的“效用”是指消费者的心理感受。“边际”是“增加的、额外的”意思。消费某种物品实际上就一种刺激，使人有一种满足的感受，或心理上有某种反应。消费某种物品时，开始的刺激一定大，人的满足程度高。但不断消费同一种物品，即同一种刺激不断反复时，人在心理上的兴奋程度或满足必然减少。或者说，随着消费数量的增加，效用不断累积，新增加的消费所带来的效用增加越来越微不足道。也就是说，你所购买的每一件新产品，买回来之后，其边际效用始终在不断递减。

我们都知道，新产品的价格是按照成本+利润+运费来计算的，然而，二手商品的价格主要看其对卖家的边际效益。一般来说，二手商品对于卖家来说，正处于边际效用递减阶段，或许他有了过多的此类或类似的商品，因此他会接受一个比自己当初购买时更低的价格来卖出，因而二手商品也就比新货便宜多了。

二手市场的前景非常广阔，它是对一级流通市场的重要补充。二手市场的存在，是对经济资源的再利用，使具有使用价值或部分使用价值的物品物尽其用。一些被更新换代的商品并没有丧失使用价值，丢弃是一种浪费，送到二手市场进行再流通，是一种很好的利用。二手交易能让买卖双方同时受益，人们可以在二手市场中得到更多的选择。其实，许多二手物品在功效方面和新的所差无几，价格却便宜很多。如家具、电器、图书、CD 等，去二手市场上中各类齐全，价格便宜，而你所损失的，只是使用新品时的感受。

如今，在二手市场“淘宝”不仅仅是作为一种消费行为得到推广，而是形成了一种生活态度和生活智慧。尤其是金融危机后，去二手市场淘宝成了经济低迷时不错的选择。对于二十几岁的年轻人来说，与现实世界中二手市场里的人头攒动相比，处在虚拟空间中的网上二手交易社区更受欢迎。通过网上二手市场，我们可以很快浏览到自己想要购买的商品，包括图片和详细的文字介绍，同时通过网络可以很方便地对比同类商品的市场价格，从而大大节省了时间。另外，网上二手市场有许多是私对私的交易，个人出售的二手商品由于未经过中间人的转手，因此价格比较低。

当然，我们并不是建议你把大量的时间花在二手市场上。毕竟和你宝贵的时间相比，很多情况下购买新商品要比在二手市场转来转去更经济，特别是当你计划购买长期使用的物品时。相反，智慧的经济学家鼓励二十几岁的年轻人考虑使用二手商品带来的潜在成本节约，而不用被迫过多放弃一些东西，如消费的满意度。如果有这样的机会，那么千万别错过，它会使你用有限的购买力带来最大的效用。

以小搏大，重在积累

以小搏大的智慧不仅仅是四两拨千斤，还在于财富的积累。金钱如同人一样，你越尊重它，它就越拥护你；你越藐视它，它越避开你。我们的财富要从小钱开始积累。

悉尼奥运会上曾经举办过一个以“世界传媒和奥运报道”为主题的新闻发布会。在座的有世界各地传媒大亨和记者数百人。

就在新闻发布会进行之中，人们发现坐在前排的炙手可热的美国传媒巨头 NBC 副总裁麦卡锡突然蹲下身子，钻到了桌子底下。他好像在寻找什么。大家目瞪口呆，不知道这位大亨为什么会在大庭广众之下做出如此有损自己形象的事情。

不一会儿，他从桌下钻出来，手中拿着一支雪茄。他扬扬手中的雪茄说：“对不起，我到桌下寻找雪茄。因为我的母亲告诉我，应该爱护自己的每一个美分。”

麦卡锡是一个亿万富翁，有难以计数的金钱，他可以买到一切可以用钱买到的东西，一支雪茄对于他来说简直微不足道。按照他的身份，应该不理睬这根掉到地上的雪茄，或是从烟盒里再取一支，但麦卡锡却给了我们第三种令人意料不到的答案。

财富的积累离不开金钱的积累，这是麦卡锡给我们的启示。而要积累金钱，还得掌握金钱的特性，因为钱是喜欢群居的东西，当它们处于分散的状态时，也许没有什么威力；但当它们由少成多地聚集起来时，成千上万的金币就会发挥巨大的力量。另外，金钱还有这么一个特性，就是你越尊重它，它便越拥护你；你越藐视它，它便越避开你。为此，要想积累财富，首先就得掌握金钱的特性，不要放过身边的每一个小钱。

有些人一开始就摆出一副要赚大钱的架势，小钱不去赚，结果常常是两手空空，一分钱也没赚到。其实，有很多大富翁、大企业家，都是从挣小钱起家的。从挣小钱开始，可以培养你的自信。因为，挣小钱容易，每当挣到第一笔钱后，你就会对自己的能力有所了解，你就会相信自己也有把事情做大的能力。

犹太商人的成功并不是起点很高，并不是一开始就想着要做大生意，赚大钱。他懂得，凡事要从细小的地方入手，一步一步进行财富的积累，雪球才会越滚越大。

凡事从小做起，从零开始，慢慢进行，不要小看那些不起眼的事物。犹太商人的经商之道从古至今永不衰竭，已经被许多成功人士演练了无数次。

第九章

舍小求大，做生意吃亏也是福

舍得舍得，舍和得永远不分开

有人可能会觉得，放弃曾经所有的一切从零开始，是不是很可惜？所以他们在该放弃时不放弃，优柔寡断，结果错过了很多好机会。其实，放弃一件事情，也许会开启另一道成功的门。生活是一个单项选择题，每时每刻你都要有所选择，有所放弃，要追求一个目标，你必须在同一时间放弃一个或数个其他的目标。该放弃时就放弃吧，不要在犹豫不决中虚度光阴，可能到最后还会无奈地放弃。世界上许多顶级的富豪都是敢于选择、舍得放弃的人。

拥有中国色彩第一人称号的于西蔓回国建立了“西蔓色彩工作室”。她将国际流行的“色彩季节理论”带到了中国，她使中国女性认识到了色彩的魅力。于西蔓在日本学习的本是经济，但她在毕业后，凭着自己对色彩的爱好，苦学了两年，取得了色彩专业的资格，在当时，她成为全球2000多名色彩顾问中唯一的华人。在国外，她看到了中国同胞的穿着经常引起别人的非议，每次她都会产生一种强烈的感觉，要让中国人也美起来。随后，她放弃了在国外优厚的生活，毅然回到了祖国，并于1998年在北京创办了中国第一家色彩工作室。面对中国消费群体的不同，刚开始时，于西蔓只是凭自己的主观确定价位。一段时间后，她发现这并不适合大多数群体，同时也违背了她的初衷——要让所有的中国人都知道什么是色彩。于是，她又重新做了计划，降低价位，并做了很多的辅助工作，结果，取得了很好的成果。年轻的时尚一族纷至沓来，连上了年纪的人也成了工作室的座上宾，热线咨询电话也响个不断。

西蔓女士的个人才华及所创立的事业对中国的贡献和影响引起了政府、社会和媒体的高度赞誉和肯定，被誉为“色彩大师”“中国色彩第一人”。

在总结自己的经验时，于西蔓说她成功的主要原因是懂得放弃，因为没有放弃就没有新的开始。于西蔓几次放弃了自己令人羡慕的工作而重新开始，是因为她深深地了解自己的兴趣、特点及自身的价值。

放弃是卓越者勇气和胆识的考验。在商人看来，有时在经商中选择放弃，需要承受来自内心和外界方方面面的压力。可以说，任何一次决策中的取舍都需要很大的勇气和胆识，需要非凡的毅力和智慧。只有当一个商人把企业发展的长远利益作为目标时，他才会顶住压力，卧薪尝胆、历尽艰辛，走向更大的辉煌。

在现在这个商业社会之中，无论你经营哪个行业，都会遇到众多的竞争对手在与自己争抢市场，能够凭实力一路打拼、高唱凯歌当然最好，如果与对手相比，自己在资金、技术、知名度、人际关系等方面都处于劣势，那该怎么办呢？硬拼，可能是鸡蛋碰石头，自取其辱而已。聪明的商人在这个时候就会选择一走了之，惹不起总躲得起吧，这才是上策。留得青山在，不怕没柴烧！这不是懦弱，这叫识时务者为俊杰。

还有一种情况，就是市场已经饱和，而且又没有发展前景的时候，就得考虑放弃你现在赚钱的行业，趁早另起炉灶，否则只有等死。比如手机普及之后，谁还在做寻呼台的生意？“飞鸟尽，良弓藏；狡兔死，走狗烹；敌国灭，谋臣亡。”这话虽然残酷，也说明了一个道理，就是没有市场价值的东西就应该“见好就收”。

舍得舍得，没有舍哪有得。这就是成功商人要告诉我们的创富秘籍！

放弃有时就等于一次机遇

放弃并不等于什么都放弃，永远的放弃。在一条路上没有成功的可能前提下，学会放弃那是一种明智的选择。放弃了这条路，或许我们可以重新选择一次机遇。

在商业上，适时的放弃，也是企业营运的重要手段。放弃是为了调整产业结构，保留实力。

在形势不明朗时忍耐一会，不急进；在经济萧条时，业务作必要的放弃，保证能渡过难关，到经济复苏时，再扩大投资。

怎样在逆境中保留实力，是企业家一项挑战。在顺境时，拥有巨额资金，收购这个，收购那个，何等意气风发。顺境中能攻，固然要讲究眼光和魄力；同样的，在逆境中能守，也需讲究眼光和魄力。能攻能守，才称得上商业的全才。

要攻而获利，需靠准确的形势分析，掌握有利时机；要退而能保留实力，也得靠准确的形势分析。

李嘉诚投资地产，能攻能守，对攻守时机判断准确，已为业内公认。且看他在1982年股市地产陷入低潮之前，怎样评估形势，作出暂退的部署。

1982年到1984年，全球经济不景气，对香港造成严重的冲击，工业衰退，股市暴跌，地产也一落千丈。结果，令投资地产者蒙受巨额的损失。

与此相反，李嘉诚的长江公司则采取稳健政策，暂时放弃，结果安然度过这次经济危机，这得靠李嘉诚对形势的判断，独具慧眼，预见到地产业面临世界经济衰退和长期利息高涨的压力，1982年将会大幅向下调整，并据此作出暂退的部署。

在描写李嘉诚的书当中这样说过："他一旦发觉形势不妙，就从1980年开始，一方面尽量减少、甚至停止，直接购入地皮；另一方面加速物业发展，尽快出售。"目的是令"各个公司的负债日益减少，现金充足，以应付任何意外的风波"。

挪威的船王阿特勒·耶伯生出生在卑尔根的一个殷实家庭，其父克列斯蒂·耶伯生是当地的一个小船主，家庭经济生活比较富裕。他开始在一所教会学校读书，后就学于英国剑桥大学。毕业后，曾到奥斯陆、汉堡和纽约做过商业经纪人。

受家庭环境的影响，耶伯生从小就接受实业思想的熏陶。因此，早在青年时期他就表现出做生意的才能。1967年8月，他父亲在旅游途中因出车祸而丧生，31岁的耶伯生继承了父亲的产业，开始管理一家船业公司。从此他走上了经商的道路。

经过十几年的艰苦奋斗，耶伯生公司已从原来只有7条船的小公司，变成了拥有120多万吨的90条船的大型船队，并且在世界各地的油田、工厂和其他项目中拥有大量投资。目前，他到底有多少财产，连他自己也说不清楚："我唯一能说清的是，接受保险的财产大约是57亿克朗。"他的船运公司曾获得"挪威1977年最佳企业"称号，这在挪威航运界是独一无二的。

耶伯生父亲在世时曾尝试经营油船，在他接管一年后就果断决定卖掉油船，放弃运油行业。

他的理由是：当时的船运公司没有实力，命运操纵在石油大亨们的手中。如果把本钱的大部分压在两三条大油船上实在没有把握。耶伯生退出运油业后，迅速将资金投在散装货物的运输业上，并与工业部门签订了长期的运输合同。

事实证明，耶伯生的分析判断是极其正确的。油船脱手后，虽然他没有领受1973年石油运输短暂兴旺的好处，但是当石油运输的投资家们在70年代中期连遭厄运打击时，他却稳如泰山，丝毫无损。

他以长期合同为基础，逐渐增置了6千吨至6万吨的散装船，为大企业运输钢铁产品和其他散装原料，积累了雄厚的资本。

耶伯生主张，发展挪威的航运业，必须面向世界，走向世界市场，如果把眼光仅仅停留在国内的航运业，将会自我消亡。在我们致富的信念是：必须坚决走出去，放弃过去的，哪里有可利用的资本，就到那里去，这就是我们要取得成功的最关键之处。

敢于吃亏才是大赢家

花儿会苦争春色，雨儿会在自由落体时抢跑道，鸟儿会争着丈量天与地的距离，万物自有竞争法则的存在。务实的生活中，我们人类，自然也会有狭路相逢的时候。古人对我们说：要难得糊涂，吃亏是福。凡是能吃亏的人，必有宽广的胸怀和超人的智慧，就像面对“舍”与“得”时，能舍的人，才能真正地得，能吃亏的人才能成为大赢家。

能吃亏是一种睿智、豁达，它能给你带来无尽的财富，参透其中道理的人会这样书写人生：

日本，有一个叫岛村方雄的人，他从银行借来一大笔钱作为原始资本，在麻绳原产地大量采购麻绳，然后再以收购价售出。整整一年，岛村先生把自己的时间和精力全都搭了进去，麻绳生意客户也不少，却没赚一分钱，连养活自己的钱都是他在别的地方打工挣的。有人就问他，这样子按收购的价格卖给别人，一分钱也不挣，白白的为别人服务，你不是吃亏了吗？岛村只是笑了笑，继续做着他的事业。渐渐地，他的“投资”终于换来了回报：“岛村的绳索确实便宜”的名声被大家传开来，一时间他的订单铺天盖地的涌进来。

岛村心里有底，一直这样按原价卖出他并不赚钱啊，到了第二年，他拿着订单和售货单，对绳索的生产商说：“我投入了这么的时间和精力，为你们拉了这么多客户，但我至今一分钱也没赚过你们的！”为了稳住岛村的“客源”的厂商决定让利，把每条绳索价格降了5分。后来，岛村又和客户见了面。客户看了收据后，十分吃惊，因为天底下竟然有人愿意一年之内白白为大家服务而不赚分文的事，真不可思议。大家认为这样好的服务不好找，心甘情愿地把售价提高了5分。

这样从第二年起，岛村一条绳索就赚了1角钱，就这样他每天仍保持了1000万条订单，利润高达100万日元。从零利润到日进百万，几年后，他成了日本的“绳索大王”。

相信没有几个人像岛村这样做生意的，都说没有人愿意做赔本的生意，岛村做了，他以能吃亏的精神，为自己储蓄了财富。也许，刚开始的时候，看到岛村从原产地买进绳索，随即又以进价卖给客户，一分钱不赚，自己还要去给别人打工挣钱糊口，也许会有人嘲笑他是个傻瓜。即使，不轻易下结论的人，会对这样的做法冷静地看待，但也不会做如此“吃亏”的事情。可是，很少人明白，吃亏是一种睿智、和豁达，一种魄力，一种能舍也能得的人生境界。

生活里有很多的琐碎，过于计较得失，会让人的眼界和心胸同时变得狭窄，活着本是一种生命的慷慨，不能吃亏的人却把自己变得俗不可耐。真正的智者从不会狭隘到不能吃亏的状态，孔融把大梨子让给别人，自己情愿吃小的，敢于吃亏，收获了一世的美名；雷锋总是想着别人，把为人民服务当做自己一生的使命，敢于吃亏，成为我们世代人学习的榜样；焦裕禄凡事从大局出发，把人民的事业当成自己的家事，敢于吃亏，赢得了民心。有时候，把能吃亏当成一种习惯，却会给我们赢得整个人生。

转角处的爱真实温暖呈现出来，让出了星光灿烂的今夜，上天赐给了我们白昼的光明；让出了溪水的潺潺，却得到了大海的浩瀚。不要不舍得，拥着一枝春绿，却也想着占有整个春天。

意识流作家伍尔芙微笑着说，让我们记住共同走过的岁月，记住爱，记住时光。我们为何不也把嘴角轻扬，告诉自己我们要做能吃得亏的人，记住豁达，记住舍得。

明处吃亏，暗处得益

世界上没有白吃的亏，有付出必然有回报，生活中有太多的这种事情，尤其在生意场上。如果一个人能心平气和地对待吃亏，表现自己的度量，他就更易获得他人的青睐，获得经商所需要的人脉资源，从而获得商业上的成功。华人首富李嘉诚说：“有时看似是一件很吃亏的事，往往会变成非常有利的事。”说的就是这个道理。

太平洋建设集团创始人严介和就敢于“吃亏”，这也是他在商场中叱咤风云，将生意做大、做强的重要法宝。

1992年，严介和东拼西凑10万元在淮安注册了一家建筑公司。当时，南京正在进行绕城公路建设，严介和知道后，先后往返南京11趟，最终得到3个小涵洞项目。这时，项目到严介和手里已经是第五包了，光管理费就要交纳36%，总标的不足30万。

这是一个注定亏本的“买卖”，当时算算账预计亏损5万元左右。可严介和对自己的员工说：“亏5万不如亏8万，要亏就多亏点，一定要保证质量。”结果，本应140天完成的工作量，严介和带领大家只用了72天就完工，其速度令工程指挥部大吃一惊。更令人振奋的是，指挥部在对3个小涵洞验收的时候，检测结果质量全优。

严介和以“吃亏”为经营理念，打响了自己的品牌。从此，他一发而不可收，业务迅速不断扩大。先后参与了南京新机场高速、京沪高速、江阴大桥、连霍高速，沂淮高速、南京地铁等一系列国家和省市重点工程的建设。

每当谈起南京绕城公路项目时，严介和总是说：“亏 5 万不如亏 8 万，后来赚了 800 万，这就是太平洋的第一桶金。如果不亏，我这个苏北人能拿到订单吗？两眼一抹黑，什么人也不认识。可就是从那里起步，今天的诚信是明天的市场、后天的利润。”

生意场上，是看到眼前的比较直接的“小利益”，还是把眼光放长远一些，发现更大，但可能比较隐蔽的“大利益”呢？这可是个很大学问。很多人往往见便宜就想得，生怕自己吃一丁点亏，这样一来使自己的路越来越窄，也很难有大便宜到手。试想，如果每一个老板都打着自己的小算盘，整日盘算着如何敛聚更多的财富，如何使自己比别人获得的收益更多，这样有谁还愿意为其卖命呢？

聪明的商人则懂得吃亏，自己吃了点亏，让别人得利，就能最大限度调动别人的积极性，使自己的事业兴旺发达。譬如你卖给别人 2 斤肉，回家之后称，正好 2 斤，他心里不会有什么感觉；如果多一两，他心里会很舒服，下回还会去你那里买；如果差个两三两，下回肯定不去了。

一个人独资经营的情况下，不仅势单力薄，而且人力、才智匮乏，资金上也很难维持长久的，快速的增长。如果能找到可以长期合作的合伙人，就会增强公司的实力，虽然部分利益会分给合作伙伴，但较之无法持续经营情况，实在是好上太多了。甚至当你遇到坎坷无法使合作继续进行的时候，不妨吃点亏，也许天地就更宽广，利润也更高。

“吃亏是福”也不是句套话，尤其是关键时候要有敢于吃亏的气量，这不仅体现你大度的胸怀，同时也是做大事业必备的素质。把关键时候的亏吃得淋漓尽致，才是真正的赢家。但是吃亏也是有技巧的，会吃亏的人，亏吃在明处，便宜占在暗处，让你被占了便宜还感激不尽。

善于吃亏是占“大便宜”的一种博弈策略，这是智者的智慧，更是经商技巧。

薄利多销，抓住百姓的心理需求

无论是逛超市，还是去菜市场，每个理性的顾客都想用最便宜的价格买到自己喜欢的东西。在“便宜的价格”和“喜欢的东西”之间往往存在一种相互制约的关系，有经商头脑的生意人就善于发现并利用这种关系。

在经商法则中，薄利多销不是什么“秘密武器”，但却是最有力的武器。“薄利多销”一向被喻为商界的一把尚方宝剑，就像“武林至尊，宝刀屠龙，倚天不出谁与争锋！”一样，让商界的英雄挥舞这柄宝剑笑傲江湖。

对于“薄利多销”的道理，宏基集团董事长施振荣从小就有深刻的体会。

施振荣3岁丧父。为了谋生，他曾经帮着妈妈在店里同时卖鸭蛋和文具。鸭蛋3元1斤，只能赚3角，差不多是10%的利润，而且容易变质，没有及时卖出就会坏掉，造成经济上的损失。文具的利润高，做10元的生意至少可以赚4元，利润超过40%，而且文具摆着不会坏。看起来卖文具比卖鸭蛋好。但其实，施振荣讲述经验时说，卖鸭蛋远比卖文具赚得多。鸭蛋利润薄，但最多两天就周转一次；文具利润高，但有时半年一年都卖不掉，不但积压成本，利润更早被利息吃光。

施振荣后来将卖鸭蛋的经验运用到宏基，建立了“薄利多销”的模式，即产品售价定得比同行低。虽然利润低，但客户量增加，资金周转快，库存少，经营成本大为降低，实际获利大于同业。

商家以赚取利润为目的，但是老百姓是要过日子的，自然要精打细算。所以，大多数的顾客都有一种心理，即功能相同或相近的产品，价格不同时，趋向于购买价格低的。这种购买心理也决定了谁能给顾客更大的实惠，谁就能获得最多的财富。华人首富李嘉诚在早期做塑胶花生意的时候，就是靠“我的原则是做长期生意，做大生意，薄利多销，互利互惠”这样的原则打动意大利客商夺得订单。世界最大的零售企业沃尔玛也深谙这一道理。它从一成立就确立了“天天平价”的经营策略，四十多年来，沃尔玛依靠这一最有力的武器独霸美国、横扫世界，不仅把老资格的全美前十大零售商全部打败甚至淘汰，而且与它同时代成立的竞争对手如凯马特，赢利模式也与它相仿，也被它远远甩在身后。可见“薄利多销”所带来的人气和效益，是非常惊人的。

诚然，要打市场、拓销路，单靠低价闯关是不行的，产品质量、企业信誉、售后服务、宣传力度、营销方式等因素同样都很重要。但不可否认的是，同样的产品，谁卖得便宜，谁就卖得多。价格战是当前形势下一种很重要的竞争手段。问题在于并不是所有人都适合打价格战，因此，经济实力相对较弱的商人在产品降价之前总要左思右想，不敢轻易用低价位向市场上的竞争对手挑衅。能不能降价，能降价多少才不致影响事业自身的发展，是一个重要的问题，对此准备不足，就会适得其反。

一般说来，在以下情况中使用“薄利多销”原则较为妥当：

1. 同类型产品多，竞争激烈时，采用薄利多销策略，既争夺同类产品的顾客，也促进本企业产品市场占据率的提高。

2. 新产品试销阶段，以薄利多销方式尽快使产品进入市场。扩散影响，提高知名度与应用频率，建立市场信誉和威信。

3. 产品被消费者所淘汰，以多销微利保本为原则，将企业损失降到最低限度，争取时间，开发出新产品。

4. 产品有生命力，但销售处于低谷时，采用薄利多销策略以亢进顾客的购买欲，以刺激产供销环节的周转、挖掘产品的潜在效能，使企业立于不败之地。

主动让利，追求产品的长远收益

莱文的公司是一家以销售产品原材料为主的公司，曾经与某公司有过长期的合作关系，莱文以合同规定的价格向他们销售原材料。

一次，这家公司的副总裁沃尔森提出想要与莱文全面协商一些重要的合作事宜。

莱文如约和沃尔森会晤。莱文知道他想要干什么。果然不出所料，他对莱文说："我反复地翻阅了一下我们以前所签的合同，发现我们现在无法按照原定合同规定的价格向你购买原材料，原因是我们发现了更低的价格。"

莱文本来可以对他说"我们白纸黑字的早就签好了合同，你不可以单方面撕毁合约的，至于其他的事，我们等这次合同期满之后再谈"。

这样，即使沃尔森再不情愿，也只能履约而不能擅自停止采购原材料，但他无疑会因此而感到不舒服。

此时莱文的事业正在蓬勃发展，他需要与这个重要的客户保持长期而又稳定的合作关系，于是，莱文说："那么，请你告诉我你想出什么价？"

沃尔森说："我们要求也不高，单价 15 美分可以吧。"接着他向莱文解释了一下之所以提出这一降价要求的原因。原来有一家远在数百公里以外的公司给出了 14 美分的价格，但从那里把原材料运过来，需要另加 2 美分的运费。所以沃尔森要求把单价降到 15 美分。

莱文沉吟了一下，在纸上算了一会儿，然后抬起头来对沃尔森说道："我给你 12 美分。"沃尔森不由得大吃一惊，不相信地问道："你在说什么？是说要给我 12 美分吗？可我说过我们 15 美分就可以接受。"

莱文说："我知道，但是我可以给你们 12 美分的价格。"

沃尔森问："为什么？"

莱文说："请你告诉我你打算与我们合作多长时间？"

沃尔森说："这个自然是看我们彼此合作的情况来定了，就目前来讲，我很乐意与贵公司保持长久而愉快的合作关系。"

莱文得到了一个长期合作的承诺，对方得到了一个满意的价格。

在现代社会里，消费者是至高无上的，没有一个企业敢蔑视消费者的意志。只考虑自己的利益，任何产品都会卖不出去。因此，推销员在销售自己的产品时，一定要进行深入思考，既要考虑自身利益，还要考虑客户的利益，只有做到互惠互利，才能把销售工作搞好。尤其是在面对一些销售难题的时候，如果主动给客户一个好价格，不仅可以使销售难题迎刃而解，更可以以牺牲一小部分利益来换取更大的利益。这个案例就是一个以主动让利获得长远利益的典型案例。

案例中，莱文与沃尔森已有过长期的合作关系，但因客户发现了更低的价格，双方再次会晤商谈。我们可以看到，当沃尔森提出价格问题时，莱文知道客户已经进行过调查，这是客户左脑做出的理性决策，而自己只有使用左脑，才能让客户满意。

于是，他并未要求客户按合同执行，而是询问对方可以接受的价格，当沃尔森提出 15 美分的价格时，莱文通过计算（左脑能力），最后给出了 12 美分的价格，让对方始料不及，成功地打动了客户，既让客户认为得到了一个好价格，又让客户感觉到莱文希望长期合作的诚意，加深了好感，为以后的合作打下良好的基础。

在整个会谈过程中，莱文一直在控制着局面，既让客户得到了利益，又让自己获得了长远的利益。因此，作为一个杰出的推销员，在发现一个很有潜力也很有实力长期合作下去的客户时，一定要善于思考，主动放弃眼前利益，追求更长久的合作，以获得长远的利益，这才是一个销售高手能力的完美体现。

以退为进，灵活机智让谈判对手"束手就擒"

一位商人带着三幅名家画作到美国出售，恰好被一位美国画商看中，这位美国人自以为很聪明，他认定：既然这三幅画都是珍品，必有收藏价值，假如买下这三幅画，经过一段时期的收藏肯定会涨价，那时自己一定会发一笔大财。于是下定决心无论如何也要买下这些名家名作。

主意打定，美国画商就问商人："先生，你的画不错，请问多少钱一幅？"

"你是只买一幅呢，还是三幅都买？"商人不答反问。

“三幅都买怎么讲？只买一幅又怎么讲？”美国人开始算计了。他的如意算盘是先和商人敲定一幅画的价格，然后，再和盘托出，把其他两幅一同买下，肯定能便宜点，多买少算嘛。

商人并没有直接回答他的问题，只是脸上露出为难的表情。美国人沉不住气了，说：“你开个价，三幅一共要多少钱？”

这位商人是—位地地道道的商业精，他知道自己画的价值，而且他还了解到，美国人有个习惯，喜欢收藏古董名画，他要是看上，是不会轻易放弃的，肯定出高价买下。并且他从这个美国人的眼神中看出，他已经看上了自己的画了，于是他的心中就有底儿了。

于是漫不经心地回答说：“先生，如果你真想买的话，我就便宜点全卖给你了，每幅 3 万美元，怎么样？”

这个画商也不是商场上的平庸之辈，他一美元也不想多出，便和商人还起价来，一时间谈判陷入了僵局。

忽然，商人怒气冲冲地拿起一幅画就往外走，二话不说就把画烧了。美国画商看着一幅画被烧非常心痛。他问商人剩下的两幅画卖多少钱。

想不到商人这回要价口气更是强硬，声明少于 9 万美元不卖。少了一幅画，还要 9 万美元，美国商人觉得太委屈，便要求降低价钱。

但商人不理会这一套，又怒气冲冲地拿起一幅画烧掉了。

这一回画商大惊失色，只好乞求犹太商人不要把最后一幅画烧掉，因为自己实在太爱这幅画了。接着，他又问这最后一幅画多少钱。

想不到商人张口竟要 12 万美元。商人接着说：“如今，只剩下一幅了，这可以说是绝世之宝，它的价值已大大超过了三幅画都在的时候。因此，现在我告诉你，如果你真想要买这幅画，最低得出价 12 万美元。”

画商一脸苦相，没办法，最后只好成交。

以退为进是谈判桌上常用的一个制胜策略和技巧，是指当推销员尝试推销被拒绝之后，与其勉强且直接反驳客户的问题，不如先转移当时的话题，让客户认为你不会再继续说服他购买，等到气氛稍有改变之后，再继续尝试促成。应用这个策略就需要推销员具备察言观色和灵活机智的右脑能力。

就像这个案例中的那位卖画的商人，他凭借对美国人习惯的了解和对这个美国人表情的观察，知道对方已经有了购买欲望。商人做出这个判断，一方面依靠的是其掌握的情况，收集到的信息，另一方面依靠的是其善于察言观色的能力。

得出这个结论后，商人知道自己在这场谈判中已经占据了主导地位，在谈判陷入僵局后，他机智地利用了美国人爱画的心理，连烧两幅画，并且抬高了原来的价格，最终迫使美国人高价成交，这就是一种典型的以退为进的策略，并且是“退一步，进两步”，于是他取得了谈判的胜利。

可见，在谈判过程中，“以退为进”往往能起到事半功倍的效果，因此，推销员如果遇到类似的情况，不妨向那位商人学习，开发自己的思考力，采用“以退为进”的策略让谈判对手“束手就擒”。

不要吃独食，让别人也赚钱

生意场上，独木不成林，合作是必然。创业之初刚刚赚到一点钱，别吃独食，让别人也赚到钱，其实这也方便了自己。

深圳有一个农村来的妇女，她没什么文化，刚到深圳时只能给人当保姆，攒了点钱后就在街边摆摊卖胶卷，一个胶卷赚一角。她认死理，一个胶卷永远只赚一角。现在她开了一家摄影器材店，生意越做越大，还是一个胶卷赚一角，市场上一个柯达胶卷卖 23 元，她卖 16 元 1 角，批发量大得惊人，深圳搞摄影的没有不知道她的。外地人的钱包丢在她那儿了，她花了很多长途电话费才找到失主；有时候算错账多收了人家的钱，她心急火燎地找到人家还钱。听起来像傻子，可她赚的钱很多，在深圳，再厉害的摄影器材商，也得乖乖地去她那儿拿货。

别人尝到甜头，自然会继续和你合作。若你一心想谋利，别人得不到任何好处，怎么还会和你来往？没有了来往，没有了合作方，还谈什么赚钱呢？

做生意最讲究人气，门庭若市就是旺铺，就能发财。因此，让别人也赚到钱，实则是树名头、立威信、结人缘的好办法，有了上述这些条件，何愁没有生意上门？

商中行善，往往会一石二鸟

胡雪岩在经商的过程中，常常会引荐前人的好方法。有一次，他听说了这样一个故事。

那是在雍正年间，京城有一家规模很大的药店，他们的药物质地好，连皇上都信得过他们，并允许他们给皇宫供药。

有一年，由于前一年是暖冬，没怎么下雪，一开春的时候，气候反常，所以在三月里的会试能不能顺利进行，就成了朝廷最为担心的事情。因为当时清廷招募考生，都是在科场号舍举行的，那里多为应付考试搭建的，里面空间狭窄，伸不开腿，也直不起腰。考生从开考到结束，三天不能出号舍，这样身体差一点的就会支撑不住，再加上天气的原因让很多考生的精神都变得委靡。

根据这一年的实际情况，那家药店赶治了一批治时气的药散，并托付内阁大臣奏明皇上，说要送给每一个考生，让他们备不时之需。雍正帝正在为会考的事情发愁，见这家药店主动为皇上解忧，自然大加赞许。于是，这家药店派专人守在考场门口，给每个考生发派药物，并且附带一张宣传单，上面印上了他们药店最有名的药物。结果，一半是因为药店的支持，另一半是由于当年考生的运气好，很少有人中场离席。由此一来，不管是中举的还是没中的，人们纷纷来这家药店买药。由于考生们来自全国各地，自此以后，全国的人都开始知道了这家药店，并且都来支持他们的生意。

只用了很少的本钱，却换来了大生意。这对于同样开药店的胡雪岩来说，是一个很好的经验，所以他效仿了这家药店的做法，也通过行善的方式，开辟出了自己的商业天地。那个时候，社会动荡，百姓流离失所，再加上战乱，瘟疫流行。而百姓又都是贫寒之人，没什么钱来买药。于是，胡雪岩就制定出了一种策略：准备大量应急的药物，施与逃难百姓被百姓们称为“胡善人”的“救命药”。胡雪岩还给曾国藩的江南大营送去了免费的药物，博得了曾国藩的好感。因为胡雪岩的行善举动，朝廷对胡雪岩赞赏有加，封他做了二品官员。而那些难民和士兵，都是来自全国各地的，为此全国的人都知道了有个“胡善人”。所以，胡雪岩的生意自然越做越好。

就事情的本身来说，胡雪岩虽然将大众的生死看得很重要，也表现出了他救世的热情，但是他更懂得宣传和舆论的重要。用现代人的眼光来看，胡雪岩送药之举，其实就是一种特殊的广告方式，而且是一箭双雕的上策。商家能够重视自己的名声，懂得行善积德，不仅可以让处于灾难之中的人受惠，更能扩大自己的名气，提升自己的影响力。这要比花大量的钱在广告的上来得更快、更早。

所以说，商中行善，绝对是一石二鸟之计。可是，很多商家看不到这其中的利害关系，宁可将大把大把的银子花在电视广告、报纸推广上，也不愿意给予受难者一点支援。其实，经商，靠的是大众的消费，只有获得了人心，才能给自己带来更大的利润。如果连一点小恩小惠都不舍得回报社会，那么受损失的也只有商家自己。

花大钱抢占黄金宝地

只有站得高才看得远，做生意也是如此。一个开在乡村里的小店，无论有多么齐全的货物，能有多少城里人会专程跑到那里买东西呢？所以做生意的目光不能只着眼于乡村，立足于身边人的需求。否则，时间久了，外面的世界流行什么，你都未必得知，自然也很难做出大生意，赚到大钱了。

这从反面证实了一个道理：做生意，必须选择一个利于生意发展的环境。信息、时尚、市场需求、优越的地理位置，都是这种环境的一部分，而在这里面，地理位置又至关重要、首当其冲。

20世纪初的上海曾号称是'冒险家的乐园”，闻名遐迩的南京路则是这一宝地中的至宝，尤其对商家来说是寸土寸金。能在南京路拥有一家店铺，不仅是商场行家的梦想，同样是生产厂家的追求，同时也是资格和品牌的需要。

为了进驻“中华第一商业街”，温州商人郑荣德的做法令人折服。

出身海岛渔家的郑荣德是一名早年闯荡上海的温商，他创建的华东电器集团近年来在上海悄然崛起，越做越大，成为上海商界的一匹活力四射的黑马。同许多温商一样，郑荣德也把进入南京路、取得商界名流资格、赢得更大效益作为自己的战略目标。为此，到了2000年5月，他又把公司总部迁居离南京路步行街仅有百米之遥的河南中路与天津路交叉口，在这里兴建了一幢颇具档次的6层办公大楼，楼面镶嵌的花岗岩使得整座大楼华贵典雅。按理说，公司现处的地段也一直是上海商业的繁华区。但在郑荣德心里，这里并不是他理想的目标，作为一名追求完美的温州企业家，入驻南京路并不是一个面子的问题，而是他整体构建自己企业规划中的一个理想目标。

2001年夏，机会终于来了，原来上海新世界集团在南京路上兴建的一幢9层大楼竣工，但该集团并不想自己经营，而打算整楼出让。在郑荣德听说这一消息之前，新世界集团的决策层刚刚透出的信息，便迅速传到了北京、广东等地，当时即已有人闻讯而至，与新世界集团交涉，谈判了不知多少次。由于新世界集团知道这幢9层大楼占据了南京路的要津，因而待价而沽，并不着急。郑荣德知道这一消息后，立即与新世界集团决策层进行接触，而后召集自己公司的决策要员，共商购楼大计，并做好了充分的思想准备，拟出了几套预案。

郑荣德当然知道上海新世界集团的意图，也知道这幢9层大楼所具有的价值，因而舍得动真格，敢出别人不忍出的大价钱。根据郑荣德的请求，新世界集团同意与华东电器集团洽谈出让事宜，但他们准备不足，原想不过是双方熟悉一下，交换一下彼此的条件，以后的谈判还会旷日持久，同时他们也对成交并不抱太大的希望，因为以往的谈判对手都很难接受他们开出的价码。而在“华东电器”一方，郑荣德的购楼之意却是一腔至诚。

知己知彼方能百战不殆。为了首场谈判便能成交，缩短交涉过程一锤定音，断了其他同样看中这幢大楼的竞争对手的念想，使这幢大楼自此成为华东电器集团所有，郑荣德早已从各方面将新世界集团开列的条件打听明白了。当双方见面、坐下寒暄过后，郑荣德便开门见山地将一份条款十分详尽的购楼意向书交给对方，显示了自己的真诚。“新世界”方没有想到郑荣德竟如此爽快，因而也爽快地公开了自己的售出底线，未经几番口舌，双方便在90分钟的谈判中结出正果：以3亿元的楼价签约成交。

郑荣德终于花大价钱进驻南京路，虽然3亿元对一个民营企业来说不是小数目，但在郑荣德看来，南京路本身就是一个名牌，能在这里经营自己的公司和产品，对于打出自己品牌就是一个巨大的优势。

在军事上，据关守险，占据最高点，将是获得胜利的一大保障；在商业中，抢占最好的商业区域，是商人在激烈的商战中占据优势的一大法宝。对于商人来说，在一个地方做生意，一定会选择最有利的铺位：开工厂的，要选择交通便利、工业繁忙的地段；开商铺的，要选择人群辐辏、商业繁荣的地方。这就是抢占制高点。但要进军先进的市场，买下旺楼铺，得花大钱，而且是一分价钱一分货，舍不得孩子套不住狼，大本钱有大收益，舍不得投资怎能赚钱！因此，凡是有经商意识的商人是舍得花大钱来抢占上海、北京等大都市的经商宝地的。

想赚钱，外来和尚就要念本地经

到什么山上唱什么歌，人在商场，就得按照商场的游戏规则做生意——入乡随俗，量体裁衣。

俗话说，“强龙压不过地头蛇”，即使你有天大的本领、再多的本钱，如果不懂“入乡随俗”的礼节，那么亏掉本钱的不是别人，而是你！虽然外来的和尚会念经，但只有念本地经才是最明智的选择，才能赢得财富！

目前，世界上最大的华人眼镜连锁集团就是宝岛眼镜集团，该集团也是眼镜行业最早上市的公司之一。现在，执行董事王智民的主要任务就是拓展大陆市场。凭着多年来积蓄的实力，无论是从集团管理还是店面经营，甚至人事培训等方面，王智民都已经有了很成熟的经验，但是，这些经验模式拿到大陆市场上未必全都奏效。毕竟，中国大陆地域的辽阔、消费的差异甚至开放的程度与中国台湾都有很大差别。为了寻找一个突破口，王智民决定在武汉、天津、厦门各开一家眼镜店，也就是在华中、华北、华南各建立一个试点。

在大陆创业不久，令王智民头疼的问题就来了：中国台湾的医学院早已有了专门的视光学系，所以在“旧宝岛模式”中并不需要企业自己来培养专业人才。而在大陆不同，合适的专业人才很少，他们必须自己建立一套培训体系。对任何企业来说，建立一套培训体系都需要花费大量的人力、物力。王智民在这一点上相当坚持，始终秉承着父辈创业时“用专业的心，做专业的事”的理念，即使把大部分精力都花在培训上也在所不惜。于是，对每个新进的员工，宝岛都要花相当长的一段时间对其进行专业培训，合格后才能上岗。时至今日，当眼镜行业慢慢规范起来的时候，当很多不正规的眼镜店相继因为人才缺乏而退出市场的时候，宝岛眼镜的后劲就显现出来了。

在大陆创业取得成功后，三智民感慨道：“在大陆考察我发现，大陆的市场地区性差异实在是太大了，不仅仅是南方市场和北方市场的消费习惯的差异，还有更多的是地方性政策的差异。所以，现在我们的管理模式基本上 80% 已经是成形的，但是另外的 20% 永远没办法突破。因为每到一个新的城市，就必须在原有的管理基础上作 20% 的改动以适应当地的市场环境，这 20% 永远是不可预知的，也是必须重新学习的。这是几年来宝岛眼睛在国内发展所总结出来的经验。”

一个善于经商的人一定要懂得到什么山上唱什么歌，因为市场是千变万化的，诸如政策、货源、销售、价格、天气等，都是经常会变化的。市场上的动态，随时会影响经营者的生意，打乱你原先的计划。因此，经营者必须随机应变，根据当时当地的实际情况，采取应急措施，减少损失，挽回败局。

开辟一个新市场，无论它在内地也好，海外也好，抑或国内的某个省市，首先要了解当地的民俗民情，了解市场、投群众所好，根据消费者的需求开发新产品、建立新的营销渠道，绝不可拿相同的经营策略运用于新市场，否则，不仅不能赢利，甚至会赔了老本，可谓“赔了夫人又折兵”！

商场如战场，刀枪本无情，如果一个人在作战的中途倒下，则显示其生存的条件不够。而善于经商的特点就是头脑活，能准确地根据市场变化作出相应的调整，绝不在一种策略上吊死。

“迟人半步”PK“抢先一步”：慢者为王

生意场上，谁能抢先一步获得信息、抢先一步做出应对，谁就能捷足先登、独占商机。但是，速度太快易忙中出错，“抢”错了方向，“抢”错了时机，结果“赔了夫人又折兵”。有时，放慢脚步，比别人晚点行动，更易接近成功。

商场如战场，这句话在哪个时代都是真理，尤其在竞争异常激烈的现代社会。为了抢占市场份额，“掏空”消费者的钱包，精明的商人总是想尽办法快人一步。在他们看来如今比拼的就是速度，“快鱼吃慢鱼”“抢占先机”是竞争获胜的不二法则。但是，任何事情都是辩证的，有时候反其道而行之，主动采取“迟人半步”的策略，也能在商战中克敌制胜。

在中国企业界，有一个“敢为天下后”的高手，他就是段永平。

1995 年，段永平辞职下海，并于当年 9 月在东莞市创立广东步步高电子工业有限公司。在公司成立次年，段永平就出手 8200 万元夺得中央电视台一个黄金时段，以“股市又升了”这个广告拉动其无绳电话夺得全国市场份额第一名；在 1998 年和 1999 年央视的广告竞标中，步步高分别以 1.59 亿元和 1.26 亿元成为“标王”。当其他“标王”纷纷落马时，段永平还成功打造了另一个品牌“小霸王”。

段永平的营销能力得到广泛推崇，人们把他营销手法的特点概括为“敢为人后”。“敢为人后”，就是甘心做跟随者，只进入成熟的市场，重视并利用先行者的经验，遵循他们已经采用的模式，自己不轻易进行新的尝试，以降低风险。

步步高是在 VCD 竞争最激烈的时候进入该领域的，很多人说这是夕阳产业，段永平则认为夕阳无限好，人多的地方往往最安全，虽然失去了市场先机，但有了前车之鉴，可以做得比先行者好。

先行者有些常见病，比如往往只注重打广告。段永平则会将该做的事情做好，在开拓市场时，做好每一个环节的工作，广告只是营销的一个环节，服务、品质等环节也要与之匹配。

步步高吸取的另一个教训是在多元化的问题上非常谨慎，段永平将自己定位为中小企业，不设“做中国的松下”这样的目标。

不仅是段永平，很多人在刚刚创业时都不具备“先人一步”的实力，更多的人是技术力量淡薄、资金不雄厚、技术人才缺乏。与其花费人力、财力、物力去盲目地和大企业争夺市场份额，不如在大企业占有“大市场”后，把自己定位为拾遗补缺的角色，占领相对稳定的“小市场”，从而脚踏实地地一步步发展自己。像这样成功的小企业，着重于赢利和拾遗补缺，而不是不自量力与大企业争夺市场份额，这对避免大企业的打压很有好处。另外，尽管少企业的市场占有率远远不及大企业，但利润率不见得低，甚至有可能超过大企业。

再者，主动迟人半步，可以让我们更清楚地看清竞争对手的弊端，趁机秀出自己。例如，在洗衣机市场上，海尔公司在开发新产品上念的就是“慢”字经，总跟在别人后面走。先静观市场，然后运用高新技术攻人之短。海尔连续推出了洗衣、脱水、烘干功能三合一的玛格丽特全自动洗衣机、小神童电脑波轮式全自动洗衣机等新品种，畅销全国。

总之，迟人半步不是消极等待，而是一种从实际出发的理性态度，是对自己与竞争对手之间存在的差距进行科学分析后作出的明智选择。从先行者的产品中吸取优点和长处，然后改正其缺点，在市场上唱出后发制人的好戏来。事实证明，有时采取“迟人半步”的策略，要比采纳“抢先一步”的战略富得快、赚得多。

第十章

舍得之道，职场上的付出与收获

舍得投入，职场的充电投资“经”

在现代社会中，科学技术发展迅速，大学生就业剩余，各个行业用人趋向饱和，这使得职场的竞争变得越来越残酷。工作中不断地注入新的内容和活力，要求我们必须不断学习和更新职业技能。

所以，我们只有不断对自己进行“充电”，随时更新自己的文化水平，不断地掌握新技术来改进和发展自己的职业生活，才有机会在激烈的“人才竞争”中占据永不落后的一席之地。

美籍华人李玲瑶在学生时代就好学上进，加上其开朗的性格，所以常受到师长的欣赏和同学的拥戴，并常被邀请去电台、电视台主持节目。台湾一家著名杂志称她为“美得耀眼的女生”。中美尚未建交期间，她在华盛顿担任全美华人协会华盛顿分会负责人。1979 年，邓小平访美时，她和杨振宁一样，是接待小组成员；中美建交仪式上，她是少数被邀请到白宫观礼的华人代表之一；在中美建交华人庆祝大会上，李玲瑶担任大会司仪。

在美国读完计算机学位后，她在硅谷做了八年的资深电脑分析员。1980 年，她决定开创自己的事业，在硅谷创办公司。不到两年，她实现了自己的第一步目标，成为百万富翁。同时，公司也从高科技领域扩展到房地产和进出口贸易领域，并在北京、香港等地建立了办事处。此时的李玲瑶从一个纯粹的文化人发展成为一个干练的企业家。

这时，她感觉到自己在经济理论方面的不足。于是，在她 48 岁的时候，她重新进入学校学习，每次上课都坐在第一排的正中间，从不落一次课，认认真真做每一份习题论文。

同时，李玲瑶还自学了经济学本科方面的所有课程，硕士加博士的 5 年，她读完了经济学 9 年的课程之后，又上北大学习，并戴上了北大博士帽，她的事业也越来越成功。

在工作的黄金时期，往往是压力最大的时期。因为你不仅要在原来的基础上提升自己，更要为以后的发展做好打算。这个时候，如果我们一直依靠以前积累的知识和技术，是很难应对不断发展的社会环境，也不会满足对生活的高要求的需要。

因为如果你停滞在原有的知识储备和技术储备的基础上，你就始终会在原来的工作位置上打转，不会有提升的空间。可是随着我们工作年头的增加，原来的工作岗位已经不能满足我们心理的需要了，我们会希望有更高的进步，更大的提升。所以，只有不断地给自己的大脑进行充电，适时的做好头脑的补充，我们才能向着理想的生活迈进。

那么,我们应该怎样给自己“充电”呢？自我“充电”的内容应包括以下几个方面:

1. 加强职业道德修养

也许你并没有认识到这一点，职业道德修养是职业活动的基础，也是自我完善的必由之路。它是从业人员根据职业道德规范的要求，在职业意识、职业情感、职业理想和行为等方面的自我教育、自我培养、自我锻炼和自我改造，它可以提高自己的道德素质，不断克服错误思想的职业意识。可以说，职业道德修养的过程，是使自己在职业道路的阶梯上不断攀登的过程。

2. 不断学习科学文化知识

在当代科学技术日益成为生产力重要因素的情况下，缺少文化技术知识，不可能成为一个合格的职业人才。在工作中，即使我们大学毕业了，有了职称和工作业绩，也只能表明过去。每个人在职业活动中的能力，基本上取决于对高新文化技术知识的掌握和运用程度。

3. 注重提高职业操作技能

任何职业活动都是由一定的职业操作技能联结成的，提高职业操作技能就等于提高了职业活动能力。你可以通过学徒、实验、参加比赛等形式，不断提高本职业的基本操作技能，并达到较高的熟练程度，以顺利地完成本职工作任务。

4. 掌握职业生活技巧

任何一种成功的职业活动中，都包含着职业科学成分，如怎样进行职业保健，怎样能成才，怎样能解除职业生活中的种种困扰等，都存在方法和技巧问题。懂得技巧就可能使职业生活变得丰富而有活力，否则，就难免走弯路，甚至导致职业生活失败，所以，我们不能忽视对职业生活技巧的学习和运用。良好的技巧能够弥补很多缺憾和不足，有助于在理想的职业领域大显身手。

现在的企业裁员闹得越来越严重。对于职场中的我们来说，想要保住饭碗，更不能坐吃老本，不注意知识的积累。只有不断对自己进行“充电”，丰富自己的头脑，我们才有机会在职场竞争中始终立于不败之地。

忍耐是成就事业的必需

《忍经·骂如不闻》记载：富文忠公年少时，有骂者，如不闻。人曰："他骂汝。"公曰："恐骂他人。"又告曰："斥公名云富某。"公曰："天下安知无同姓名者？"意思是：富弼年少时，有人骂他，他就像没有听见一样。有人告诉他说："他在骂你。"富弼就说："他恐怕在骂其他人吧。"那个人又告诉他："他指名道姓地骂你呢。"富弼说："难道天下就没有同名同姓的人吗？"

有人说中国人最擅长"忍"术，这是几千年文化积淀下来的民族心理习惯。但是"忍"并不是懦弱，也不是毫无原则的退让，而是对很多事不较真。古人说："水至清则无鱼，人至察则无徒。"在一些小事上没有必要处处斤斤计较，这是一种对生命的领悟，以及对人生的豁达。其实，人活在世上难免会受到各种不公正的待遇。那种期待老天爷公正无私的想法是童年的梦话——就算上天是公平的，还有他打盹、偷懒的时候呢。所以，对于很多事不要太过计较，要保持一种洒脱的心态。

一位西方学者曾经说过："忍耐和坚持是痛苦的，但它逐渐给你带来好处。"人要获得某方面的成就，必须学会忍耐，从某种程度上说，忍耐是成就一项事业的必需。

山里有座寺庙，庙里有尊铜铸的大佛和一口大钟。每天大钟都要承受几百次撞击，发出哀鸣。而大佛每天坐在那里，接受千千万万人的顶礼膜拜。一天夜里，大钟向大佛提出抗议说："你我都是铜铸的，可是你却高高在上，每天都有人对你顶礼膜拜，献花供果，烧香奉茶。每当有人拜你之时，我就要挨打，这太不公平了吧！"

大佛听后微微一笑，安慰大钟说："大钟啊，你也不必羡慕我，你知道吗？当初我被工匠制造时，一棒一棒地捶打，一刀一刀地雕琢，历经刀山火海的痛楚，日夜忍耐如雨点落下的刀锤……千锤百炼才铸成佛的眼耳鼻身。我的苦难，你不曾忍受，我经历过难忍的苦行，才坐在这里，接受鲜花供养和人类的礼拜！而你，别人只在你身上轻轻敲打一下，就忍受不了了！"大钟听后，若有所思。忍受艰苦的雕琢和捶打之后，大佛才成为大佛，钟的那点捶打之苦又有什么不堪忍受的呢？

事实上，不光学佛需要行"忍"，一切成就也都来源于忍。孔子的克己复礼是忍耐，他的思想至今在人间散发着理性的光芒，成为众人提倡的奉行之本。刘邦在取得汉中后广积粮、高筑墙、缓称王是忍耐，终成一代帝业；项羽急不可待，最终却是霸王别姬，饮恨乌江。韩信甘愿受胯下之辱是忍耐，司马迁遭受宫刑著《史记》是忍耐。

职场中人要有更大的忍耐之心，技术的修炼需要忍耐辛劳，职场的升迁需要忍耐寂寞，学会忍耐，才能在事业上取得一个个成功。

放弃忠诚就等于放弃成功

忠诚是员工的立身之本。一个禀赋忠诚的员工，能给他人以信赖感，让老板乐于接纳，在赢得老板信任的同时更能为自己的发展带来莫大的益处。相反，一个人如果失去了忠诚，就等于失去了一切——失去朋友，失去客户，失去工作。从某种意义上讲，一个人放弃了忠诚，就等于放弃了成功。

一个人任何时候都应该信守忠诚，这不仅是个人品质问题，也会关系到公司的利益。忠诚不仅有道德价值，而且还蕴涵着巨大的经济价值和社会价值。尽管现在有一些人无视忠诚，利益成为压倒一切的需求，但是，如果你能仔细地反省一下，你就会发现，为了利益放弃忠诚，将会成为你人生中永远都抹不去的污点，你将背负着这样一个十字架生活一辈子。

李克是一家公司的业务部副经理，刚刚上任不久。他年轻能干，毕业短短2年就能够有这样的业绩也算是表现不俗了。然而半年之后，他却悄悄离开了公司，没有人知道他为什么离开。李克在离开公司之后，找到了他原来关系不错的同事彼得。在酒吧里，李克喝得烂醉，他对彼得说："知道我为什么离开吗？我非常喜欢这份工作，但是我犯了一个错误，我为了获得一点儿小利，失去了作为公司职员最重要的东西。虽然总经理没有追究我的责任，也没有公开我的事情，算是对我的宽容，但我真的很后悔，你千万别犯我这样的低级错误，不值得啊！"彼得尽管听得不甚明白，但是他知道这一定和钱有关。后来，彼得知道了，李克在担任业务部副经理时，曾经收过一笔款子，业务部经理说可以不下账了："没事儿，大家都这么干，你还年轻，以后多学着点儿。"李克虽然觉得这么做不妥，但是他也没拒绝，半推半就地拿了5000美金。当然，业务部经理拿到的更多。没多久，业务部经理就辞职了。后来，总经理发现了这件事，李克就不能在公司待下去了。

彼得看着李克落寞的神情，知道李克一定很后悔，但是有些东西失去了是很难弥补回来的。李克失去的是对公司的忠诚，他还能奢望公司再相信他吗？

事实上，无论什么原因，只要你失去了忠诚，就失去了人们对你最根本的信任。不要为自己所获得的利益沾沾自喜，其实仔细想想，失去的远比获得的多，而且你所获得的东西可能最终还不属于你。相反，如果你在工作中一直坚持忠诚的原则，忠于公司，你必将获得老板的赏识和众人的尊敬。

著名管理大师艾柯卡，受命于福特汽车公司面临重重危机之时，他大刀阔斧进行改革，使福特汽车公司走出危机。福特汽车公司董事长小福特却对艾柯卡进行排挤，这使艾柯卡处于一种两难境地。但是，艾柯卡却说："只要我在这里一天，我就有义务忠诚于我的企业，我就应该为我的企业尽心竭力地工作。"尽管后来艾柯卡离开了福特汽车公司，但他仍对自己为福特公司所做的一切感到欣慰。"无论我为哪一家公司服务，忠诚都是我的一大准则。我有义务忠诚于我的企业和员工，到任何时候都是如此。"艾柯卡说。正因为如此，艾柯卡不仅以他的管理能力折服了其他人，也以自己的人格魅力征服了别人。无论一个人在组织中是以什么样的身份出现，对组织的忠诚都应该是一样的。我们强调个人对组织忠诚的意义，就是因为无论是组织还是个人，忠诚都会使其得到收益。

对自己的期望要比老板对你的期望更高

假如老板的周围缺乏主动工作者，你如果具有强烈的主动工作精神，你自然能得到重视，受到重用。

如果只有在别人注意时才有好的表现，那么你永远无法达到成功的顶峰。最严格的表现标准应该是由自己设定的，而不是由别人去要求的。如果你对自己的期望比老板对你的期望高，那么你无须担心会失去工作。同样，如果你能达到自己设定的最高标准，那么升迁晋级也将指日可待。

有三个人到一家建筑公司应聘，经过一轮又一轮的考试，最后他们从众多的求职者当中脱颖而出。公司的人力资源部经理对他们说了一句"恭喜你们"，然后将他们带到了一处工地。

工地上有三堆散落的红砖，乱七八糟地摆放着。人力资源部经理告诉他们，每人负责一堆，将红砖整齐地码成一个方垛，然后他在三个人疑惑的目光中离开了工地。A对B说："我们不是已经被录用了吗？为什么将我们带到这里？"B对C说："我可不是应聘这样的职位，经理是不是搞错了？"C说："不要问为什么了，既然让我们做，我们就做吧。"然后带头干起来。A和B同时看了看C，只好跟着干起来。还没完成一半，A和B明显放慢了速度，A说："经理已经离开了，我们歇会儿吧。"B跟着停下来，C却一直保持着同样的节奏。

人力资源部经理回来的时候，C只有十几块砖就全部码齐了，而A和B只完成了三分之一的工作量。经理对他们说："下班时间到了，下午接着干。"A和B如释重负地扔掉了手中的砖，而C却坚持到把最后的十几块砖码齐。

回到公司，人力资源部经理郑重地对他们说："这次公司只聘任一位设计师，获得这一职位的是C。"A和B迷惑不解地问经理："为什么？我们不是通过考试了吗？"经理说："想想你们刚才的表现明白为什么了。"作为最后一次考试的临考官，经理在远处看得清清楚楚。

能够主动工作的员工，在任何地方都能获得成功。那些消极、被动地对待工作，在工作中寻找种种借口的员工，是不会受到公司欢迎的。

我们经常会发现，那些被认为一夜成名的人，其实在功成名就之前，早已默默无闻地努力工作了很长一段时间。成功是一种努力的积累，不论何种职业，想攀上顶峰，通常都需要经过漫长时间的努力和精心的规划。

比别人多做一点，收获大不同

生性懒惰，却还想得道成仙，这无疑是异想天开。懒惰不改，要想获得成功，必定会碰壁的。

很多人想找一条通向成功的捷径，当众里寻他千百度之后，发现"勤"字，是成大事的要诀之一。

天道酬勤。没有一个人的才华是与生俱来的，在成功的道路上，除了勤奋，是没有任何捷径可走的，在每个成功者的身上，都可以看到勤劳的好习惯。

鲁迅说得更清楚："其实即使天才，在生下来的时候第一声啼哭，也和平常的儿童一样，绝不会就是一首好诗。""哪里有天才，我是把别人喝咖啡的工夫用在工作上。"

笨鸟先飞，尚可领先，何况并非人人都是"笨鸟"。勤奋，使青年人如虎添翼，能飞又能闯。

任何事情，唯有不停前进方可有生命力。在这个竞争激烈的世界里，人才云集，竞争对手强大。快节奏的生活、高度的竞争又时刻令人体会到一种莫大的压力，潜移默化地催人上进。

成功的得来可不像老鹰抓小鸡那样容易，而是勤奋工作得来的。只有辛勤的劳动，才会有丰厚的人生回报。即使给你一座金山，你无所事事，也总有一天会坐吃山空的。传说中的点石成金之术并不存在，而在劳动中获得财富才是最正确的途径。

你想拥有金子，最好的办法是辛勤的耕耘。

人生是一个充满谜团的过程。在这个过程中，会有许许多多令人悲欢离合、喜怒哀乐的事情，也会有许多意想不到却又似乎是上天特意考验我们的事情出现。在这些事情的考验下，有的人充实而成功地走完了这一过程，有的人却相反，在遗憾中随风逝去。

我们每一个健康生活的人都希望自己能够走向成功，都想在成功中领略人生的激动，而成功又不是轻易予人的。

那些形成了工作习惯的人总是闲不住，懒惰对他们来说是无法忍受的痛苦。即使由于情势所迫，不得不终止自己早已习惯了的工作，他们也会立即去从事其他工作。那些勤劳的人们总是很快就会投入到新的生活方式中去，并用自己勤劳的双手寻找、挖掘出生活中的幸福与快乐。要享受成功的幸福，首先要付出你的辛劳汗水，只有这样，你才会收获耕耘的快乐。

理解同事能够增加好感

人与人之间能相互理解是建立友谊的基础，没有理解就不可能博得对方的好感。理解是融洽的前提，没有理解双方在交往中就很难达成共识，也就很难找到双方的共鸣点。在物欲横流的当今社会中，人与人之间真诚的关心最容易使人产生好感。尤其是在工作中，同事之间的关系微妙复杂，有好也有坏。如果在工作中能够对同事多些理解，那么我们的工作关系就会融洽许多。尤其是当同事在生活或工作中遇到困难时，我们若能以亲人般的热情去帮助他们，真诚回报的效果是相当明显的。只有怀着深切的关心，抱着与人为善的态度，才能带来感情上的一致，使对方从心里感到安慰。所以，当有的同事喋喋不休地向你倾诉烦恼时，虽然枯燥无味，但你也应以充分理解的态度认真倾听，给予精神上的支持，学会分担别人的痛苦和烦忧。

那种事不关己，高高挂起，既不与同事分享快乐，也不为别人分担痛苦的人，是缺乏道德修养和极端自私的。

每个人在工作中都会碰到各种事情，对那些与自己有密切工作关系的同事，我们尤其要学会理解他们。例如，在某个场合，你与同事因工作中的事情发生了摩擦，或者是同事冒犯了你的自尊心，你千万不可耿耿于怀或伺机报复。也许，那位同事因别的原因心情不好，正巧迁怒于你。所以，对同事间的合理“冲撞”不必大惊小怪，只要无损于自己的人格，完全可以退一步海阔天空。

同事之间相处久了，相互之间都比较了解，如性格、爱好等。

随着时间的推移如果大家志趣相投，双方就容易建立深厚的友谊。而有的人觉得与某些同事性格不合，于是就采取疏远的做法，这是不明智的。小张参加工作后，单位有一中年妇女经常莫名其妙地向他发脾气，他经过了解才得知她正处于女性更年期。于是，小张从心里理解、原谅她，处处谦让她，使她深受感动，逢人便夸小张是一个好青年。所以，“真诚的理解和同情是有效的良药”，它医治的不仅是人们精神上和心理上的病痛，而且还会为今后的友好相处打下牢固的基础。

在工作中，遇到不善合作的同事，首先要冷静，要善于理解、体谅别人的情绪。比如，有的同事生性敏感，遇有不顺心的事便发作起来，其实，他并不单单冲你而来，你冷静想想，事后自然会风平浪静。

相互理解不仅仅能够消除与同事的隔阂矛盾，更会使你赢得好人缘，增加对你的好感，从而有利于在职场中的生存与发展。

在工作中，要主动与老板沟通

主动与老板沟通，一方面会促进上司对你的了解，另一方面会让上司感到你对他的尊重，当机会来临时，上司首先想到的自然便是你了。

李明供职于一家广告公司，公司百多号人里有不少资深人士，可谓人才济济，他在这里没有特殊的优势。但是李明的工作很踏实，不仅能像其他同事那样把老板交代的任务按时按质完成，还喜欢琢磨本职工作之外的事儿。因此经常是下班后同事走了，他还在办公室里找事做。

一天，当老板关上门经过他的门口时，看到他还在，便打了一声招呼，李明便与老板聊上了。话题转到工作上，李明谈到了广告策划、内容制作以及经营等方面的想法，其中不乏对当前广告策划工作的建议。

自然，李明引起了老板的关注，于是老板主动找李明聊工作以外的话题。虽说下属中不乏人才，可在做完自己的工作之余还这么关心公司发展的却很少见。渐渐地，老板对李明另眼相看，觉得他会是一个得力的助手，于是任命李明做自己的助理。

李明的晋升原因在于：他不是被动地接受上司交给的任务，而是在工作中与上司更多地沟通，让上司明白自己不仅能做好本职工作，还可以接受更多更重要的工作，具有一种领导的潜质。

懂得主动与老板沟通的员工，总能借沟通的渠道，更快更好地领会老板的意图，把自己的好主意、好建议潜移默化地变成老板的新思想，并把工作做得近乎完美，所以深得老板的欢心。

在人才辈出的现代组织中，信守“沉默是金”者，无异于慢性自杀，虽有正确的工作态度和工作效果，这充其量也只能让你维持现状。一般说来，脱离上司，与上司接触少、缺少沟通的大致有以下几种人：一种是恃才自傲，孤芳自赏，不愿甚至是不屑与上司接触及沟通的人；一种是只知道埋头苦干、老实正直，害怕与上司接触会引来闲话的“老黄牛”；一种是沉迷于具体的事务，缺乏与上司接触机会的人；一种是专业水平比较低，没什么机会担当重任的人。这些人往往都得不到上司的赏识。脱离上司，缺乏与上司沟通，不在上司的视线范围内，就有可能丧失担当重任的机会。丧失表现的机会，将会给自己的发展带来许多的不利。脱离上司可说是一种对自己的前程和发展不负责的态度和行为。

要想得到上司的赏识，做上司的“圈内人”，就需要平时多与上司交往。接触上司的渠道有许多，需要积极去创造。要想达到与上司心往一处想，劲往一处使的境界，作为下属就必须加强与上司的沟通，增进相互之间的了解。

尽职尽责是晋升的跳板

一个年轻人想要成功，必须标新立异，干出一些不同寻常的事情来。怎样才能干出不寻常的事情来？靠的是什么？就是你的责任感。责任感可以让一个职位低微、身无长物的小职员成为老板眼中的“重磅员工”。

例如，一个主管过磅称重的小职员，也许会因为怀疑计量工具的准确性而提出质疑，计量工具因此得到修正，从而为公司挽回巨大的损失，尽管计量工具的准确性属于总机械师的职责范围。正是因为有责任感，他才会得到别人的刮目相看，并获得一个脱颖而出的好机会。如果他没有这种责任意识，也就不会有这样的机会了。成功就来自责任。

林是一名刚刚走出校园的大学生，他到一家钢铁公司工作还不到一个月，就发现很多炼铁的矿石并没有得到充分的冶炼，一些矿石中还残留着没有被冶炼充分的铁。如果这样下去的话，公司会有很大的损失。于是，他找到了负责这项工作的工人，跟他说明了问题，这位工人说：‘如果技术有了问题，工程师一定会跟我说，现在还没有哪一位工程师向我说明这个问题，说明现在没有问题。”林又找到了负责技术的工程师，对工程师说明了他看到的问题。工程师很自信地说："我们的技术是世界上一流的，不可能存在这种问题。"工程师并没有把他说的看成是一个很大的问题，还暗自认为，一个刚刚毕业的大学生，能明白多少，不会是因为想博得别人的好感而表现自己吧。

但是林认为这是个很大的问题，于是拿着没有冶炼充分的矿石找到了公司负责技术的总工程师，他说："先生，我认为这是一块没有冶炼充分的矿石，您认为呢？"

总工程师看了一眼，说："没错，年轻人，你说得对。哪来的矿石？"

林说："是我们公司的。"

"怎么会？我们公司的技术是一流的，怎么可能会有这样的问题？"总工程师很诧异。

"工程师也这么说，但事实确实如此。"林坚持道。

"看来是出问题了，怎么没有人向我反映？"总工程师有些发火了。

总工程师召集负责技术的工程师来到车间，果然发现了一些冶炼并不充分的矿石。经过检查发现，原来是监测机器的某个零件出现了问题，才导致了冶炼的不充分。

公司的总经理知道了这件事之后，不但奖励了林，而且还晋升他为负责技术监督的工程师。总经理不无感慨地说："我们公司并不缺少工程师，但缺少的是负责任的工程师，这么多工程师就没有一个人发现问题，并且有人提出了问题，他们还不以为然。对于一个企业来讲，人才是重要的，但是更重要的是真正有责任感和忠诚于公司的人才。"

林从一个刚刚毕业的大学生晋升为负责技术监督的工程师，可以说是一个飞跃，他获得工作之后的第一步成功就是来自于他对工作的一种强烈的责任感，他的这种责任感让领导者认为可以对他委以重任。

作为一个雇员，如果你能对工作有一种强烈的责任感，那么你肯定是一个容易成功的人。因为由于你的责任感和不断的努力，公司才得到了长足的发展，作为老板，最先奖赏的自然就是你。你为公司付出你的责任感，公司当然也会对你的发展负责。你将会得到老板的赏识，这样你自然就能脱颖而出了。

"黑锅"也可能带来提拔的机会

中国人酷爱面子，视尊严为珍宝，有"人活一张脸，树活一张皮"的说法，尤其做上司的更爱面子。作为上司，若不慎做了错误的决定或说错了什么话，如果下属直接指出或揭露上司的错误，无疑是向他的权威挑战，会让他觉得很没有面子，会损害他的尊严，刺伤他的自尊心。这时候，最聪明的做法就是主动把错误承担起来，给你的上司一个台阶下。

在某机关中就曾出现过这样一件事。部里下达了一个关于质量检查的通知后，要求各省、地区的有关部门届时提供必要的材料，准备汇报，并安排必要的人下基层厂矿检查。某市轻工局收到这份通知后，按惯例是先经过局办公室主任的手，再送交有关局长处理。这位局办公室主任看到此事比较急，当天便把通知送往主管的某局长办公室。当时，这位局长正在接电话，看见主任进来后，只是用眼睛示意一下，让他放在桌上即可。于是主任照办了。然而，就在检查小组即将到来的前一天，部里来电话告知到达日期，请安排住宿时，这位主管局长才记起此事。他气冲冲地把办公室主任叫来，一顿呵斥，批评他耽误了事。在这种情况下，尽管办公室主任深知自己并没有耽误事，真正耽误事情的正是这位主管局长自己，可他一句反驳的话也没有说，而是老老实实地接受批评。事过之后，他又立即到局长办公室里找出那份通知，连夜加班加点、打电话、催数字，忙了一个通宵，总算把所需要的材料准备齐整。此事过后，那位主管局长也愈发看重这位忍辱负重的好主任了。

能主动为上司揽过，既是一种胸襟，更是一种在职场上生存的必备智慧。一般来说，在上司正确的情况下，下属对他表现出应有的尊重，这点比较容易做到。但是，假如觉得上司错了，一般下属的心里就憋不住气，想和上司理论一番，甚至直接指出他的过失。特别是当上司明显是想把自己的过错硬安到你的头上，甚至想让你当替罪羊时，你可能很难继续保持绅士风度。这样，上司虽然在心里认为你可能是对的，甚至事先他就知道你是对的，但因为面子上挂不住，一定会把你视为一个“不识抬举”的可恶刺头，从而不给你晋升加薪的机会。

古今中外，没有哪个人不受虚荣心的奴役，即使上司做错了你也要尊重他，而不是攻击和责难。如果你总是这样替上司背黑锅的话，那么上司心里就会对你有好感。即使有的“黑锅”你背不起，甚至有可能影响到你的前程，必须找上司说清楚的时候，你也要把建议裹上糖衣迂回地送给上司，万不可失去理性地鲁莽“进谏”，触动上司的逆鳞，那么受伤的只会是你自己。

让出功劳，才能平步青云

三国时的许攸，本来是袁绍的部下，虽说是一名武将，却足智多谋。官渡之战时，他为袁绍出谋划策，可袁绍不听，他一怒之下投奔了曹操。曹操听说他来，没顾得上穿鞋，光着脚便出门迎接，鼓掌大笑道：“足下远来，我的大事成了！”可见此时曹操对他很看重。

后来，在击败袁绍、占据冀州的战斗中，许攸又立了大功，他自恃有功，在曹操面前便开始放肆起来。有时，他当着众人的面直呼曹操的小名，说道：“阿瞒，要是没有我，你是得不到冀州的！”曹操在人前不好发作，只好强笑着说：“是，是，你说得没错。”但心中已十分嫉恨，许攸并没有察觉，还是那么信口开河。

有一次，许攸随曹操进了邺城东门，他对身边的人自夸道：“曹家要不是因为我，是不能从这个城门进进出出的！”

曹操终于忍耐不住，将他杀掉。

不管你的功劳有多大，你如果只是一个下属，千万不能在众人，尤其是上司的面前，夺了上司的“光芒”，否则你也会像许攸一样遭人摒弃。

许多上司最看不上那些自吹自擂的人，有了一点点成绩，就心高气傲，不思进取，这样的人是不会得到提拔和重用的。所以，下属与上司相处时，一定要掌握分寸。

尽管有时上司在某一方面确实远不如你，作为下属的你还是要十分注意。在你与上司当面说话的时候，不要咄咄逼人，不要冷嘲热讽；背地里说话也不要评头论足；更不要让上司当众出丑，如芒在背。要知道这些都是蔑视上司的行为，你很容易被上司认为是一个恃才傲物和喜欢顶撞权威的人，从而不信任你。

所以，在职场中，不管你才高几斗，不管你有多大功劳，学会在领导面前低头，将功劳让给上司，你将受益无穷。

好的东西，每一个人都喜欢；越是好吃的东西，越是舍不得给别人，这是人之常情。要是你有远大的抱负，不要斤斤计较成绩的取得究竟你占有多少份，而应大大方方地把功劳让给你身边的人，特别是让给你的上司。这样，做了一件事，你感到喜悦，上司脸上也光彩，以后，上司少不了再给你更多建功立业的机会。否则，如果只会打眼前的算盘，急功近利，则会得罪身边的人，将来一定会吃亏。对上司让功一事绝不可到处宣传，如果你不能做到这一点，倒不如不让功的好。对于让功的事，让功者本人是不适合宣传的，自我宣传总有些邀功请赏、不尊重上司之嫌，千万使不得，你让功的事只能由被让者来宣传。虽然这样做有点埋没了你的才华，但你的同事和上司总有机会设法还你这笔人情债，让你获得更多。

因此，做善就要做到底，不要让人觉得你让功是虚伪的。

将自己的功劳归成上司的，把本该属于自己的镜头悄悄地让给上司。擅长处理上下级关系的人，都会将自己的功劳淡化，不显山不露水，必要的时候将一切功劳、成绩、好名声都让给上司，那么，你离“平步青云”的日子也就不远了。

轻视心态要不得

在生活和工作中，很多人总是抱着轻视一切的心态，在他们眼里，没有什么事情是值得重视的。然而，正是在这种轻视心态的驱使下，他们往往对正在发生的事情不予重视，以至于当灾难发生后，由于没有预防的措施，造成无法挽回的损失。

很久以前，一艘满载货物的商船在解开缆绳准备扬帆起航时，一位水手突然发现船上有一只小老鼠，它正在堆积的货物中窜来窜去。水手立即把这一情况报告给了船长，并建议推迟开船时间，卸下货物，抓住那只小老鼠后再重新起锚。

但船长听了这位水手的建议后，哈哈大笑说："年轻人，你真是个胆小鬼，怎么害怕一只小小的老鼠呢？"

"哦，船长先生，我不是怕老鼠，而是担心这只小老鼠咬坏了我们的船，那样的后果……"

水手的话还未说完，船长便恼怒地打断道："什么？一只小小的老鼠能咬穿我的船底，《天方夜谭》上也没有这样的故事啊！"

"可是，我还是认为抓住老鼠再开船也不迟啊！"那位水手再一次请求道。

"你也不想一想，为了抓一只小小的老鼠，要先卸掉所有的货物，这样既费时又费力。我是不会让一只小老鼠这样的小事影响我的航程的。"船长说完，一挥手下令起锚，其他水手只好扬帆起航了。

这只商船在海上航行了两个多月，但还未到达目的地。有一天，海上起了巨大的风浪，几丈高的浪头不停地拍打着船只。一直为船上有一只小老鼠而忧心忡忡的那位船员见状，便把一个救生圈绑在了自己的身上，而且建议其他船员也这么做。

船长见状，大怒，以"动摇军心"的罪名，命令其他水手把这位水手绑到桅杆上。

就在众人准备动手时，一位水手突然发现船舱里已积满了水，船身已开始下沉。原来，躲在货物中间的那只小老鼠，早已把船底咬穿了一个小洞，此时海水正从洞口汹涌而入……

当那位水手跌跌撞撞地跑来向船长报告这一发现时，已经晚了。大船在一个巨大浪头的冲击下，迅速下沉了。而那位早已在身上绑好救生圈的水手，成了这次事故中唯一的幸存者。

船长只想到船只的坚固和巨大，根本不把那只小老鼠放在眼里，因此才落得个船毁人亡的下场。而那位水手因重视了这件小事，才得以生还。

轻视、大意的心态在很多人身上都存在，但这种不良心态对我们的生活、工作带来的负面影响很大，因此，有必要戒除。首先，凡事要认真对待，不能粗心大意、马马虎虎。另外，要重视每一件小事，因为小事往往起着关键性的作用。当我们能以良好的心态来对待小事，不轻视每一件小事时，我们将比别人获得更多成功的机会。

正确的方法比坚持的态度更重要

西方有一首诗这样写道：

动物明白自己的特性：
熊不会试着飞翔；
驽马在跳过高高的栅栏时会犹豫；
狗看到又深又宽的沟渠时会转身离去；
但是，人是唯一一种不知趣的动物，
受到愚蠢与自负天性的左右，
对着力不能及的事情大声地嘶吼——坚持下去！
出于盲目和顽固，
荒唐地执迷于自己最不擅长的事情，
使自己历尽艰辛，然而收获甚微。

“愚公移山”的故事，老少皆知。我们钦佩愚公的干劲、执著，但同时也有人抱质疑态度：愚公搬一次家，又何至于让子子孙孙都辛苦一生？

大多数情况下，正确的方法比坚持的态度更有效、更重要。坚持固然是一种良好的品性，但在有些事上过度的坚持，反而会导致更大的浪费。因此，在做一件事情时，在没有胜算的把握和科学根据的前提下，应该见好就收，知难而退。

某个国家的火箭研制成功后，科学家选定一个海岛做发射的基地。经过长久的准备，进入可以实际发射的阶段时，海岛的居民却群起反对火箭在此发射。于是全体技术人员总动员，反复地与岛上居民谈判、沟通，以寻求他们的理解。可是，交涉却一直陷入泥淖状态，最后终于说服了岛上的居民，可是前后却花费了3年的时间。

后来大家重新检讨这件事情时，发现火箭的发射并不是非这个海岛不行。可是此前，却从来没有人发现这个问题。当时只要把火箭运到别的地方，那么，3年前早就发射完成了。但当时太执著于如何说服岛民的问题上，所以才连“换个地方”

这么简单而容易的方法都没有想到。

有些事情，你虽然付出很大努力，但你会发现自己却处于一个进退两难的地位，你所走的研究路线也许只是一条死胡同。这时候，最明智的办法就是抽身退出，寻找其他的成功机会。

在形形色色的问题面前，在人生的每一次关键时刻，聪明的企业员工会灵活地运用智慧，做最正确的判断，选择属于自己的正确方向。同时，他会随时检视自己选择的角度是否产生偏差，适时地进行调整，而不是以坚持到底为圭臬，只凭一套哲学，便欲强渡职场中所有的关卡。时时留意自己执著的意念是否与成功的法则相抵触，追求成功，并非意味着我们必须全盘放弃自己的执著，去迁就成功法则。只需在意念、方法上做灵活的修正，我们将离成功越来越近。

做正确的事，正确地做事

许多人大概读过爱尔兰人欧布莱恩的故事，他在往来于香港与澳门之间的渡轮上呆了 11 个月，原因是他没有证明文件可以在两地下船，而香港和澳门当局也都没有发证给他。很多时候，医院在救助意外伤害的病患者面前，会要求病人将宝贵的时间花在填写大沓表格上。或许，会有护士对熟睡的病人叫道："喂，醒醒！吃安眠药的时间到了！"

他们都在正确地做事，却未做正确的事。职场中，类似的员工比比皆是。管理大师彼得·德鲁克在《有效的主管》一书中曾指出："效率是'以正确的方式做事'，而效能则是'做正确的事'。效率和效能不应偏废，但这并不意味着效率和效能具有同样的重要性。我们当然希望同时提高效率和效能，但在效率与效能无法兼得时，我们首先应着眼于效能，然后再设法提高效率。"

为了更生动地说明二者之间的区别，我们先看一个故事：

有一天，动物园管理员们发现袋鼠从笼子里跑出来了，于是开会讨论，一致认为是笼子的高度过低。所以他们决定将笼子的高度由原来的 10 米加高到 20 米。结果第二天他们发现袋鼠还是跑到外面来，所以他们又决定将高度加高到 30 米。

没想到，隔天居然又看到袋鼠全跑到外面，于是管理员们大为紧张，决定一不做二不休，将笼子的高度加高到 100 米。

当天，长颈鹿和几只袋鼠们在闲聊。"你们看，这些人会不会再继续加高你们的笼子？”长颈鹿问。“很难说。”袋鼠说，“如果他们再继续忘记关门的话！”

未看清问题的核心，错误地进行判断，正确地做了多少事，也不可能真正解决问题。在现实生活中，无论是企业的商业行为，还是个人的工作方法，人们关注的重点往往都在于效率和正确做事。但实际上，第一重要的却是效能而非效率，是做正确的事而非正确地做事。做正确的事是进取创新的、主动的，而正确地做事是保守的、被动接受的。

若没有“做正确的事”的前提，“正确地做事”将变得毫无意义。首先要做正确的事，然后才存在正确地做事。试想，在一个企业里，员工在生产线上，按照要求生产产品，其质量、操作行为都达到了标准，他是在正确地做事。但是如果这个产品根本就没有买主、没有用户，这就不是在做正确的事。这时无论他做事的方式方法多么正确，其结果都是徒劳无益的。

1815 年滑铁卢总决战之前，拿破仑有 7 万士兵、270 门大炮，但因为天下大雨，只有一小部分大炮进入阵地。拿破仑将总预备队置于中央后方，并正确判断出英军弱点在其中段，所以他决定佯攻英军右翼而重点攻击中部。

6 月 18 日上午，法军抢先开炮，向英军右翼射击，两方形成对峙。中午 1 时，布吕歇耳率一部分普军及时赶到，拿破仑不得不从预备队中抽出 2 个骑兵师迎击布吕歇耳。同时，拿破仑急速传令格鲁希元帅让其增援，然后率部猛攻英军中部阵地。威灵顿顽强抵抗，双方互相争夺，伤亡都很大。下午 6 时，拿破仑令内伊元帅要不惜一切代价攻克英军中部，内伊奋勇拼杀，终于占领了圣拉埃村。英军无力支持，法军也疲惫不堪，双方都在焦急地等待援军。

黄昏时分，终于从远处飞驰过来大队人马，双方都在祈祷上帝：来的是自己人！那支部队走近了，高高飘扬的是普鲁士军旗！

顿时，英军士气高涨，精神振奋，威灵顿立即命令部队作最后反击，英普联军热血沸腾，疯狂地扑向少气无力的法军。

结果法国全军溃败，拿破仑乘马逃出战场。关于格鲁希元帅增援拿破仑一事，后世有人说格鲁希接到了拿破仑让他增援的命令，但他理解为增援别部，所以尽管他听到了近在咫尺的隆隆炮声，仍然不为所动，如果他稍微动一动脑筋，就会立刻在眨眼之间来到战场。也有人说，战前，拿破仑命令格鲁希原地待命，以便增援。在双方激战过程中，格鲁希及其将领都感到有点不对劲，不少将领劝格鲁希赶快开往开炮的地方，以便随机应变。但格鲁希却无动于衷，尽管在这种变幻莫测的形势之下，他已很长时间没有与拿破仑取得联系了，可是他仍然在遵照拿破仑的命令办事，那就是：原地待命！他不顾部下的竭力劝说，一直在等待、等待，直到拿破仑全军覆没！

无论如何，拿破仑大败于滑铁卢，格鲁希负有不可推卸的责任。工作中，你是否类似格鲁希呢？听老板的安排，加班加点，等候命令……一个人做事的到位与否，不在于他是否完全机械地服从上司的指示或公司的规定，而在于是否满足了顾客的需要，是否为公司创造了利益。

一个优秀的人不应是那种循规蹈矩、一味地打着“执著”的旗号走向失败的员工。他应该有敏锐的眼光和责任心，他会去任何地方，找任何人，打破任何界限，把工作又好又快地干完，这是任何公司中的雇员都应该而且可以做到的。

三分苦干，七分巧干

生活中，有人日出而作，夜深而息，一天甚至埋头苦干十一二个小时。但结局呢，一生平庸，碌碌无为。有人却深谙巧干远大于苦干的奥妙，他们忍受不了日复一日、年复一年的辛苦劳作，认为总会有更简单、更轻松、更快捷的方法。

大发明家爱迪生在他任电报操作员时发明了一种可以在工作时打盹的装置。当亨利·福特还是少年时，就发明了一种不必下车就能关上车门的装置，当他成为闻名于世的汽车制造商时，他仍在继续巧干。他安装了一条运输带，从而减少了工人取零件的麻烦。在此问题解决后，他又发现装配线有些低，工人不得不弯腰去工作，这对身体健康有极大的危害，所以他坚持把生产线提高了 8 英寸。这虽然只是一个简单的提高，却在很大程度上减轻了工人工作量，提高了生产力。

历史上，无数新发明、新创造便是如此诞生的。人们眼中的“懒汉”，常常是老板青睐的对象。

汉斯是一个伐木工人，为公司工作了 5 年却从来没有被加薪。这家公司又雇用了杰克，杰克只工作了 1 年，老板就给他加了薪，而老板仍然没有给汉斯加薪，这引起了汉斯的愤怒。他去找老板谈这件事。

老板说：“你现在砍的树和一年前一样多。我们是以产量计酬的公司，如果你的产量上升了，我会高兴地给你加薪。”汉斯回去了，他开始更卖力地工作，并延长了工作时间，可是他仍然不能砍更多的树。他回去找老板，并把自己的困境说给他听。老板让汉斯去跟杰克谈谈："可能他知道一些你我都不知道的东西。"

于是汉斯就去问杰克："你怎么能够砍那么多的树？"杰克回答："我每砍下一棵树，就停下来休息两分钟，把斧头磨锋利。你最后一次磨斧头是什么时候？"

汉斯红了脸，一言未发。

工作中，许多人如同汉斯一般，勤奋努力，任劳任怨，却忘了多磨一次斧头，找寻巧干之路。成功者大多懂得巧干，而且善于抓住机遇。

有一位年轻人，10 多年前在一家建筑材料公司当业务员。当时公司最大的问题是如何讨账。公司产品不错，销路也不错，但产品销出去后，总是无法及时收到货款。有一位客户，买了公司 10 万元产品，但总是以各种理由迟迟不肯付款，公司派了 3 批人去讨账，都没能拿到货款。当时他刚到公司上班不久，就和另外一位姓张的员工一起，被派去讨账。他们软磨硬磨，想尽了办法，最后，客户终于同意给钱，叫他们过两天来拿。

两天后他们赶去，对方给了一张 10 万元的现金支票。他们高高兴兴地拿着支票到银行取钱，结果却被告知，账上只有 99 920 元。很明显，对方又耍了个花招，给的是一张无法兑现的支票。第二天就要放春节假了，如果不能及时拿到钱，不知又要拖延多久。

遇到这种情况，一般人可能一筹莫展了，但是这位年轻人突然灵机一动，拿出 100 元钱，让同去的小张存到客户公司的账户里去。这一来，账户里就有了 10 万元。他立即将支票兑现。当他带着这 10 万元回到公司时，董事长对他大加赞赏。之后，他在公司不断发展，5 年之后当上了公司的副总经理，后来又当上了总经理。

这个精彩的讨账故事再次证明，思路比盲目的执着精神重要。在工作中和生活中，我们不可能总是一帆风顺的，当遇到难题的时候，绝对不应该一味下蛮力去干，要多动些脑筋，看看自己的思路是不是正确。

会巧干会变通的人，不愿意走别人走过的路，总想开辟一条新途径，寻找新的机遇，尽管路上是荆棘丛生；会巧干会变通的人与众不同，而且并不介意与众不同，会巧干会变通的人应当认识并接受这一点；会巧干会变通的人从不循规蹈矩，对墨守成规的人嗤之以鼻。他们往往放荡不羁，喜欢标新立异、独辟蹊径，以新的方法去干老的工作；会巧干会变通的人具有独立性，他们具有独立工作的能力，有时喜欢独处，往往与大多数人的意见不一致，而对自己的信念和愿望则往往固执己见；会巧干会变通的人看问题具有与常人不同的眼光，他们具有特殊的综合能力，往往别出心裁。当别人说 1+1=2 时，他们却说 1+1>2 或 1+1=11。

总之会巧干会变通的人不满足于浅显的东西、世俗的东西、平庸的东西或陈腐的东西。他们不满足于对问题的第一个答案，在不断的追求和探索中感到其乐无穷。

成功的 80/20 法则

1987 年，意大利经济学家帕累托偶然注意到英国人的财富和收益模式，从而研究出后来著名的 80/20 法则。

帕累托研究发现，大部分的财富流向了小部分人一边，被一小部分人所占有。而且这一部分人口占总人口的比例，与这一部分人所占有财富的份额，具有不平衡的数量关系。进一步的研究证实，这种不平衡模式会重复出现，具有可预测性。

于是，帕累托从中归纳出了一个简单而惊人的结论：

如果 20%的人占有 80%的社会财富，由此可以预测，10%的人所拥有的财富为 65%，5%的人享有的财富为 50%。后来，人们继续研究，发现：你所完成的工作里 80%的成果，来自于你所付出的 20%。也就是说，对所有实现的目标，我们五分之四的努力——也就是付出的大部分努力，是与成果无关的。

所以，80/20 法则指出，在原因和结果，投入和产出，以及努力和报酬之间，本来就是不平衡的。80%的产出，来自于 20%的投入；80%的结果，归结于 20%的起因；80%的成绩，归功于 20%的努力。

到处呈现出 80/20 法则的现象，这不能不引起我们的重视：

——20%的产品和 20%的客户，涵盖了约 80%的营业额。

——20%的产品和客户，通常占该企业 80%的获利。

——20%的罪犯施行了所有罪行的 80%。

——20%的汽车狂人，引起 80%的交通事故。

——20%的孩子，达到 80%的教育水准。

——在家中，20%的地毯面积可能有 80%的磨损。80%的时间里，你穿的是你所有衣服的 20%。

——80%的能源浪费在燃烧上，只有 20%的可以传送给车辆！

……

此法则专家理查德·科克在一家咨询公司工作时发现了许多 80/20 法则的实例。80%的利润来自于 20%的客户，这对大部分的公司来说都成立。这便意味着必须关注两件事：大客户与长期客户。对大部分的咨询公司而言，争取新客户是重点工作。

但在他工作的公司里，尽可能与现有的大客户维持长久关系才是明智之举。

比尔·盖茨曾多次说："如果把我们顶尖的20个人才挖走，那么，我告诉你，微软就会变成一家无足轻重的公司。"在海尔，职位越高，责任越重，这就是海尔常说的80/20原则。企业里发生的任何一个过错、失误，管理者都要承担80%的责任，具体操作者承担20%的责任。对此，他们是这样解释的：在企业里，关键的少数制约着次要的多数。

1999年，海尔某公司财务处一位实习员工在下发通知时漏发了一个部门，被审核部门发现。由于该员工系实习生，没有受到任何处罚，但对于作为责任领导的财务处处长则根据"80/20原则"而罚款50元。

这样，让人们自己认清自己的责任，不要回避矛盾、逃避责任。金字塔式的管理结构和责任的倒金字塔结构保持了一种动态的平衡。

乔治亚公司是一家年营业额达到数百万美元的地毯供应商，这家公司过去只卖地毯，现在它也出租地毯，出租的是一块块接合在一起的地毯，而非整块地毯。

原来这家公司意识到，在一块地毯上，80%的磨损出现在20%的地方。通常，地毯到了要替换时，大部分的地方仍然完好无缺。

因此，在公司出租计划中，一块地毯只要检查出有磨损或毁坏，就给客户更换那一小块磨损或毁坏的地方。

这种做法同时降低了公司和顾客的成本，使该公司的业务蒸蒸日上，而且引起许多家同行的效仿。

由此可见，灵活运用80/20法则，会产生非凡的效果。

80/20法则是一项对提高人类效率影响深远的法则，被称为指导职业获利和生活幸福的"圣经"，不仅适合于企业经营管理者，而且还适用于任何渴望提高工作效率、创造最高财富利润、获得幸福生活的个人。

生活中，大多数的人难免有这些感慨：大部分的时间里，做的是没意思的事；在工作中大部分的努力，并没有为自己带来好处；所赚得的收入，大部分无法留存下来。依照80/20的法则，这些生活中的不平衡都可以改善。

许多时候，我们只有一小部分的决策是真正重要的，而这一小部分的影响深远：做了抉择，就一定能够实行。很多人抓不住最关键的那20%，他们不分主次，一概而论。结果，花掉了80%的资源，却只产生了20%的价值。

明白了这一点，我们就不要在那些只产生了少量成就感的事情上浪费时间和精力，而要积极行动起来，找到自己的优势，努力把握人生最关键的地方，并把时间和精力集中在上面。

尽量寻求那些自己非常喜欢、非常擅长、竞争不太激烈的事情去做，一定会取得事半功倍的效果。

想抓住下属的心，就要有人情味

“士为知己者死，女为悦己者容。”一个领导者要抓住下属的心，就要有人情味。

子曰：“道千乘之国，敬事而信。”作为领导，要指挥下面的人，让他们做事，必须先建立起他们对自己的信任。如何建立这种信任呢？很重要的一点便是领导者要有人情味。

有人情味的领导，他们留心生活中的点滴小事，真诚平等地对待下属，他们会时常走进下属的工作和生活中，与下属多交流，了解下属的喜怒哀乐，了解下属的所思、所为、所急。于是，他们能很容易打动下属的心，赢得下属的支持。

一家化工厂聘请了一位有特殊管理专长，却在专业技术方面并不太强的厂长。因为前任厂长在专业技术方面十分精专，再加上多年的相处和工作习惯，所以厂内的员工对于新任厂长并不十分信服。不但对于新的管理改革方案不热心配合，而且看到新任厂长就远远躲开不愿亲近。

新任厂长看到这个情形，暗自思量怎么样才能凝聚这个团体的向心力，和大家打成一片。新任厂长想了一些妙招让自己融入这个群体。

一个月来他经常带一些小礼物，在晚间到两位主管的家里，和他们及其家人谈天说笑，后来几乎是无话不谈，包括主管们的一些不为人知的小缺点，例如，不爱洗澡啦！袜子穿一个礼拜不洗啦！怕老婆啦！他将这些听到的事情都记在心里。

第二个月开始，他和两位主管取得了共识，两位主管常常晚上到厂长的家里喝茶，报告一些厂里员工的小习性、特殊的个性或近况，并且将自己遇到的一些事也作一番报告。

上班的时候，这位厂长常常四下走动。

当他看到管仓库的小姐就说：“嗨！张小姐，我曾经看到你的男朋友在工厂门口等你，他好帅啊！高挺的鼻子，和你好相配。”

“喂！小李，听说你的儿子功课很棒，他的头脑一定是像你一样聪明。”

新厂长经常和大伙儿一起在餐厅用餐，一边吃一边将两位平常管理大家很严的主管，在生活上的一些小缺点都讲出来，两位和厂长已有共识的主管，在一旁听到自己的事只是傻笑。

这样一来，基层员工们觉得受到领导的特别关注，有些受宠若惊，感觉非常开心，而且大家听到厂长挖苦主管，自然也很痛快。

没过多久，工厂上上下下都打成了一片，新厂长的管理改革政策也获得了普遍支持。

这位具有特殊管理专长的厂长给我们的启示是，展现领导的“人情味”，拉近与下属的关系，很容易获得下属的支持，不仅能够提高下属工作热情，还能使上下同心协力，增强组织凝聚力。

人情味是领导者手中的一大法宝，古代很多帝王都喜欢用自己的“人情味”来收买人心。唐太宗便是如此。据史料记载，唐太宗李世民常以皇帝身份屈尊礼贤，关心下属的生活疾苦。李绩晚年得了暴病，药方上说需用“胡须灰”做药引方可治愈。李世民知道后，“乃自剪须，为其和药”，李绩被感动得“顿首见血，泣以恳谢”。马周患了重病，李世民不但派名医去治疗，而且“躬为调药”，让皇子“亲临问疾”，可谓关怀得无微不至。贞观末年，唐朝发动对外战争，李思摩在出征时为弩矢射中，李世民“亲为之吮血，将士闻之，莫不感动”。甚至普通士卒有了病，他也要“召至御前存慰，付州县治疗”，因此，士卒深受感动，都誓死为他效力。

得到下属的拥戴是每个领导的愿望，为上者要有人情味，体恤下属、真心关切，如此才能人心所向，才能上下一心，同舟共济。

“与善仁”：以仁义收人心

仁就是爱，是一种大爱，能从情感上让人愿意追随。在管理的整个过程中，领导者除了以理服人、还要学会以情动人，让每一项管理措施合乎大道，深入民心。具体来说，这是一种亲和力，尤其是中国的文化特点，决定了中国人在做事情上的主观性比较大。一旦产生了感情，就会产生情感上的依附和忠诚。

管理者爱下属，下属就会对企业忠心耿耿，全心全意回报企业。企业对员工的仁爱，不是小恩小惠，更不是表面上的虚情假意。如果管理者对“仁”采取了实用主义的态度，并不真正想对员工“仁”，而只是把仁爱作为追求私欲的手段，这就不是出于符合“道”的爱，不会带来任何管理上的效果。

在最初的时候，孙悟空并不尊重唐僧，在心里可能觉得跟着这么一个不如自己的领导很窝囊。但是在师徒四人历经艰险之后，却被唐僧的执著、善良和对自己的关爱感化了，死心塌地的保护唐僧取经。即使是被唐僧赶走了，也会因为唐僧有难立即不计前嫌重新回到了团队之中。可见，作为一个团队领导，情感管理是非常重要的。

美国凯德电视公司的总裁李维是一位深得人心的领导者。他曾经私下对朋友说："人们都是有感情的，只要用仁义之心去对待他，他人也一定会用心回报你。"

李维的新产品研制小组有3个主要专家，其中有一个叫波克，他脾气古怪，性情暴躁，动不动就和别人争吵，研制小组上上下下的人他吵遍了，就连李维也不例外。有一天，为了一个实验问题，波克同研制组的另一个研究员劳布争执不下，他大动肝火，又拍桌子又摔东西。李维过去劝阻也着实被骂一顿。正在他们闹得不可开交时，波克的小女儿来到了实验室，她看见爸爸那副怒发冲冠的样子，吓得哭了起来。波克见状再也顾不上继续吵架，赶忙跑过去，赔着笑脸哄自己的小女儿。看到这一幕动人的情景，李维心里猛地一亮，发现了波克虽然看谁都不顺眼，但对留在他身边的这个小女儿却是百依百顺，视为掌上明珠。不难看出，这小女儿就是他的精神依托。为了使波克有充实的精神生活，李维立刻在公司附近为波克租了一幢非常漂亮的房子，好让他经常和女儿生活在一起。

处于创业初期，资金十分紧张，在这种情况下，李维能够为波克租房，这使波克很过意不去，尽管经过再三劝说，波克始终不肯搬进新居。李维很了解波克的性格，只要他一流露出烦躁不安的情绪，就说明他正在犹豫不决，这时，如果正面去说，肯定效果不好，必须换个方式。于是他对波克说："搬不搬家，恐怕由不得你了。"李维说。"什么？我自己不愿搬，你还敢强迫我不成？"波克提高了嗓门，大声地说。

"我当然不敢逼你，不过，你的千金安妮已替你做主了。"李维继续说，"你容易发脾气，这会伤身体的。如果她能在附近照顾你，你就不会发脾气了。起初，我也拿不定主意，怕你不肯搬。可是，安妮小姐最后说：'我爸爸多可怜呀，我不会让他再孤独了，我要搬到他附近，经常照顾他，安慰他。'"

听完这番话，波克的眼里充满了泪水，他终于服从了李维的安排，搬进了新居。

李维为波克租房，虽然花费了不少钱，可搬家这件事所产生的影响却远远不是用这些钱所能买到的。首先，波克认为，李维在资金状况窘困的时刻，仍然把他的生活快乐看作比金钱更重要，因而对李维感恩不尽。其次，这件事必然会使公司的其他专家和员工都知道经理讲义气，关怀部下，因此，他们都会齐心协力，把公司办得更好。另外，这件事一旦传向社会，那些有真才实学而又暂不得志的人，必然会拥向李维的怀抱，从而使他的人才队伍日益扩大。

领导者在管理中对员工施以仁义，例如，给地位卑贱者尊重，给贫穷者财物，给落难者援助，给求职者机会，等等，这些都是情感管理的最好方式。仁是双向的，你对他人仁，就会换来他人对你的爱。这种爱的回报，对管理者来说是十分重要的，其功能也是任何其他管理手段所不可比拟，更是不可替代的。

第十一章

感悟舍得，成功的黄金法则

学以致用，走好成功第一步

《荀子·儒效》记载：不闻不若闻之，闻之不若见之，见之不若知之，知之不若行之。学至于行之而止矣。行之，明也，明之为圣人。意思是不听不如听，听到了不如看见了，看见了不如知道了，知道了不如实践它。学习到了亲自实践这一步才达到极高的境界。亲自去实践它，弄清了事理就成了圣人了。荀子告诉我们，知识只有接受实践的检验，才能成为真知灼见。学习知识的目的在于应用。如果学而不会用，那么再好的知识也是一堆废物。

曾国藩是清朝末年一位赫赫有名的人物，在儒家思想熏陶下成长的曾国藩没有做一个死板的读书人，而是坚持将自己所学用在事业上，用儒家的精神力量来统领自己的军队。曾国藩信仰“经世致用”，特别注重实践。他深深懂得“兵马未动，粮草先行”的道理，十分注重筹饷工作。因此，湘军的饷银是当时最高的。如此一来，士兵自然愿意为曾国藩卖命。曾国藩也很会知人善用，因此手下人才济济。曾国藩手下大将多是流落民间的低级知识分子，几乎没有人是行伍出身。这些人得到了曾国藩不遗余力的提拔和重月，因此，形成了历史上以曾、胡、左、李为首的湘军政治集团。这成为湘军政治集团独一无二的事业领袖和思想领袖，最终获得了成功。

宋代大诗人陆游有一句千古名言：“纸上得来终觉浅，绝知此事要躬行。”说的就是学以致用的重要性。正所谓“学而不能行，谓之病”，“不闻不若闻之，闻之不若见之，见之不若知之，矢之不若行之”。只学不用，犹如纸上谈兵，纵然胸中有千军万马，锦囊妙计，若没有付诸实践，一切就毫无意义。

我们的工作中也经常会出现类似的情况：企业组织培训学习，员工接受了一大堆的思想和理念，说起来头头是道，却没有几个真正把这些思想贯彻到日常的行动中，结果公司浪费了钱财，员工浪费了精力，绩效却没得到改善。这样，无论是对公司还是对员工自身的威长都极为不利。优秀的员工，不会放弃任何有助自己提升的学习机会，并且能将自己所学迅速应用到工作中，在实践中去验证，在实践中去成长，真正做到了学以致用，学用相长，业绩得到改善也自然是水到渠成的事了。

不舍急功之心，便离成功越来越远

子夏一度在莒父做地方首长，他来向孔子问政，孔子告诉他为政的原则，就是要有远大的眼光，百年大计，不要急功近利，不要想很快就能拿成果来表现，也不要为一些小利益花费太多心力，要顾全大局。对于我们每一个人来说，这点也尤其重要，要想工作有成效，就要分清轻重缓急，以及看清眼前小利与长远大利之间的关系。

中庸的智慧告诉我们，生活、办事要遵循大道规律。大道规律告诉我们，万事万物的发展变化总是循序渐进的，所以做事不可操之过急，否则就会“欲速则不达”，适得其反。

从前，在一个小山村里，传说有两兄弟在一次上山的途中，偶然与神仙邂逅，神仙传授他们酿酒之法，叫他们把在端午那天收割的米，与冰雪初融时高山流泉的水来调和，注入千年紫砂土铸成的陶瓮中，再用初夏第一个看见朝阳的新荷覆紧，密封七七四十九天，直到鸡叫三遍后方可启封。

他们历尽千辛万苦，跋涉过千山万水，终于找齐了所有的材料，把梦想一起调和密封，然后潜心等待那注定的时刻。多么漫长的等待，终于到了第四十九天到了。两人整夜都没有睡，等着鸡鸣的声音。

远远的，传来了第一遍鸡鸣。过了很久很久，才响起了第二遍。第三遍鸡鸣到底什么时候才会来呢？其中一个再也等不下去了，他迫不及待地打开陶瓮品尝，却惊呆了——里面的水，像醋一样酸，又像中药一般苦，他把所有的后悔加起来也不可挽回。他失望地把它洒在了地上。而另外一个，虽然欲望如同一把野火在他心里燃烧，让他按捺不住想要伸手，但他却还是咬着牙，坚持到了三遍鸡鸣响彻了天空。

“多么甘甜清澈的酒啊！”他终于品尝到了自己亲自酿制的美酒。

兄弟两人一同酿酒，结果，一个人酿的酒像醋一样酸、又像中药一般苦，另外一人的酒却是甘甜清澈。由此不难看出，急于求成只会导致最终的失败，所以我们不妨放远眼光，注重自身知识的积累，厚积薄发，自然会水到渠成，达到自己的目标。今时今日许多事业，都必须有一个痛苦挣扎、奋斗的过程，而这个过程本身就是将你锻炼得更坚强，使你成长，使你有力的过程。

急于求成，一日千里，只会“欲速则不达”，很多人知道这个道理，却总是背道而驰。很多历史上的名人是在犯过此类错误之后才懂得成功的真谛。宋朝的朱夫子是个绝顶聪明之人，他十五六岁就开始研究禅学，然而到了中年之时，才感觉到速成不是创作良方，之后经过下一番苦功，方有所成。他有一句十六字真言将“欲速则不达”做了一番精彩的诠释：“宁详毋略，宁近毋远，宁下毋高，宁拙毋巧。”

急于求成的人往往性格浮躁，做一件事情总想马上做好。追求效率原本没错，然而，一旦过分追求速度便会丧失做事的目的性，最终一无所成。因此，若想取得成功，首先应舍弃急功之心。

跨越自己给自己设定的藩篱

有时候，限制我们走向成功的，不是别人拴在我们身上的锁链，而是我们自己为自己设置的局限。高度并非无法打破，只是我们无法超越自己思想的限制；没有人束缚我们，只是我们自己束缚了自己。

1968 年，在墨西哥城奥运会的百米赛场上，美国选手海恩斯撞线后，激动地看着运动场上的计时牌。当指示器打出 9.9 秒的字样时，他摊开双手，自言自语地说了一句话。

后来，有一位叫戴维的记者在回放当年的赛场实况时再次看到海恩斯撞线的镜头，这是人类历史上第一次在百米赛道上突破 10 秒大关。看到自己破纪录的那一瞬，海恩斯一定说了一句不同凡响的话，但这一新闻点，竟被现场的 400 多名记者忽略了。

因此，戴维决定采访海恩斯，问问他当时到底说了一句什么话。

戴维很快找到海恩斯，问起当年的情景，海恩斯竟然毫无印象，甚至否认当时说过话。

戴维说：“你确实说了，有录像带为证。”

海恩斯看完戴维带去的录像带，笑了，他说：“难道你没听见吗？我说：‘上帝啊，那扇门原来是虚掩的。’”

谜底揭开后，戴维对海恩斯进行了深入采访。

自从欧文斯跑出 10.3 秒的成绩后，曾有一位医学家断言，人类的肌肉纤维所承载的运动极限，不会超过每秒 10 米。

海恩斯说：“30 年来，这一说法在田径场上非常流行，我也以为这是真理。但是，我想，自己至少应该跑出10.1秒的成绩。每天，我以最快的速度跑5公里，我知道百米冠军不是在百米赛道上练出来的。当我在墨西哥城奥运会上看到自己9.9的纪录后，惊呆了。原来，10秒这个门不是紧锁的，而是虚掩的，就像终点那根横着的绳子一样。”

后来，戴维撰写了一篇报道，填补了墨西哥城奥运会留下的一个空白。不过，人们认为它的意义不限于此，海恩斯的那句话，为我们留下的启迪更重要。

命运的门总是虚掩的，它会给我们留下一道开启的缝隙，可是我们情愿相信那是一堵不可跨越的墙。于是，我们独特的创意被自己抹杀，认为自己无法成功致富，告诉自己，难以成为配偶心目中理想的另一半，无法成为孩子心目中理想的父母、父母心目中理想的孩子。然后，开始向环境低头，甚至开始认命、怨天尤人。

这一切都是我们心中那条系住自我的铁链在作祟。或许，你必须耐心静候生命中来一场大火，逼得你非得选择挣断链条或甘心遭大火席卷。或许，你将幸运地选对前者，在逃出困境之后，语重心长地告诫后人，人必须经苦难磨炼方能得以成长。

其实，面对人生，你还有一种不同的选择。你可以当机立断，运用内在的能力，挣开消极习惯的捆绑，改变现有的处境，投入另一个崭新的积极领域中，使自己的潜能得以发挥。你是愿意静待生命中的大火，甚至甘心遭它席卷，低头认命，还是愿意立即在心境上挣开环境的束缚，获得追求成功的自由？当然，这项慎重的选择，得由你自己决定！

不要因为失意而放弃追求成功的理想

她从小就“与众不同”，因为小儿麻痹症，不要说像其他孩子那样欢快地跳跃奔跑，就连平常走路都做不到。寸步难行的她非常悲观和忧郁。随着年龄的增长，她的忧郁和自卑感越来越重，她甚至拒绝所有人的靠近。但也有例外，邻居家的残疾老人是她的好伙伴。老人在一场战争中失去了一只胳膊，但他非常乐观，她也喜欢听老人讲故事。

有一天，她被老人用轮椅推着去附近的一所幼儿园，操场上孩子们动听的歌声吸引了他俩。当一首歌唱完，老人说道：“让我们为他们鼓掌吧！”她吃惊地看着老人，问道：“我的胳膊动不了，你只有一只胳膊，怎么鼓掌啊？”老人对她笑了笑，解开衬衣扣子，露出胸膛，用手掌拍起了胸膛……那是一个初春的早晨，风中还有几分寒意，但她却突然感觉自己的身体里涌起一股暖流。老人对她笑了笑，说："只要努力，一个巴掌也可以拍响。你一定能站起来的！"

那天晚上，她让父亲写了一张纸条贴在墙上："一个巴掌也能拍响！"从那之后，她开始配合医生做运动。无论多么艰难和痛苦，她都咬牙坚持着。有一点进步了，她又以更大的受苦姿态，来求更大进步。甚至父母不在家时，她自己扔开支架，试着走路……蜕变的痛苦牵扯到筋骨。她坚持着，相信自己能够像其他孩子一样行走、奔跑。

11 岁时，她终于扔掉支架，开始向另一个更高的目标努力着：锻炼打篮球和参加田径运动。1960 年，罗马奥运会女子 100 米决赛，当她以 11 秒 18 第一个撞线后，掌声雷动，人们都站起来为她喝彩，齐声欢呼着她的名字："威尔玛·鲁道夫！威尔玛·鲁道夫！"

那一届奥运会上，威尔玛·鲁道夫成为当时世界上跑得最快的女人，她共摘取了三枚金牌，也是第一个黑人奥运女子百米冠军。

"人可以被消灭，但不能被打败！"在人生旅途中，通往理想的道路上总会遇到大大小小的困难和挫折，埋怨、消沉、哀叹命运都无济于事。面对挫折，要有宽阔的胸襟、无畏的勇气。要记住，挫折是通向理想的阶梯。只要你有走出的愿望，就没有走不出的人生低谷。我们需要不断地自我激励，不能因为一时的挫折就把自己的一生永远地困在逆境的泥淖中。人的可贵之处在于，无论跌倒多少次，都能从失败的废墟上站起来，人生也因此而显得绚丽多彩。如果只为不幸的遭遇自怨自艾，那你将不会有任何前途。

开创苹果时代的乔布斯

乔布斯是享誉世界的传奇人物，他让电脑变得跟电话一样简单、易用；他把手机变得丰富多彩；最后，他还彻底改变了阅读、改变了人们享受音乐的方式。然而，在乔布斯成名之前，他却走过一段相当曲折的混沌岁月。

少年时代的乔布斯玩世不恭却又才华出众，他极力推崇美国"垮掉一代"文学的代表人物托马斯·戴蓝；在 16 岁那年，他还用齐肩长发的造型来宣布自己正式成为嬉皮士的一员；大学一年级就被退学，到印度朝圣过……他总喜欢通过一些另类的行为来彰显自己的与众不同。

但他同时又是硅谷的先知与狂人，“我要改变世界”是那个时候的他经常挂在嘴边的疯狂愿望。为此，21 岁时，他就和伍兹尼克在车库里创立了苹果计算机公司，并用“你要继续卖更多糖水给小孩子呢，还是要改变全世界”，成功游说百事可乐的史考利出任苹果计算机的执行长。遗憾的是，好景不长，因为乔布斯脾气暴躁、狂妄自大、横行霸道，是公司最大的麻烦制造者，在 1985 年，他被董事会踢出了他一手创建的苹果公司。随后，他自创品牌的 NeXT 计算机也一败涂地，投资皮克斯动画公司也不被大家看好。

就在世人要将他遗忘时，皮克斯的《玩具总动员》计算机动画一炮而红，这为乔布斯赚进了 3 亿多美元。而相形之下，苹果公司却已濒临绝境。乔布斯于苹果危难之中重新归来，在短短的几年内，他就靠着极具创意结合计算机与音乐的 iPod 和 iTune，领导与创新个人计算机市场，让苹果计算机起死回生，股价涨了七八倍。

1997 年，重返苹果的乔布斯为了推出新产品 iMac 拍了一段电视广告——“不一样的想法”：爱因斯坦、毕加索、希区柯克、金恩、伦农、葛兰姆等十多位创意名人的黑白画面交错出现，再配上一个中年男子的沧桑旁白：“这些人是一群疯子——不适应者、叛逆者、麻烦制造者，硬要穿过方洞的圆木桩，他们看世界就是与众不同，他们对规则毫无兴趣，对现状一无尊敬。你可以引述或反对他们、尊荣或诋毁他们，但你唯一不能做的，就是忽视他们。因为他们改变了世界，推着人类往前迈进。当某些人将他们视为疯子时，我们却认为他们是天才，因为唯有疯狂到自认为可以改变世界的人，才真的改变了世界。”可以说，这个广告创意几乎是乔布斯这个疯子、不适应者、叛逆者、麻烦制造者生命的写照。乔布斯这一生虽然大起大落，但到最后，由于他的大胆妄为、一意孤行或者说意志坚定，他并没有被世界所改变，而是他改变了世界。

此后的故事就众所周知了，乔布斯开创了苹果时代，他本人也成为 IT 界的一个“奇迹”。

我们要是没有疯狂的精神和行为，就没有疯狂的成就。要追求自己的极限梦想，疯狂比理智更适宜。

暂时的是现实，永生的是理想。莫为眼前的一点小利而让理想为它让道，否则，你终有一天会尝到悔恨的苦果。

不舍得机会成本，也就没有机会成功

“高风险，意味着高回报”，只有敢于冒险的人，才会赢得人生的辉煌；而且，那种面临风险审慎前进的人生体验为我们练就了过人的胆识，这更是宝贵的精神财富。穷人不敢冒险，所以他们发不了财，永远是平庸之人。而有钱人大多具有乐观的风险意识，并常能发大财。

常言道：“不入虎穴，焉得虎子。”想创造机会，却不想冒风险，那是不可能的。大凡成功人士，无不独具慧眼，他们在机遇中能看到风险，更能在风险中捉住机遇。

格蒂1893年出生于美国的加利福尼亚州，父亲是一位商人。他小时候很调皮，但读书的成绩还算不错，后来进入英国的牛津大学读书。1914年毕业返回美国后，他最初的意愿是想进入美国外交界，但很快就改变了主意。

他为什么改变了主意呢？因为当时美国石油工业已进入方兴未艾的年代，一种兴致勃勃的创业精神鼓舞着年轻的格蒂到石油界去冒险。他想成为一个独立的石油经营者。于是，他向父亲提出，让他到外面去闯一闯。

但他父亲提出一个条件，投资后所得的利润，格蒂得30%，他本人得70%。作为父子，这个条件尽管苛刻，但格蒂爽快地答应了。他有他自己的打算。他向父亲借了一笔钱之后，便径自走出家门，独自来到俄克拉何马州，第一次进行他的冒险事业。1916年春，格蒂领着一支钻探队，来到一个叫马斯科吉郡石壁村的附近，以500美元租借了一块地，决定在这里试钻油井。工作开始后，他夜以继日地奋战在工地上。经过一个多月的艰苦奋战，终于打出了第一口油井，每天产油720桶。格蒂从此进入了石油界。就在同年5月，他和他父亲合伙成立了“格蒂石油公司”。

1919年，格蒂以更富冒险的精神，转移到加利福尼亚州南部，进行他新的冒险计划。但最初的努力失败了，在这里打的第一口井竟是个“干洞”，未见一滴油。但他不甘失败，在一块还未被别人发现的小田地里取得了租权，决心继续再钻。然而这块小田地实在太小了，而且只有一条狭窄的通道可进入此地，载运物资与设备的卡车根本无法开进去。他采纳了一个工人的建议，决定采用小型钻井设备。他和工人们一起，从很远的地方，把物资和设备一件件扛到这块狭窄的土地上，然后再用手把钻机重新组合起来。办公室就设在泥染灰封的汽车上，奋战了一个多月，终于在这里打出了油。

随后，他移至洛杉矶南郊，进行新的钻探工作。这是一次更大的冒险，因为购买土地、添置设备以及其他准备工作，已花去了大笔资金，如果在这里不成功，那么将意味着他已赚取到的财富将会毁于一旦。他亲自担任钻井监督，每天在钻井台上战斗十几个小时。打入 3000 米，未见有油。打入 4000 米，仍未见有油。当打入 4350 米时，终于打出油来了。不久，他们又完成了第二口井的钻探工作。仅这两口油井，就为他赚取了 40 多万美元的纯利润。这是 1925 年的事情。

格蒂的冒险一次次地获得成功，促使他想去冒更大的险。1927 年，他在克利佛同时开 4 个钻井，又获得成功，收入又增加 80 万美元。这时，他建立了自己的储油库和炼油厂。1930 年他父亲去世时，他个人手头已积攒下数百万美元了。以后的岁月，机遇也常伴格蒂身边。他所买的油田，十之八九都会钻出油来。而且，他的事业也一直顺风满帆，直到成为世界著名的富豪。

当然，在冒险的同时，我们还要学会稳妥，制定恰当的计划，让我们对大多数的风险挑战有所准备。风险是一把双刃剑，冒风险去做一件事情之前，在决定冒险之前，我们一定要考虑机会成本的问题，以便更好地规避风险，走向成功。没有机会成本观念的人，往往会因小失大，导致失败。

要想做成任何一件事都有成功和失败两种可能。当失败的可能性大时，却偏要去做，那自然就成了冒险。问题是，许多事很难分清成与败，那么这时候也是冒险。而商战的法则是冒险越大，赚钱越多。事实上，冒险与收获常常是结伴而行的，险中有夷，危中有利。要想有卓越的结果，就要敢冒风险。一个人纵然有强烈的致富欲望，但却不敢冒险，就永远做不到最大、最强。

成功不能只看眼前

一个人在成功的道路上要能走远，首先他要站得高、看得远。只有看得长远，他才能对自己以后要做的事情心里有底，才知道自己行进的方向，以及需要为此采取什么样的行动。

小汤姆在班级里一直被人认为很傻。为什么呢？同学们做过这样的试验：拿出一个 5 分的硬币和一个 10 分的硬币，让小汤姆从里头挑一个，小汤姆每次都拿那个 5 分的。这样屡试不爽，大家均以此为乐。

校长詹姆斯先生听说这件事后，感到很奇怪，于是亲自试验了一回，拍拍他的肩膀笑着说："小汤姆，你一点也不傻，你很聪明。"小汤姆也笑了。詹姆斯先生没有再说什么就走了，同学们都感到有些纳闷。

后来，终于有人想明白了为什么：如果小汤姆拿了10分的硬币，就不会再有人继续让他挑选，那时他连5分也得不到了。他每次都拿5分的，积少成多，比拿10分的硬币收获更大。小汤姆原来是弃眼前的小利来保留长远的利益。

眼光长远的人往往不容易被眼前的得失所迷惑。有很多成功人士的例子都说明了这一点。他们有的面临金钱的诱惑，有的经历了困境的阻挠。但他们往往能够执著于自己的梦想，从而摆脱眼前利益的诱惑，冲破困境的束缚。因为他们能够很清楚地看到未来的图景，所以他们能意志坚定、矢志不渝。

一个青年向一位富翁请教成功之道，富翁却拿出了3块大小不等的西瓜放在青年面前："如果每块西瓜代表一定程度的利益，你选择哪块？"

"当然是最大的那块！"青年毫不犹豫地回答。

富翁一笑："那好，请吧！"富翁把最大的那块西瓜递给青年，自己却吃起了最小的那块。很快富翁就吃完了，随后拿起了桌上的最后一块西瓜得意地在青年面前晃了晃，大口吃起来。青年马上就明白了富翁的意思：富翁吃的瓜虽无青年的瓜大，却比青年吃得多。如果每块代表一定程度的利益，那么富翁占的利益自然比青年多。

吃完西瓜，富翁对青年说："要想成功，就要学会放弃，只有放弃眼前小利，才能获得长远的大利，这就是我的成功之道。"

鼠目寸光的人只能看到眼前的蝇头小利，而放弃了开拓与拼搏，使其能力的发挥受到了极大的限制。

成功真的不难，但它需要人们对它付出努力。长远的眼光是成大事者必备的素质之一，我们一定不能只看眼前，不计将来。

好运气，等不来就去创造

人人都渴望得到好的机会，好机会不仅是通向成功的起点，更是每个人获得快乐心情的契机。但是，好机会却往往"千载难逢，万劫难遇"。所以星云大师曾说，所谓机会，需要缘分，也需要争取。那么，机会在哪里呢？

"机会在心里，在能力里，在理想里，在结缘里。"

仔细体悟法师对机会的解释不难发现，大师认为得机遇既需要缘分，也需要个人能力来支持，需要个人去树立理想，主动争取机会，取得成功。所以大师才敬告世人，不要光顾着等待，也别忘了争取。

生命的消亡来自懒惰和等待，“守株待兔”的事情并不会每一天都发生。人生是由一个个机遇中度过，而人本身是在抛弃一个个机遇中度日。因此想要有一番成就，过一段精彩的生命历程，就必须要主动去为自己争取出路，抓住那些让自己施展拳脚的机会。

古谚语说得好：“机会老人先给你送上它的头发，当你没有抓住再后悔时，却只能摸到它的秃头了。”一个人有学富五车的学问，有统帅众人的才干，也要有合适的机会让他展现，否则他也不过是不被人重视的庸常之辈。在通往失败的路上，处处是错失了的机会。那些坐待幸运从前门进来的人，往往忽略了幸运也会从后窗进来。只有敢于冲锋、主动进攻的人，才能发觉并抓住胜利的时机，人生当中，并不总是存在掉到等待者头上的机遇之果。

一位探险家在森林中看见一位老农正坐在树桩上抽烟斗，于是他上前打招呼说：“您好，您在这儿干什么呢？”

这位老农回答：“有一次我正要砍树，但就在这时风雨大作，刮倒了许多参天大树，这省了我不少力气。”

“您真幸运！”

“您可说对了，还有一次，暴风雨中的闪电把我准备焚烧的干草给点着了。”

“真是奇迹！现在您准备做什么？”

“我正等待发生一场地震把土豆从地里翻出来。”

老农是个坐等机会者。虽然好运有时候会光顾他，但不可能永远都是，他坐在树墩下不过是在浪费时光。

伟大的成就永远属于那些富有奋斗精神的人们，而不是那些一味痴等的人们。而良好的机会完全在于自己的创造。如果你以为个人发展的机会在别的地方，在别人身上，那么一定会遭到失败。机会其实就在每个人的人格之中，正如未来的橡树包含在橡树的果实里一样。

星云大师说：“机会不是完全靠别人给予，也不会有上天赐予，机会还是要靠自己创造。”

智者所创造的机会，要比他所能找到的多。正如樱树那样，虽在静静地等待着春天的到来，而它却无时无刻不在养精蓄锐。人在待机之时，不能放松养精蓄锐的积累，还要时时窥测方位，审时度势，以寻求利于自身发展。机遇这东西稍纵即逝，好运也不是常常都有，人们单单去发现它远远不够，还有懂得利用它，同时为自己制造更多的机遇。我们应有这样的意识，机会并非均等，它出现的几率也是未定，但强者往往能够依靠自己的能力稳稳地把握住生命的航向，为自己拓展一条更好的出路。

就像著名剧作家萧伯纳曾说过的话：“人们总是把自己的现状归咎于运气，我不相信运气。出人头地的人，都是主动寻找自己所追求的运气；如果找不到，他们就去创造运气。”

生活长久，机运一时。行动宜速，享受宜缓。机遇是一次次偶然的爆发，人们如不行动迅速，待到错过才捶胸顿足，就于事无补了。

及早认输，下次还有赢的机会

适时认输，才能保存实力。美国有一位拳王说过，任何拳手都不可能打败所有的对手，好的拳手知道在恰当的回合认输。因为，及早认输，下次还有赢的机会，如果逞能，让对手把你打死了，或把你拖垮了，你不是连输的机会也没有了吗？

拳击还是光明磊落的竞技，在人生的长河中，竞争却是纷繁复杂的，其中不乏乱箭和暗器。面对不讲竞争规则的阴损小人，碰上怀着“谁也别想比我好”的病态心理的嫉妒小人，你斗得越勇，只会陷得越深。与其让生命的价值在乱斗中无端地折损，不如认个输，离开是非圈，用自己保存下来的实力，去寻找真正的竞技场。

当我们明白自己不是对手时，就应该认输。生活中常有竞争和角逐，但深知自己“斗”不过对手，还一味地跟人家“斗”，这又有何益呢？“斗”得愈起劲，只会使自己输得更惨。选择认输，急流勇退，将使我们避开锋芒，以退为进，赢得潜心发展的主动权；将使我们得以冷静下来去认识差距，虚心向对手学习，从而有可能真正打败对手。

著名的美国柯达公司在与日本富士公司竞争时，就颇有自知之明，勇于认输，不跟富士争“第一”。柯达公司甘拜富士下风，既减少了恶性竞争造成的大量人财物力浪费，又使他们能够根据自己的实际情况制定适宜的发展策略，还使他们老老实实向富士取经。结果柯达快速发展了，成了和富士不相伯仲的胶卷大王。

当我们知道自己不可能做到时，就应该认输。并不是所有的困难和挫折都可以逾越，并不是所有的机遇和好运我们都可以把握。在明知无力回天，败局已定时，我们应该认输。选择认输，不去坚持下完一盘根本下不赢的臭棋，而是弃之一边，将使我们及早从“死胡同”里走出来，避免付出更惨重的代价。

认输不是自甘消沉，它有积极进取的内涵，使人以退为进，赢得潜心发展的主动权，扬长避短，夺取成功。如果硬认死理，逞强好胜，盲目蛮干，一味地刚强，一味地硬撑，只会给自己带来不必要的伤害，甚至牺牲，最终输掉自己。只有做到审时度势，随机应变，刚柔相济，懂得认输，才能保护自己，立于不败。

认输也是一种自我认识，一种积极的自我评价，在与别人竞争时，认同他人优势的同时，也看到了自己的缺陷与不足。面对自己的缺陷与不足，只有学会认输，才能正视自己的缺陷与不足。有错误和不足并不可怕，只要学会认输、知道自省，就能避免铸成大错以致最终抱憾终身；只要学会认输，就能及时调整人生的航向，去争取“赢”的机遇和时间。

总之，认输不失为一种策略，它将使你彻底摆脱不健康的心理羁绊，使你调整好位置，进入最佳的心理状态，它造就的将是一片心灵的净区。人生有涯，时光匆匆，学会认输，将有助于二十几岁的你在短暂的人生旅途中成为更大的赢家！

过去的功劳簿是埋葬今日的坟墓

冯小刚是中国非常出名的大腕导演。一次记者采访他，问他为什么不断尝试新风格。他回答说：“作为导演，不想躺在功劳簿上，在有机会、有条件的情况下，应该做不同尝试。”

一个杰出的人，必定是像冯小刚一样不断追求进步的人。不论自己曾取得多么大的成就，都不会驻足不前。有句话说：“好汉不提当年勇。”过去的功劳簿是埋葬今日的坟墓，一个沉浸在过去取得的辉煌中的人，今天对他而言已经结束，日升日落已与他无关，他已不同时代的脉搏一起跳动。

子在川上曰：“逝者如斯夫！不舍昼夜。”国学大师南怀瑾先生认为孔子所说的“逝者如斯”，是指人要效法水不断前进，也就是《大学》这部书中引用汤之盘铭说的“苟日新，日日新，又日新”的道理。人若满足于过去的成就，事业便会逐渐走向萎缩，思想、观念便会落伍。人生如逆水行舟，不进则退。只有不断地努力，才能常常进步常常新。

吴士宏从一个“毫无生气甚至满足不了温饱的护士职业”，先后当上IBM华南区的总经理，微软中国总经理，TCL集团常务董事、副总裁，靠的就是不自满于过去、不断超越自己的进取精神。

外表温文、满脸带笑的吴士宏曾经是北京一家医院的普通护士。用吴士宏自己的话说，那时的她除了自卑地活着，一无所有。她自学高考英语专科，在她还差一年毕业时，她看到报纸上 IBM 公司在招聘，于是她通过外企服务公司准备应聘该公司，在此之前外企服务公司向 IBM 推荐过好多人都没有被聘用，吴士宏虽然没有高学历，也没有外企工作的资历，但她有一个信念，那就是“绝不允许别人把我拦在任何门外”，结果她被聘用了。

据她回忆，1985 年，她为了离开原来毫无生气甚至满足不了温饱的护士职业，凭着一台收音机，花了一年半时间学完了许国璋英语三年的课程。正好此时 IBM 公司招聘员工，于是吴士宏来到了五星级标准的长城饭店，鼓足勇气，走进了世界最大的信息产业公司——IBM 公司的北京办事处。

IBM 公司的面试十分严格，但吴士宏都顺利通过了。到了面试即将结束的时候，主考官问她会不会打字，她条件反射地说：“会！”

“那么你一分钟能打多少？”

“您的要求是多少？”

主考官说了一个标准，吴士宏马上承诺说可以。因为她环视四周，发觉考场里没有一台打字机。果然，主考官说下次录取时再加试打字。

实际上吴士宏从未摸过打字机。面试结束，吴士宏飞也似的跑回去，向亲友借了 170 元买了一台打字机，没日没夜地敲打了一星期，双手疲乏得连吃饭都拿不住筷子，竟奇迹般地敲出了专业打字员的水平。以后好几个月她才还清了这笔对她来说不小的债务，而 IBM 公司一直没有考她的打字功夫。

吴士宏就这样成了这家世界著名企业的一名最普通的员工。

靠着这种不断超越自我的意识，吴士宏顺利迈入了 IBM 公司的大门。进入 IBM 公司的吴士宏不甘心只做一名普通的员工，因此，她每天比别人多花 6 个小时用于工作和学习。于是，在同一批聘用者中，吴士宏第一个做了业务代表。接着，同样的付出又使她成为第一批的本土经理，然后又成为第一批去美国本部作战略研究的人。最后，吴士宏又第一个成为 IBM 华南区的总经理。这就是多付出的回报。

1998 年 2 月 18 日，吴士宏被任命为微软（中国）有限公司总经理，全权负责包括中国香港在内的微软中国区业务。据说为争取她加盟微软，国际猎头公司和微软公司做了长达半年之久的艰苦努力。吴士宏在微软仅仅用 7 个月的时间就完成了全年销售额的 130%。

在中国信息产业界，吴士宏创下了几项第一：她是第一个成为跨国信息产业公司中国区总经理的内地人；她是唯一一个在如此高位上的女性；她是唯一一个只有初中文凭和成人高考英语大专文凭的总经理。在中国经理人中，吴士宏被尊为“打工皇后”。

从一名普通的护士到一名跨国公司的总经理，再到TCL公司的副总裁——事实上，她的每一步都是自己对过去的超越。

“逝者如斯夫！不舍昼夜。”同样的时间和生命，有人用来缅怀过去，有人用来享受现在，有人却用来书写明日的辉煌。

世界创价学会的会长池田大作先生说过：“平庸的生活使人感到一生不幸，只有波澜万丈的人生才能让人感到生存的意义。”一个不论曾经取得多大成就的人，一旦停止了前行，他便步入了平庸。生命不息，奋斗不止。曾经的成就不是我们停留的借口，不断创造卓越，才是人生行进过程的基调。

归零就是一种在低位思考高位的理智心态

俗话说，人往高处走，水往低处流。人们通常会一味地往高处走，而忘乎所以，浮躁肤浅。这时，就需要一种逆向思维，有时，放低自己的位置反而能看到不一样的风景，也能为将来的奋起储蓄能量。

有这样一则故事：

一位女硕士到一家星级酒店去求职，酒店当时正在招聘服务员，招聘条件只需高中学历。这位女硕士就以高中学历前去应聘，她很容易就被聘用了。

在大堂服务员的岗位上，女硕士很快就脱颖而出。她不仅在处理突发事件时表现出良好的素质，还通过平时在工作中的观察和积累，对酒店的管理提出了一些很有见地的意见。管理层开始注意到她，并且有心提拔，不过觉得她的学历太低。这个时候，女硕士拿出了她的本科学历证书。于是，疑虑很快被打消，她被提拔为大堂经理。

担任了经理职务后，她继续努力工作，干得更加出色了。很快，她良好的个人素质和工作能力就引起了酒店高级管理层的关注。不久，酒店总经理助理的职位出现空缺，女硕士被列入了高层考虑的人选之中。此时，她亮出自己的研究生学历，轻易击败了其他竞争者，当上了总经理助理，从此跻身酒店高级管理者的行列。

女硕士的这种做法是一种归零。现在，很多人都把注意力放在高处，殊不知，眼光盯在高处，一是缺乏对自己实力的证明，不易得；二是即使勉强得到了，也不一定能够做出成绩来。那位女硕士正因为是从底层做起，对于酒店内部管理的各个环节都有了充分了解，她在担任更高职位以后才做得更加得心应手。

具有归零心态的人其心灵总是敞开的，他们能随时接受伟大的启示和一切能激发灵感的东西，他们时刻都能感受到成功女神的召唤。他们不仅思想上归零，行动上也会归零。

王林大学毕业，进了一家机械厂工作，被分配到基层部门担任管理人员。因为他不懂生产，不熟悉工艺流程，所学的专业与实际操作衔接不上，在管理上感到力不从心。

另外几个一同分配来的大学生，虽然也不能胜任工作，但他们却不从自身找原因，而是一味发牢骚：抱怨工厂待遇太低，升迁太慢，认为在这里工作是大材小用。他们甚至以“跳槽”相威胁，让厂长给他们安排更好的位置。

就在伙伴们相继高升之际，他却向厂长提出了不同的要求：让他下车间，当工人。厂长惊讶极了，转而对他的选择表示了赞赏：“好，小伙子有志气！”但是他却没法得到更多人的理解，消息传出，全厂哗然，连那几个大学生对此也表示不能理解。

王林却不理会那些议论，安安心心做一名工人。他一心扑到工作上，努力钻研各项技术，熟悉每个工种。两年后，他升任车间主任，因为他懂技术，没人敢敷衍他，所以王林所在车间的产品质量是最好的。这时，当年跟他一起进厂的大学生都在各科室担任中层干部。

几年后，厂里决定试行承包制。他承包了二车间。因为产品质量过硬，营销自然得力，很快就打开了市场销路，在全行业中成为赫赫有名的新军。后来，他通过融资，买下了这家工厂。现在他已是知名的民营企业家，公司的股票正准备上市。在总结成功经验时，王林说：“海纳百川，才成汪洋之势。年轻人要学会从低位做起，充分积累经验，将来才能有成功的本钱。”

归零就是一种在低位思考高位的理智心态。就因为王林没有被一时的利益所诱惑，能够冷静归零，最终取得了成功。

往低处流的水，看似没什么志气，最终却可以汇入海洋，动辄掀起滔天巨浪，颇有颠倒乾坤之势。往高处走的人，历尽千辛万苦，以为能看到美景，最终却不过是在岌岌可危之处。谁更聪明一点？你又怎么知道水没有智慧？或许人在为自己的宏图大志沾沾自喜的时候，水正暗自嘲笑。世间很多人缺少智慧，所以堕入欲望之渊。有些话能给人指明方向，有些也不尽然。

人生不仅仅是一座珠穆朗玛峰，吸引着我们去攀登，有时还是汹涌的波涛，为了登上更高的山峰，我们先得有滑入浪底的勇气。

再长久的名声也是短暂的

纵观所有朝代和国家，不管生前有多么大的丰功伟绩，短暂的一生还是很快就走到尽头，死后分解为元素。所以，不管生前有多少名利，死后都将化为尘土。可是，在现实生活里，人们却看不透名利的短暂，还总是为了它而钩心斗角，拼死争夺。

过去熟悉的一些词语现在已经不用了，同样，那些声名显赫的名字到如今在某种意义上也被忘却了，例如卡米卢斯、恺撒、沃勒塞斯、邓塔图斯以及稍后一些时候的西庇阿、加图，然后是奥古斯都，还有哈德里安和安东尼。这些事情很快就过去了，变成了传说，不久也就完全被忘记了。上面提到的这些乃是在历史留下丰功伟绩的人的名字，那么其他的人，一旦呼吸停止了，别人就不会再提起他了。如果这样的话，所谓的“永恒的纪念”是什么呢？只是虚无罢了。所以，智者早就放弃了对名利的追求，即使他们偶然获得了荣誉，也完全不放在心上，而只会淡化自己对于名利的渴望和与人攀比的虚荣。

居里夫人因取得了巨大的科学成就而天下闻名，她一生获得各种奖金多次，各种奖章 16 枚，各种名誉头衔 117 个，但她对此全不在意。

有一天，她的一位女朋友来访，忽然发现她的小女儿正在玩一枚金质奖章，而那枚金质奖章正是大名鼎鼎的英国皇家学会刚刚颁给她的。这位朋友不禁大吃一惊，忙问：“居里夫人，能够得到一枚英国皇家学会的奖章是极高的荣誉，你怎么能给孩子玩呢？”

居里夫人笑了笑说：“我是想让孩子从小就知道，荣誉就像玩具，只能玩玩而已，绝不能够永远守着它，否则将一事无成。”

1921 年，居里夫人应邀访问美国，美国妇女为了表示崇拜之情，主动捐赠 1 克镭给她，要知道，1 克镭的价值是在百万美元以上的。

这是她急需的。虽然她是镭的母亲——发明者和所有者（但她放弃为此而申请专利），但她买不起昂贵的镭。

在赠送仪式之前，当她看到《赠送证明书》上写着“赠给居里夫人”的字样时，她不高兴了。她声明说：“这个证书还需要修改。美国人民赠送给我的这 1 克镭永远属于科学，但是假如就这样规定，这 1 克镭就成了我的私人财产，这怎么行呢？”

主办者在惊愕之余，打心眼里佩服这位大科学家的高尚人品，马上请来一位律师，把证书修改后，居里夫人才在《赠送证明书》上签字。

居里夫人的成就在科学史上是空前的，可是她早就看淡了名利，这并不是每个人都能做到的。人的行为都是受欲望支配的，可欲望是无穷的，尤其是对于外部物质世界的占有欲，更是一个无底深渊。

现实生活中，到处都是诱惑，人的占有欲往往就这样被强烈地激发出来。但是，虽然人们承认欲望的客观存在，并不代表肯定欲望本身，欲望的永无休止只会给我们带来更深重的灾难，所以我们竭力要避免和舍弃的东西正是在欲望的支配下对名利无休无止的渴望。

经验少未必是缺点

我们生活在一个经验的世界里。从小到大，我们看到的、听到的、感受到的、亲身经历过的各种各样的大小事件和现象，都成了我们人生的智慧和资本。常常听到有人说："我吃的盐比你吃的米多""我过的桥比你走的路多"，可见人们以经验丰富而自豪。

在一般情况下，经验是我们处理日常问题的好帮手。只要具有某一方面的经验，那么在应付这一方面的问题时就能得心应手。特别是一些技术和管理方面的工作，非要有丰富的经验不可。老司机比新司机能更好地应付各种路况，老会计比新会计能更熟练地处理复杂的账目。所以，很多时候，经验成了我们行动所依靠的拐杖。但经验不是放之四海而皆准的真理，经验也给我们带来不少沉痛的教训，因为经验是相对稳定保守的东西，是属于过去式的"历史"，但现实又是一直在不断变化发展的。所以，经验并不一定能解决当前的问题。

例如下面这个故事：

在酒吧间，甲、乙两人站在柜台前打赌，甲对乙说："我和你赌100元钱，我能够咬我自己左边的眼睛。"乙伸出手来，同意跟他打赌。于是，甲就把左眼中的玻璃眼珠拿了出来，放到嘴里咬给乙看，乙只得认输。

"别泄气。"提出打赌的曰说，"我给你个机会，我们再赌100元钱，我还能用我的牙齿咬我的右眼。"

"他的右眼肯定是真的。"乙在仔细观察了甲的右眼后，又将钱放到了柜台上。可结果乙又输了。原来甲从嘴里将假牙拿了出来，咬到了自己的右眼！

乙为什么连输两次呢？因为第一次的失败告诉了他：甲的左眼是假的，所以能拿下来用嘴咬。吸取了第一次的经验教训后，他确定甲的右眼绝对不是假眼，因而不可能被牙咬到。他万万没想到，甲的右眼虽然不是假眼，但却有一口假牙。乙输就输在经验造成的思维定式中，所以，经验也会“一叶障目”。

经验本身没有错，它是一笔宝贵财富，对我们来说有很大的指导意义。但我们要在合适的时机用好经验，因为一旦经验形成思维定式，就会变成一种枷锁，妨碍我们打开新思路，寻找新方法，时间长了就会削弱我们的创新力。

日常生活中，太多习以为常、耳熟能详、理所当然的事物充斥在我们的身边，逐渐使我们失去了对事物的热情和新鲜感，经验成了我们判断事物的“金科玉律”。随着知识的积累、经验的丰富，这些“金科玉律”使我们变得越来越循规蹈矩，越来越老成持重，致使我们创意被抹杀，没有突破性进展，无法成为一个更开拓进取的人。

其实，每个人都会受“金科玉律”的限制，若能及时地从中走出来，实在是一种可贵的警悟。与生俱来的独一无二的创造态度，勇于进取，绝不自损、自贬，在学习、生活中勇于独立思考，在职业生活中精于自主创新，正是能够从自我囚禁的“栅栏”里走出来的鲜明标志。

另外，要从自囚的“栅栏”走出来，就要还思维状态以自由，突破经验定式。在此基础上，对日常生活保持开放的、积极的心态，对创新世界的人与事，持平视的、平等的姿态，对创造活动持成败皆为收获、过程才最重要的精神状态，这样，我们将有望形成十分有利于开创人生的心理品质，并使得有可能产生的形形色色的内在消极因素及时地得以克服。

成长路上，我们拓展思路，海阔天空，束缚越少越好。正是因为如此，年轻人的“经验少”并不是一种缺点，而是一种优势，是“敢闯敢干”的代名词。所以，我们就要有初生牛犊不怕虎的勇气和精神，用好“敢干敢闯”这种精神，牛犊也能闯出一片新天地。

敢于说“不”，突破权威的老框框

“权威”一词，词典上解释为：使人信服的力量和威望；在某种范围里最有威望、地位的人或事物。无论人类还是动物，只要有群体，就会有权威。权威是任何时代、任何社会都实际存在的现象，在家我们听父母的话，在学校我们听老师的话，在公司我们听上司的话，在社会上我们听专家的话……久而久之，缺了权威的指导，我们似乎寸步难行。

权威的渊博学识和不容置疑的地位对维持人类社会的正常运转具有重要意义。在某些专业领域，专家的建议具有很强的指导意义；在多数情况下，人们按照专家的意见办事，总能得到预想中的成功。权威为我们节省了无数的时间和精力，我们不必再从头研究几何学，只需学一学阿基米德的理论就行了；我们不必等几百年后看资本主义是怎样灭亡的，只需读一读马克思的著作就行了；我们不必亲自去“看云识天气”，只需听一听中央气象台的天气预报就行了……所有这些都是简便而有效的方法。因此，在现实社会中必须有权威存在，但权威所说的话，并非句句都是真理，权威也会说错话，做错事；世上没有永远的权威，再大的权威，他的学说也会陈旧，他的力量也会消逝，我们不能对他们产生迷信，被权威牵着鼻子走，否则人类社会便不会向前迈进。

对权威的尊崇、膜拜，常常会演变为迷信和神化，同时，我们大脑中的“自我思考、冲破权威、勇于创新”将日渐匮乏。

有人牵了一匹马到集市上去卖。

可过了好几个早晨，连一个问价的都没有。

有一天，伯乐来到集市朝这匹马看了几眼，在马颈上拍了两下，赞叹道：“好马，好马！”于是，人们纷纷抢购，马的价格一下抬高了10倍还多。

人们盲目迷信权威，连好马孬马都没区分，就被权威牵着鼻子走了。

当我们面对新事物、新问题，需要开拓创新时，权威定式就会变成“思维枷锁”，阻碍新观念、新理论的产生，不但会影响我们进步，甚至将人引入歧途。

只有思维活跃、富有胆识，不迷信权威，不崇拜偶像，不为过时的老观念、老框框所束缚，敢想、敢说、敢改革，不断探索新世界的奥秘，我们才可能走出新路子。

在世界上最大的电子计算机公司IBM，一条宝贵的经验是不录用恭顺的人，只任用实事求是的人。这种员工不迷信权威，敢于讲真话，不计较个人得失，能够很好地贯彻企业的经营理念，树立良好的企业形象，推进公司各项工作的进展。IBM第二代领导人沃森是一位享有盛名的经营者，他深有体会地说：“最容易使人上当受骗的，是那些言听计从、唯唯诺诺的人。我宁愿用那些脾气不太好，但是敢于讲真话的人。作为领导者，你身边这样的人越多，能够办成的事情也就越多。”

然而大部分人往往很难突破旧权威的束缚，总是被权威牵着鼻子走，习惯于听从权威而失去了独立思考的能力。因而一旦失去了权威，他们常常会感到手足无措。在近代西方，当《圣经》和教会的权威势微以后，很多人感到惶惶不安——“失去了上帝的引领，人类将走向哪里？”

纵观古今中外历史，创新常常是从推翻权威开始的。或者说，敢于提出推翻权威，这本身就是一种创新行为。

职场中，我们总是羡慕那些敢于创新的成功者，实际上，我们身边就有许多的创新机会，就看你善于不善于捕捉它。能否捕捉到机遇，取得意想不到的成果，往往取决于我们有没有捕捉问题的敏锐头脑，有没有善于从司空见惯的现象中发现问题、捕捉疑点的慧眼，有没有在权威下过“结论”、做过“论断”的所谓“终极真理”面前敢于质疑的勇气。

大量事例证明，敢于合理质疑、敢于率先提出问题的职场人士，能最先开辟一条全新的创造之路。敢于质疑，能使大脑处于一种探索求知的主动进取状态，使大脑的思维处于朝气蓬勃的创新状态。疑处有奇迹，疑处出真知，疑处有突破。

在接受别人所谓的唯一可行的办法，或者所谓的“板上钉钉”的道理时，要敢于提出相反的思路；要挑战一切，不怕提出“愚蠢”的问题。记住：永远不要被权威人士吓倒。

无论工作还是生活，只有勇敢地向权威说“不”，冲出思想的重围与禁锢，才能开创不寻常的局面。

成大事者应从大处着眼，不拘小节

有一句名言是“成大事者不拘小节”，意即成大事者必须抓住主要矛盾，认准大方向，着力于解决主要问题，而对于与大局无关的细枝末节的问题可以忽略。在生活中，许多人足够心细和成熟，任何一件小事都深思熟虑，却事业无成；一些功成名就的人，往往只关注自己事业领域内的事情，摸透做精，对日常生活中的小事反而很马虎。

梁国有一位君王，很想把国家治理好，做一个有作为的皇帝。于是他每日勤于政事，事无巨细，事必躬亲，比如他制定了严格的法律，规定哪些事情可以做、哪些不可以做，甚至对人们在大路上走路的姿势都做了严格规定。

虽然他非常认真负责地管理国家，然而效果并不尽如人意，老百姓怨声载道，社会秩序混乱不堪。梁王非常苦恼，却又无计可施。他听说杨朱满腹经纶，就向杨朱请教。

杨朱对梁王说：“你看见过放羊的情景吗？有一堆羊群，如果让一个小孩拿着鞭子守护着，要羊向东，羊群就向东，要羊向西，羊群就向西。可是，假如让尧帝来把每只羊都牵上，还让舜帝拿着长长的鞭子跟在后面，羊反而就不好放了。而且我还听说过这么一句话：能吞下大船的鱼不在支流中浮游，鸿鹄只在高空中飞，不会落在低矮的屋檐上。这是什么原因呢？因为它们志向高远。黄钟大吕这样的乐器不和繁杂的乐音合奏，这又是什么原因呢？因为那是高亢的乐律。所以，成大事者不拘小节。今天君王你身居高位，想成就大业，可是事无巨细，什么小事都管，结果往往适得其反，做出越俎代庖的事来，使本来应该管的事反而没有管，你说这样怎么能把国家治理好呢？”

梁王听了翻然醒悟。

有一句俗语说得好，在其职谋其政。作为君王，治理国家应该从大处着手，如果不论事情大小都事必躬亲，往往不会取得好的效果。把自己应做的做好了，就非常不容易了。所以，一个拥有大局意识的人做任何事都要从大处着眼。

每个人的精力都是有限的，不管他多么努力，不管他多么勤奋，也不可能把一生中的每一件事情都做好。事事都要做好，反而事事都做不好。一生中只要做好几件重要的事，你的人生就是成功的。

春秋时的越王勾践，在失败后以为吴王当奴隶为“小节”，卧薪尝胆，十年积蓄，一朝灭吴，一雪前耻；韩信不拘胯下之辱，最终成了西汉的开国功臣；大科学家爱因斯坦整日蓬头垢面，却提出了对后世影响深远的相对论；曾国藩以方圆谋人生，坚持着这样的信条：定准方向，不把心思花在小事上，而是抓住主要矛盾，从大局去考虑问题，因而他的《曾氏家书》中的许多信条被后人奉为经典……像这样不拘小节的人还有很多，他们目光高远，从大处着眼，不拘小节，最终开创了人生的大格局。

军事家诸葛亮曾说过，治世以大德不以小惠。对于一个有智谋的人来说，当别人注意小事的时候，他会从大处着眼，比别人看得远；当事情越忙越乱时，他会静下心来，不动声色地把事情理顺；当别人束手无策的时候，他会顾全大局，思维超前，游刃有余地解决事情。我们欲成大事，必须洞察方向、把握大局、心怀宏图大略。正所谓“会当凌绝顶，一览众山小”，只有心无旁骛，才能专心致志。若拘泥于小节，沉迷于雕虫小技，将精力和时间过多地投放在非原则的琐事之上，“眉毛胡子一把抓”，就会顾此失彼，必然对成大事产生阻碍。

第十二章

完美生活，舍得才是引路人

生活如镜，给她以微笑，她必将报你以微笑

生活需要微笑。面对人生的风雨、情感的失意、事业的低谷，不妨淡淡一笑。

笑代表着乐观、达观；笑是一种胸怀；笑更是一种生活的境界；笑还是对生活的勇气和信心。

给生活以微笑，生活必将还你以微笑。

当我们冷落了快乐、幸福时，多读一读美国作家奥格·曼迪诺的《笑遍世界》，你会从中寻见幸福的踪影：

我要笑遍世界。

世上种种到头来都会成为过去。心力衰竭时，我安慰自己，这一切都会过去；当我因成功洋洋得意时，我提醒自己，这一切都会过去；穷困潦倒时，我告诉自己，这一切都会过去；腰缠万贯时，我也告诉自己，这一切都会过去。是的，昔日修筑金字塔的人早已作古，埋在冰冷的石头下面，而金字塔有朝一日，也会埋在沙子下面。如果世上种种终必成空，我又为何为今日的得失斤斤计较。

我要笑遍世界。

我要用笑声点缀今天，我要用歌声照亮黑夜。我不再苦苦寻觅快乐，我要在繁忙中忘记悲伤。

我要笑遍世界。

笑声中，一切都显露本色。我笑自己的失败，它们将化为梦的云彩；我笑自己的成功，它们终将恢复本来面目；我笑邪恶，它们远我而去；我笑善良，它们发扬光大。我要用我的笑容感染别人，虽然我的目的自私，因为皱起眉头会让顾客弃我而去。

我要笑遍世界。

从今往后，我只因幸福而落泪，因为悲伤而悔恨，挫折的泪水毫无价值，只有微笑可以换来财富，善言可以建起一座城堡。

我不再允许自己因为变得重要、聪明、体面、强大而忘记嘲笑自己和周围的一切。在这一点上，我要永远像小孩子一样，因为只有做回小孩子，我才能尊敬别人，我才不会自以为是。

我要笑遍世界。

只要我能笑，就永远不会贫穷。这也是天赋，我不再浪费它。只有在笑声和快

乐中，我才能真正体会到成功的滋味，只有在笑声和快乐中，我才能享受劳动的果实，如果不是这样的话，我会失败，因为快乐是提味的美酒佳酿。要享受成功，必须先有快乐，而笑声便是那伴娘。

我要笑遍世界。

回不到昨天，却能选择今天

昨日像那东流水，奔流到西不复回。成功与失败都被翻成了淡淡的黄色，也许，你曾经在脚步匆匆时留下了遗憾，然而，走过的岁月，再也无法回首，虽然已回不到昨天，我们却可以选择今天。

有人说，生活是无法重演的戏，纵使千百次的复现昨日也无法将它拿来一笔勾去，我们不能总是沉浸在对过去的回忆里，迟迟不前。过于沉于过去，就会成为今天的羁绊，让明天依旧遗憾今日。聪明的人，不问过去，他会选择好今天，让每一个今天都充满意义，为自己绘出一个丰富多彩得明天。

在一次演讲会上，一位著名的演说家手里高举着一张10美元的钞票，讲了一句开场白。面对大厅内的听众，他问："谁要这10美元？"一只只手举了起来。

"我打算把这10美元送给你们中的一位，但在这之前，请准许我做一件事。"他说着将钞票揉成一团，然后问："谁还要？"仍有人举起手来。

"那么，假如我这样做又会怎么样呢？"他接着把钞票扔到地上，又踏上一只脚，并且用脚碾它。当钞票已变得又脏又皱的时候，他才捡起来。

"现在谁还要？"还是有人举起手来。

"朋友们，你们已经上了一堂很有意义的课。无论我如何对待那张钞票，你们还是想要它，它并没贬值，它依旧值10美元。在人生路上，我们会无数次被自己的决定或碰到的逆境击倒、欺凌甚至被碾得粉身碎骨。我们会觉得自己似乎一文不值。但无论发生什么，或将要发生什么，在上帝的眼中，我们是永远不会丧失价值的。无论肮脏或洁净，衣着齐整或不齐整，每一个人依然是无价之宝。"

我们的生活就像那张钞票，不管你是多么的追求完美，你也无法将过去不够完美的日子像钞票一样撕去，它也不会因为曾经的污浊或是不够完美而被贬值，每个人都不会在意被踩过的钞票，每个人也不应该因自己过去日子的不够完美而耿耿于怀，因为，我们大可以把目光放在今天，抓住了今天，生活才不会继续发霉，才会永远的保值。

我们也都听过“头悬梁，锥刺骨”的故事，苏秦年轻的时候，由于学问不够渊博，游走很多地方做事，都受到冷待。后来，他躬身自省决定回家，没想到连家人对他也很冷淡，瞧不起他。忍受着巨大的刺激，他下定决心，忘记过去的仕途不顺和他人的冷眼相待，也不追究自己曾经的努力为何成为徒劳，他决定抓住今天发奋读书。后来，他常常读书到深夜，疲倦至极时他就想了一个办法。他准备一把锥子，瞌睡时，就用锥子往自己的大腿上刺一下。这样，猛然间感到疼痛，使自己清醒起来，继续读书。

后人常用他的故事激励人们发愤读书学习。现在仔细想来，苏秦面对的境况又何止是只需努力学习那么简单，有时候，心理上的打击要远胜过身体上的疲劳，我们佩服他锥刺股的学习精神，更感叹他面对当日的勇气，因为他知道过去已不可留，今日才是我们所能选择的。所以，他选择了忘记昨天的悲喜，把目光放在了当下。

频频回首，要么是因为不舍，要么因为遗憾，于是，有人重复着“想要把你忘记真的好难”，在一次次重复中让今天也成了遗憾。聪明的人，会把过去收起叠好收藏，努力过好每一个今天。有人说：记住该记住的，忘记该忘记的。改变能改变的，接受不能改变的。既然回不到昨天，那么就选择今天。

你所拥有的，才是真正的财富

人人都渴望得到财富，而财富究竟为何物，怎样的人生才算是幸福的人生？星云大师在《求财富祈愿文》中向佛陀祈求七种财富：

第一种，祈求您给我健康的身体。

第二种，祈求您给我慈悲的心肠。

第三种，祈求您给我智能的头脑。

第四种，祈求您给我勤俭的美德。

第五种，祈求您给我宽广的胸怀。

第六种，祈求您给我内心的智能。

第七种，祈求您给我世间的因缘。

这七种财富，都是我们通过自我修炼能够获得的，并且是真正的、自在的不会拖累己身的财富。

人生走到暮年，已垂垂老矣，只有回忆占据内心时，历数一生的喜怒哀乐以及繁华落寞，怎样的来路才会让人感觉到充实呢？若将财富得失的心态抛至脑后，我们很容易发现自己原来一直如此富有。

人常说，知足常乐。知足是一种处世态度，常乐是一种释然的情怀。知足常乐，贵在珍惜，珍惜自己所拥有的一切，不抱怨不贪求。当我们都在忙于追求、拼搏而失去方向的时候，知足常乐，这种在平凡中渲染的人生底色所孕育的宁静与温馨，对于风雨兼程的我们是一个避风的港口。真正做到知足常乐，人生会多一份从容，多一些达观。

做人要知道满足，要懂得珍惜，不可贪得无厌。每个人出生时不可能都含着一把通向富贵、幸福之路的钥匙，但是每个人都拥有一双勤劳的手，不要把对美好生活的期待寄托在上天的恩赐上，美好的生活应该靠勤劳的双手去创造。

对于一个不知足的人来说，天下没有一把椅子是舒服的，他也永远无法看到自己所拥有的青春、能力、经验、激情、教养、信念……这时候，不满之心就像是一团熊熊烈火，柴放得越多，烧得越旺；火烧得越旺，人就越有添柴的冲动。于是，人奔来奔去，忙里忙外，既无暇休息，也体会不到忙碌的乐趣。

星云大师说，知足是天下第一富。人如果不知足，虽在天堂却犹处地狱；能够知足的人，虽卧荒地也如天堂。

无法看到自己所拥有的，就无法珍惜，这是一种极其危险的情绪，既能够摧毁有形的东西，也能搅乱我们的内心世界。擦亮眼睛，看看我们所拥有的财富：生命、时光、理想、热情、知识、亲情、友谊……你有拥有的，才是你真正的财富。

将不计功利的快乐融进生命

每个人活在这个世界上，都有自己不同的位置，每个位置都有不同的生活，每种生活都有不同的快乐。就像龙王和青蛙的寓言故事，每个人都有自己的满足与快乐，假如可以不计得失的生活，就不会被角色所制约。

有一天龙王与青蛙在海滨相遇，打过招呼后，青蛙问龙王：“大王，你的住处是什么样的？”“珍珠砌筑的宫殿，贝壳筑成的阙楼，屋檐华丽而有气派，厅柱坚实而又漂亮。”龙王反问了一句：“你呢？你的住处如何？”青蛙说：“我的住处绿藓似毡，娇草如茵，清泉潺潺。”

接着，青蛙又向龙王提了一个问题：“大王，你高兴时如何？发怒时又怎样？”龙王说：“我若高兴，就普降甘露，让大地滋润，使五谷丰登；若发怒，则先吹风暴，再发霹雳，继而打闪放电，叫千里以内寸草不留。那么，你呢？青蛙！”青蛙说：“我高兴时，就面对清风朗月，呱呱叫上一通；发怒时，先瞪眼睛，再鼓肚皮，最后气消肚瘪，万事了结。”

我们活在世上，总有一天也要进入社会，扮演一定的社会角色，或者是“龙王”，或者是“青蛙”。龙王有龙王的活法，青蛙有青蛙的活法，不用一味地羡慕别人。青蛙们和龙王们都各有各的快乐，也各有各的痛楚。只要生活得简单，有乐趣，觉得满足，就是美好的生活了。

在我们进入社会后，我们被很多名誉、利益和角色束缚，可以做龙王的只能做青蛙，只能做青蛙的偏偏成了龙王。但是这一切，没有人可以帮助我们，除了我们自己解救自己。当我们释放了自己的愤懑、不满，放下计较、得失与纠缠，就会发现做龙王和做青蛙其实没什么大的区别，只要能够一切都顺其自然，安心做好自己，那么芸芸众生也就各复其根了。在这样的时候，我们看世界的眼光不再挑剔，我们面对世界的态度不再矫情，生命就随着自自然然的状态开放、凋谢，然后等待下一个春天。

人来到这个世界后，一开始无忧无虑，因为需求的东西少，负担少，所以得到的快乐也就多。随着自己想要得到的东西不断地增加，要求不断地提高，各种各样的负担和烦恼也由此而生，除了苦苦追寻要得到的一切之外，再也没有时间去想自己是不是过得快乐。到了最后，终于明白了这个问题，但生命的脚步却越走越远。

唐代诗人王维的《辛夷坞》中说：“木末芙蓉花，山中发红萼，涧户寂无人，纷纷开自落。”那山中的芙蓉花并不因生在深山而黯然失色，春来秋去，它依然绽放自己生命的美丽，灿烂地活在世上，体验生命的大快乐。所以，于丹说，人生一大乐事就是，任情挥洒，无往不至。

庄子在《内篇·逍遥游》中说：“朝菌不知晦朔，蟪蛄不知春秋，此小年也。”意思是说：树根上的小蘑菇寿命不到一个月，因此它不理解一个月的时间是多长；蝉的寿命很短，生于夏天，死于秋末，它们不知道一年当中有春天和秋天。它们的生命都是短暂的，一般人觉得它们可怜。然而，这只是人类眼中的人世，如果天地间有一个巨人，它拥有五百岁的寿命，那么它看人就如人看蝉一样，觉得可悲可怜。所以，生命的长短想来总是有界限的，唯一没有界限的便是在这短暂的人生里，我们可以融进无穷的快乐。

世间人，有一种情怀是不问结果的，这也是对生命自信的一种挥洒。人在社会中需要经受各种的考验和煎熬，心慢慢变冷，像一颗坚硬的蛋。可假如经历过尘世风雨的洗礼，依然能够用阳光一样的微笑来地面对世界，这样的心态才是最可宝贵的快乐与真情。

跨越吝啬的藩篱，与幸福同在

罗素说过，吝啬，比其他事更能阻止人们过自由而高尚的生活。就是告诉我们一定要摒弃吝啬的不良习惯。

凡吝啬的人一般都是自私的、贪婪的。这类人只是嫌自己发财速度太慢，总嫌发财“效率”太低，总想不劳而获或者少劳多获，因而挖空心思地、不择手段地算计他人、算计集体、算计社会，一般的情况是：在吝啬者口袋里的金钱或多或少地带有不洁的成分，廉耻、天良、真理，都会沉溺在吝啬者的吝啬之中。

这种过于吝啬的习性的一种表现是与人交往只索取不奉献。

有个勤劳而忠实的男孩叫汤姆，他一个人住在一间小屋子里，并且拥有一座在村庄里最美丽的花园。小汤姆有很多的朋友，但其中有一个磨坊主叫汤恩。汤恩是个很富有的人，他总自称是小汤姆最忠厚的朋友，因此他每次到小汤姆的花园来时，都以最好的朋友的身份拎走一大篮子各种美丽的鲜花，在水果成熟的季节还拿走许多水果。

汤恩经常说：“真正的朋友就该分享一切。”而他却从来没有给过小汤姆什么。

冬天的时候，小汤姆的花园枯萎了。“忠实的”磨坊主朋友从来没去看望过孤独、寒冷、饥饿的小汤姆。

汤恩在家里对他的家人说：“冬天去看小汤姆是不恰当的，人们经受困难的时候心情烦躁，这时候必须让他们拥有一份宁静，去打扰他们是不好的。而春天来的时候就不一样了，小汤姆花园里的花都开放了，我去他那采回一大篮子鲜花，我会让他多么高兴啊。”

磨坊主天真无邪的儿子问他：“爸爸，为什么不让小汤姆到咱们家来呢？我会把我的好吃的、好玩的都分给他一半。”

谁想到磨坊主却被儿子的话气坏了，他怒斥这个白白上了学，仍然什么都不懂的孩子。他说：“如果小汤姆来到我们家，看到了我们烧得暖烘烘的火炉，我们丰盛的晚饭，以及我们甜美的红葡萄酒，他就会心生妒意，而嫉妒则是友谊的大敌。”

磨坊主汤恩的高论让我们看到了吝啬的人在面对生活时的丑恶嘴脸。吝啬者金钱、财富都不缺，然而其灵魂、其精神却是在日趋贫穷。

吝啬果真能给吝啬者带来愉快吗？不能。其实吝啬者的生活是最不安宁的，他们整天忙着的是挣钱，最担心的是丢钱，唯恐盗贼将他的金钱全部偷走，唯恐一场大火将其财产全部吞噬掉，唯恐自己的亲人将它全部挥霍掉，因而整天提心吊胆，坐立不安，永远不会是愉快的。

所以，我们要远离吝啬的魔鬼，走出吝啬的灰暗，寻找生命中那一份与人分享的蓝天。施予的追求没有资格的限制，再吝啬、再坏的人，只要决心想给予，就可以透过训练开启布施之心。在生活中，让我们学会“布施”吧，因为，只有如此，才能让我们得到更多，学会给予，才能收获幸福，懂得付出，才能有更多收获。

舍弃没有意义的抱怨，让自己快乐起来

只要你还有饭吃，有衣穿，你就不应该抱怨生活。因为在这个世界上，还有很多人吃不饱，穿不暖，想想他们，你就应该珍惜现在所拥有的一切。

“事情怎么会这样呢？真是烦人！”“我这次考试没考好，全都怪昨天晚上……”“考试题出成这样，老师根本就是在难为我们。”这是不是你经常挂在嘴边的话？心情不愉快的时候，这些抱怨的话好像不经过大脑自己就到嘴边了，然后心情就会变得很沮丧。在这样一种精神状态下，不难想象，你犯错误的几率自然要比别人高，许多新的烦恼又在后边等着你，那么你又开始新一轮的抱怨——沮丧——出错——倒霉……

抱怨只是暂时的情绪宣泄，它只是心灵的麻醉剂，但绝不是解救心灵的方法。所以，遇到问题抱怨是最坏的方法。罗曼·罗兰说只有将抱怨环境的心情化为上进的力量，才是成功的保证。也有人说，如果一个人青少年时就懂得永不抱怨的价值，那实在是一个良好而明智的开端。倘若我们还没修炼到此种境界，就最好记住下面的话：如果事情没有做好，就千万不要为抱怨找借口。

古人云：人生之事，不顺者十之八九，常想一二。这句话的意思是说人活在世上，十件事中有八九件都会使人不顺心，但要常去想那一两件使人开心的事。每个人都会遇到烦恼，明智的人会一笑了之，因为有些事是不可避免的，有些事是无力改变的，有些事情是无法预测的。能补救的应该尽力补救，无法改变的就坦然面对，调整好自己的心态去做该做的事情。

一名飞行员在太平洋上独自漂流了20多天才回到陆地。有人问他，从那次历险中他得到的最大教训是什么。他毫不犹豫地说：“那次经历给我的最大教训就是，只要还有饭吃，有水喝，你就不该再抱怨生活。”

人的一生总会遇到各种各样的不幸，但快乐的人不会将这些装在心里，他们没有忧虑。所以，快乐是什么？快乐就是珍惜已拥有的一切，知足常乐。

抱怨是什么？抱怨就像用针刺破一个气球一样，让别人和自己泄气。

其实，抱怨属人之常情。“居长安，大不易”，难道不许别人说一说苦闷吗？抱怨之不可取在于：你抱怨，等于你往自己的鞋子里倒水，使行路更难。困难是一回事，抱怨是另一回事。抱怨的人认为不是自己无能，而是社会太不公平，如同全世界的人合伙破坏他的成功，这就把事情的因果关系弄颠倒了。

喜欢抱怨的人在抱怨之后，心情非但没变轻松，反而变得更糟。常言说，放下就是快乐。这也包括放下抱怨，因为它是沉重又无价值的东西。

人们喜欢那些乐观的人，是喜欢他们表现出的超然。生活需要的信心、勇气和信仰，乐观的人都具备。他们在自己获益的同时，又感染着别人。人们和乐观——包括豁达、坚韧、沉着的人交往，会觉得困难从来不是生活的障碍，而是勇气的陪衬。和乐观的人在一起，自己也就得到了乐观。

抱怨失去的不仅是勇气，还有朋友。谁都不喜欢牢骚满腹的人，怕自己受到传染。失去了勇气和朋友，人生变得很难，所以抱怨的人继续抱怨。他们不知道，人生有许多简单的方法可以快乐地生活，停止抱怨是其中的真谛之一。

抱怨相当于赤脚在石子路上行走，而乐观是一双结结实实的靴子。

学会放弃，才能更好地获得生活

放弃是一种坦荡的心境和大度的气概。学会放弃，既是遍历归来的路，又是重登旅程的路，既是对过去诱发深思的路，又是对未来满怀憧憬的路。千万朵智慧的灯火灿烂着温柔和明朗的天空，牵出生命音乐般轻柔的翅膀、牵出一生春光明媚的季节。

不懂得放弃的人，总将生活中不如意绕在心灵的枝杆上，一生就像北方腊月的浓雾，挥之不去。一味地自怨自哀，自暴自弃，于是青春美丽的容颜与悠悠岁月擦肩而过，恰如风过竹面，雁过长空，就像苏东坡的一生人生长叹：“事如春梦了无痕”。

舍不得放弃的人，像一茎寂寞的芦苇，独立在夜风中守望，把自己幻成一季秋色，再从烟黄的旧页中只能握住一把苍凉。

懂得放弃的人，会对任何事不会太过苛求，竭力用温情、柔情，大度营造一个温馨的港湾，在荡漾着对生命充满着爱意的氛围中，舒展一下疲惫的心是多么惬意与幸福！懂得放弃的人，是静下心来当一回医生，为自己把脉，重新点燃自信的火把，照亮人生中不如意的症结，然后分析与失之交臂的差距，根据自己自身的特点选定一个目标，努力掌握一门专长，多看一些奋发奋力的书籍，开阔视野，荡涤一下容易浮躁的心灵。

生活有苦也有乐、有喜也有悲、有得也有失，拥有一颗达观、开朗的心，就会使平凡暗淡的生活变得有滋有味，有声有色。

生活的路并非一马平川，难免有磕磕绊绊。我们学会了竞争，学会了占有。而放弃则是另一种生存方式。此路不通，换一条走走，总有一条适合自己，总有一条能通向成功。当你以一副义无返顾的姿态艰辛地在一条路上跋涉的时候，也许，另一条路上鲜花正灿烂开放，笙歌四起。

学会了放弃，才是真正地学会了占有，学会了竞争。陶渊明“不为五斗米折腰”，离开浑浊的封建官场，这是洁身自爱的放弃；毛泽东“招了招手”，毅然离开苦心经营的井冈山根据地，这是战略抉择的放弃。

放弃，是意志的升华，是精神的超脱，是一种境界。学会放弃的人，才是真正的大智大勇。人生其实就是一段路，从这头走到那头，可以哭，可以笑，却没有停止的理由。经历了重重磨难，经过情感的大起大落，才能真正明白放弃的内涵：学会放弃，放弃名利的追求，放弃钱财的索取，退一步，不会是永远的失败，恰恰可能是海阔天空。

放弃需要勇气，需要有“敢冒天下之大不韪”的魄力。有时，放弃要面对各种的压力，或来自社会，或来自世俗。中国科学界元勋——“中国导弹之父”——钱学森，为了祖国的国防事业，毅然放弃国外的优厚待遇，带着“相当于五个山地师”的智慧，回到中国。此间，他俶出了巨大的牺牲，冒着生命的危险，在异国他乡忍辱负重，历尽磨难。他做出了成功的放弃。如果留在美国，他必然有丰厚的物质条件，然而如果他做了这样的选择，今日的钱学森，只不过是千万留洋学子中普通乃至平庸的一员！

放弃，不是“轻言失败”，不是遇到困难阻碍就退却、屈服，是迎难而上的另一种方式。放弃遥不可及的幻想，放弃孤注一掷的鲁莽，多几分冷静，多几分沉着。“山重水复疑无路，柳暗花明又一春。”再回首时，才会发现，曾经的放弃是多么明智的选择。

合理调整期望水平

高大的骆驼趴在地上，蜷起腿来，尽力用它的膝盖支撑着身子，耐心地等待主人往它身上装货。主人在驮架上放上了一个货包，接着又放一个，不停地叠在骆驼的背上。

“他该住手了吧？”骆驼心里发起愁来了，但是它又不敢违背主人。

好不容易才等到主人把货叠完了，只见主人甩动长鞭，发出了开步走的命令。骆驼颤颤巍巍地站立起来。

“走吧！”主人拍了一下骆驼的笼头命令道，但骆驼却呆立不动。“你怎么老站着不动啊？快走！”主人厉声喝道，他使劲地又扯了一下笼头。

此时，骆驼的四条腿就好像是钉在地上，一动也不动。

“唉，你这固执的家伙！”主人叹了口气，他猜到了骆驼的心思，动手从它背上卸下两个货包。

“这样还差不多。”骆驼自言自语地嘟囔着，顺从地上路了。

他们在烈日下走了一整天。主人想在天黑前赶到前边的村庄投宿，骆驼仿佛猜到了主人的心思，它不再往前走动了。

“走啊，走啊！你这个偷懒的家伙。”主人拉起嗓门直嚷嚷，“再走一程我们就能住店啦！”

“你不要太过分了，我的主人！今天我累得够呛，四条腿又酸又疼。”骆驼暗自想着，它直挺挺地趴在沙地上，横竖不挪动了。

牵骆驼的人心里叫苦不迭，可又有什么办法呢？他只得卸下货物，沮丧地在沙漠里露宿了一夜。

我们总是对自己的生活充满了各种期望。合理的期望有利于我们的形成良好的人生规划，可现实的状况是，我们设立的期望值常常偏离合理的基线，要么过高，要么过低。故事里骆驼的主人就是为自己设立了一个过高的期望值。

在生活中，你所设置的期望越高，而又因能力有限或受客观因素影响无法实现时，所遭受的打击就越大，挫折感就越重。便由此产生心理失衡、失望、抑郁情绪，特别严重时还可能走向极端。只要我们平时留意，就可发现，在我们四周常可以见到一些因期望值过高而引发心理障碍的患者。

其实，假如原定的期望值达不到，是可以转化调整的。很多人受挫，多数是期望超过了自己的实际可能。因此，当有目标不切实际时，就干脆放弃；当有些目标过高，却是不能够放弃时，就应当根据实际情况适当调整，可以把大目标分解成若干个小目标，然后通过实现小目标，最终达到大目标。

但我们也不应太过低估自己的能力，而将自己的期望值设立得太低。在一个低期望的心态下工作，学习尽管能够达到目标，却往往会失去创造更多价值的机会，失去进取的动力，更有甚者，会因过低的期望值而对自己的能力产生怀疑。此时，我们就应该调整自己的期望，树立信心。

20 世纪 40 年代，美国费城的一个深夜，有一家酒店突然起火。当时 258 名旅客多数正在酣睡，那些还没有睡的人们，看到旅馆所有的房间已被滚滚浓烟笼罩。他们拨打了火警电话，然后一边救火，一边等着火警救援。尽管消防队员赶来了，但求生的本能，还是使许多人开窗从高楼跳下，一个个躯体直挺挺地砸在人行道上，发出恐怖而沉闷的响声，然后归于寂静。

这时，有一个姑娘站在七楼的一个窗口，看着背后的熊熊火光。只见她镇静地看了看窗下，大声高喊着："我希望活着，我希望活着！"然后纵身跃下……奇迹发生了，她成了几百人中唯一一名幸存者。而且这个姑娘空中跃下的惊人一瞬被过路的大学者阿诺德抓拍了下来，定格在历史写真的胶片里，供更多活着的人们回味……

那个幸运的姑娘也许并不知道什么是"皮格马利翁效应"，但她在关键时刻用它救了自己的生命。

自我期待是一种无形但巨大的力量，它推动人们不断地塑造、完善自我。存在主义哲学家萨特说："你想成为什么，你就会成为什么。"因此，随着环境与自身能力条件，及时调整自己的期待值，是成功的条件之一。

不要虐待自己

我们都有过这样的经历：

——亲戚送了一盒上等绿茶，舍不得喝，放了很久，却没有想到保存不当，等拿出来喝时才发现受潮发霉了，只好万般不舍地扔掉。

——朋友送了一件质地良好的风衣，却因为太喜爱而舍不得穿。等有一天愿意拿出来时，却发现自己的身体已由亭亭玉立而变得臃肿，那件风衣自己竟然无法再穿上了。

——朋友出差时送了一盒当地特产的糕点，舍不得吃，待下决心将它“消灭”掉时，却发现早已过了保质期。

……

同样的道理，在我们或长或短的一生中，很多东西也是不能保存，而必须尽量享受的。不能享受人生、享受生活的人，就一定没有快乐。

在条件允许的情况下，我们应该尽量享受生活，没有必要像苦行僧似的，总是一味地虐待自己。懂得享受生活的人，比一般人更能感觉到生活的乐趣和人生的幸福。

著名的钢琴大师鲁宾斯坦有次给朋友一盒上等雪茄，朋友表示要好好珍藏这一特别的礼物。“不，不要这样，你一定要享用他们，这种雪茄如人生一样，都是不能保存的，你要心量享受它们。没有爱和不能享受人生，就没有快乐。”钢琴大师对朋友说。

钢琴大师的话寓含深奥的人生哲理，我们每个人都有必要读懂它，记住它，运用它。可是在现实生活中，类似下面这样的事情还是经常在我们身上发生。

玛丽家里有3个开水瓶。平时，只要哪个开水瓶里没有水了，玛丽总会及时去烧开水，把那空着的水瓶注满。

这天，玛丽烧好水，刚注满两个空着的开水瓶，玛丽的丈夫走过来，拿起其中一个就往茶杯里倒水。玛丽止住了他，指了指另一个瓶说：“先喝昨天烧的。”丈夫只好放下手里的瓶，提起那个瓶，往杯里一倒，水已不热。丈夫虽皱了皱眉，但他还是从容地喝了这凉开水。他知道，如果不喝，玛丽又会说，自己家烧的水，不能像公司里那样，隔夜的开水凉了就倒掉。

玛丽天天都要烧开水，但玛丽一家人天天都只喝凉开水。

玛丽买了一箱梨。买回当天，玛丽清理出几个烂梨子。她把好梨装回箱子时，把那几个烂梨子剜去烂掉的部分，洗净，然后动员全家人一起“消灭”了那几个烂梨子。

过了几天，玛丽打开箱子，发现又烂了几个梨子。她再次把烂梨子清理出来，剜去烂掉的部分洗净，再次动员全家一起突击吃烂梨子。

梨子仍在烂。玛丽一家吃了一箱烂梨子。

玛丽家有了冰箱后，玛丽上街买菜一次便买很多，回来时，把把冰箱塞得满满的。这样可以吃上一些日子。

玛丽每次发现冰箱里面的菜不多了，便提上菜篮子，上街又狠狠地采购一批。回来时，除了菜篮子里装满了，还大包小包提着几个塑料袋。每次把冰箱里原来剩下的菜清出来，把刚买的新鲜菜放进去。玛丽是这样划算的：先前买的菜必须先吃，不然坏了可惜。

玛丽家冰箱里的菜总是在循环，新买的新鲜菜总是被玛丽放进冰箱里，玛丽家每日吃的都是在冰箱里储存了一段时间的菜。

玛丽的丈夫出差回来，给玛丽买了一套流行的套装裙。玛丽很高兴，她把衣裙试了一次后，便舍不得穿，将衣服挂进衣柜里，又穿起那些旧衣服。她觉得那些旧衣服都还没穿坏，搁在那儿不穿挺可惜的，新衣服可以存起来以后再穿。

玛丽的丈夫仍在不断地给玛丽买时兴的衣服，玛丽也喜欢。可玛丽总是舍不得丢弃旧衣服。一天，玛丽从箱柜里取出自买回来只穿了一次的踏脚裤，玛丽走在大街上，引来了不少人侧目，玛丽却一脸灿烂，为引来如此高的回头率而自我感觉良好。玛丽自己当然不知道，这种裤子早已过时，人们看她就像看见了一个怪物。

玛丽从来都没有想过，要改变喝凉开水、吃烂梨子、吃冰箱菜、穿过时衣服的习惯。她认为这是生活中一种美德。

如果换个方式想一想，其实人生很多时候需要舍弃一些东西，这不但不浪费，而且还能获得更多的东西。

在此需要说明的是，我们提倡尽量享受生活，不是让你超前享受，更不是让你奢侈，而是在有条件的前提下去享受。比如和家人一起看场电影，和朋友一起做一次短途旅行，和心爱的人一起享受一顿美食，等等。

总之，该享受的时候绝不吝啬，这样的日子才会过得有滋有味，这样的日子才是好日子。

舍得分享，有利于改善我们的生存环境

近朱者赤，近墨者黑。高贵也是这样，没有一种高贵可以遗世独立。要想保持自己的高贵，就必须拥有高贵的“邻居”；要想拥有一片高贵的花的海洋，就必须与人分享美丽，同大家共同培植美丽。只有这样，我们才能保持自身的纯洁和华贵。

一个精明的荷兰花草商人，千里迢迢从遥远的非洲引进了一种名贵的花卉，培育在自己的花圃里，准备到时候卖个好价钱。对这种名贵花卉，商人爱护备至，许多亲朋好友向他索要，一向慷慨大方的他却连一粒种子也不给。

第一年的春天，他的花开了，花圃里万紫千红，那种名贵的花开得尤其漂亮。第二年的春天，他的这种名贵的花已繁育出了五六千株，但他发现，今年的花没有

去年开得好，花朵略小不说，还有一点杂色。到了第三年，名贵的花已经繁育出了上万株，令他沮丧的是，那些花的花朵变得更小，花色也差很多，完全没有了它在非洲时的那种雍容和高贵。当然，他没能靠这些花赚上一大笔。

难道这些花退化了吗？可非洲人年年种养这种花，大面积、年复一年地种植，并没有见过这种花会退化呀。百思不得其解，他便去请教一位植物学家。

植物学家问他："你的邻居种植的也是这种花吗？"

他摇摇头说："这种花只有我一个人有，他们的花圃里都是些郁金香、玫瑰、金盏菊之类的普通花卉。"

植物学家沉吟了半天说："尽管你的花圃里种满了这种名贵之花，但和你的花圃毗邻的花圃却种植着其他花卉，你的这种名贵之花被风传播了花粉后，又沾上了毗邻花圃里的其他品种的花粉，所以你的名贵之花一年不如一年，越来越不雍容华贵了。"

商人问植物学家该怎么办，植物学家说："谁能阻挡住风传播花粉呢？要想使你的名贵之花不失本色，只有一种办法，那就是让你邻居的花圃里也都种上你的这种花。"于是商人把自己的花种分给了自己的邻居。次年春天花开的时候，商人和邻居的花圃几乎成了这种名贵之花的海洋——花色典雅，朵朵流光溢彩，雍容华贵。这些花一上市，便被抢购一空，商人和他的邻居都发了大财。

想要有名贵的花园，就必须让自己的邻居也种上同样名贵的花。精神世界也是这样的，一个人想要维持自己品德的高尚，如果不懂得和别人分享，就只能是孤芳自赏，甚至背上自闭与不通事理的骂名。

有时候，分享并不是多么伟大的情操。"阴险"一点说，分享是为了在我们需要时的得到，给自己一个好人缘和和睦的生活、工作环境。在分享中，我们得到的远比分享的多得多。

所以，面对生活中的得失时，我们的目光不要太短浅，心胸不要太狭窄，学会分享，这其实是一项大智若愚的"长远投资"，有利于提升我们的形象，有利于改善我们的生存环境，有利于我们在这个人情味十足的社会中立足并发展。

"功遂身退，天之道也"，为商业生涯画个完美的句号

提到"功成身退"，人们很容易想起范蠡、张良、刘伯温这些耳熟能详的古人名字。接下来还会想到"飞鸟尽，良弓藏；狡兔死，走狗烹"。这句流传了两千年的成语。"功成身退"一词会让国人联想到机诈诡谲的帝王心术和明哲保身的生存哲学。对

于现代企业家来讲，“功成身退”却是另外一层意思，它不仅意味着从商界抽身而退，而且还意味着华丽转身之后的人生新起点。

比尔·盖茨当然是最好的例子，《中国日报》在2006年的一篇报道详细介绍了世界首富功成身退台前幕后的故事。

1975年，一个名为比尔·盖茨的年轻人与他的伙伴创立了微软公司。30多年里，盖茨驾驭着这个软件公司用技术一步步地扩充着帝国版图，改变和影响着整个全球。如今，执掌微软31年的盖茨终于做出“归隐山林”的决定——他将逐步退出公司的日常管理，转而全身心投入慈善事业。这对微软意味着一个时代即将结束，但对世界却意味着多了一个身家500亿美元的全职慈善家。

2008年6月15日，微软联合创始人兼董事长比尔·盖茨宣布，他将逐步移交其日常工作，以便将更多时间投入到“比尔与梅琳达·盖茨基金会”所从事的慈善事业。为确保平稳有序地过渡，盖茨表示此次的过渡期为两年，2008年7月之后，盖茨将放弃全部日常管理工作，只保留董事长一职。

盖茨当天发表声明说，淡出微软日常事务对他来说是一个艰难的决定，但他对慈善事业有着同样的热情，并且认为这也是一份十分重要和具有挑战性的事业。盖茨表示，尽管他准备远离微软的日常事务，但他坚信公司的前途将与以往一样光明。盖茨早在几年前就已经卸去了微软首席执行官的职务，交棒给史蒂夫·鲍尔默。而这一次，他似乎真的要离开了。

目前，微软正处在一个面临激烈竞争的关键时刻。但盖茨认为，公司面临的新竞争对手和挑战不会影响他的决定，“在微软的历史上，还没有出现过风平浪静的时刻”。盖茨也对担任首席执行官几年的鲍尔默信心十足，称他是“历史上最伟大的合作伙伴之一”。前微软副总裁萨姆·贾达拉透露，盖茨曾经打算到60岁离开微软，而如今他提前10年决定“收山”，很重要的原因之一可能是他找到了合适的接班人。

不过，盖茨也强调，即便他不参与日常管理，也会在公司未来发展中发挥作用。他表示自己不会放弃公司最大股东的身份：“这是我的骄傲。”据统计，截至2005年9月9日，盖茨至少拥有微软10亿股股票，占发行股的9.55%。微软现首席执行官鲍尔默在接受采访时承认，盖茨是无法取代的。“还有人能成为比尔·盖茨？我不认为这是个现实的假设。”

盖茨的隐退计划是在当天的股票市场收盘后宣布的。从盘后交易来看，微软股价并未受到大的冲击，仅微跌0.09美元，降至21.98美元。对于微软而言，盖茨的离开更多的是一种精神上的震撼，因为“他不只是一名高管，他是微软品牌的延伸”。

离开盖茨后微软将会继续发展，而离开微软后的盖茨也会找到新的天地。盖茨在声明中说："伴随巨大财富而来的是巨大责任，现在是把这些资源回报社会的时候了，而帮助困境中的人们是回报社会的最好方式。"根据美国《福布斯》杂志2006年的估计，盖茨的个人净资产接近500亿美元，连续12年蝉联世界首富。而他以自己和妻子名义创立的"比尔与梅琳达·盖茨基金会"还有291亿美元的资金，是全球最大的慈善机构，约等于欧洲小国卢森堡的国民生产总值，比许多非洲国家的国民生产总值还要多。盖茨说："就像我从未想象到微软能有今天的规模，我当初也没想到慈善基金会能有这么大作为。"

不过，盖茨在致富之初并非如此慷慨，在他创立的微软获得成功后，要求捐款的信件像雪片般飞来，父母也要求他进行慈善工作，但盖茨一概不理，当时他认为："我有一个公司要管理。我为社会能做得最好的事，就是让这个企业成功。"直到1993年秋天，一次非洲之旅促使盖茨发生了根本改变，当地人民的极度贫困震撼了盖茨的心灵。他在父亲老盖茨的建议下拿出9400万美元，建立了基金会。

近几年来，盖茨把大约20%的时间投入到了基金会的工作中。而在2008年之后，他将会全力从事慈善事业，帮助那些正与艾滋病、疟疾、肺结核以及饥饿作斗争的弱势群体。

盖茨说过，他的全部财富将用于捐赠，而不是留给自己的3个孩子。"我只是这笔财富的看管人，我需要找到最好的方式来使用它。"

像比尔·盖茨一样，一个明智的经营者要清楚自己该处的位置，做自己该做的事情，不奢望自己位置以外的东西。为人领导者，最高境界莫过于功成名就时"为而弗恃，功成而弗居"。及时转身，去做自己更想要做的事，会让自己的人生更加完整，生命才会更加丰富多彩。

险境对于我们未必不是福气

一位科学家把一只健康的青蛙突然扔进滚沸的开水中，这只青蛙一跃而起，从沸水中逃离出来，且性命无忧。后来，这位科学家将青蛙放进一口盛满凉水的锅里，并把水慢慢加热，这只可怜的青蛙全然未觉，在水中悠闲地游来游去，等到它发现危险时，已经无能为力了。

青蛙在险境中得以逃生，却被安逸的环境所埋葬，这一点，与人类十分相似。当我们遭遇险境时，总能竭尽全力地自救，或是依靠外部的力量获得帮助；但在安逸的环境里，人性中深藏的“贪图享受”“自我陶醉”等劣根性就会暴露无遗。当我们醉心于享乐时，常常失去了理性，以至于外部的环境已发生了变化或是危险已悄悄逼近，还毫无觉察，即使最后发现了，也已失去了逃离危险的最佳时机。

大海里，有一条极为聪明的鲨鱼。每当渔民张开大网来捕捞它时，它总能安全逃脱，因为一张网、一条船对它来说，几乎不可能构成威胁。

这一次，几十位渔民组成了一支捕鲨队，他们想依靠团队的力量，来围捕这条鲨鱼。并且这次他们更换了捕捞工具，用上了最结实的网、最锐利的渔叉，看来他们是志在必得了。

然而，就在几张大网同时扑向这条鲨鱼时，它灵巧地翻动了一下巨大的身体，并猛地潜进深水里，从一条小船的底下逃走了。它游得那样的快速，简直像闪电一样，渔民们根本就没有机会投掷手中的渔叉。

这条死里逃生的鲨鱼在摆脱了渔民们的围捕后，很快游到了一片安全地带，它长长地松了一口气，一边欣赏着蔚蓝色的大海，一边畅快地游着。

忽然，一群沙丁鱼从它身边快速地游过。

鲨鱼见状大喜，因为沙丁鱼是它最喜欢吃的食物。于是，鲨鱼在安全海域里不顾一切地追赶着沙丁鱼。沙丁鱼为了逃命，便飞快地朝前游去。但是，还是不停地有许多沙丁鱼落进了鲨鱼的口中。

鲨鱼兴奋起来，它尽情地追逐着沙丁鱼，却全然没觉察到身边的海水越来越浅。

追呀，追呀，鲨鱼追逐着自己的“猎物”，冲进了浅水滩。等它发现自己身处危险的境地时，已经晚了——它搁浅了。

第三天，一群游人在海边发现了它的尸体。

险恶的环境总能引起我们的警惕，使我们小心翼翼地一次又一次避过灾难；但在顺境中，我们常常被眼前的“繁华”所迷惑，对慢慢地增加的困难，逐渐形成的险境与挫折，我们就显得茫然、麻木、习以为常，以至于沉湎于其中，不能自拔。

事实上，险象环生的处境，对于我们来说，未必不是福气，未必不是一件好事；沉迷于安逸、享乐、醉生梦死的奢靡生活，又何尝不是灾祸。没有忧患意识，不能透过表面的“繁华”去发现危险，并规避、逃离危险，是我们需要克制的人性弱点。

很多时候，如果一味贪图眼前的享受，就有可能完全忽略了潜在的危机，等到危机来临时，就只能被动应付了。如果我们凡事考虑得长远一点，看问题时眼光能放长远一点，就能洞察到周围的风险，从而可以想办法去规避，这样就能减少不必要的损失，甚至能预防一些灾难的发生。

第十三章

学会选择，懂得放弃

人生即是选择

人只要在追求，他就在选择。

人生有无限多个解。人生是不能被理性穷尽的一个无理数。每个人因为站在不同角度去看它、体验它，所以从中得出的有关人生的定义，也各有殊异。

但有一点是共同的——人生即是选择。

一位作者曾写过这样一篇文章：记得小时候，农村水果十分稀缺，经常和生产队里年龄相仿的小朋友，三个一群五个一组地爬树摘野山栗、紫桑葚之类，以解口头之馋。而每次爬树的时候，都会出现相似的情况：开始大家都从一棵大树底下往上爬，可越往上爬，树的分杈越多，各人为了多采点果实，便选择了不同树枝。结果起点完全相同的小朋友们，各自爬到了不同的方向和高度上，有的站在又高又稳的主干枝头上，有的蹲伏在摇摆不定的侧枝上，还有的停留在树杈间……下来的时候，有的满载而归，有的略有所获，还有的空手而回。

现在想来，小时候的爬树，与人生的历程又是何其相似？生活中我们经常不知不觉地走到“十字”甚至“米”字路口，让你去选择，而正是这一次次的选择决定了我们今天的社会位置和人生状况。

人生似一条曲线，起点和终点是无可选择的，而起点和终点之间充满着无数个选择的机会。

在人生的旅途上，你必须作出这样的抉择：你是任凭别人摆布还是坚定自强，是总要别人推着你走，还是驾驭自己的命运，独当一面。

不少人的生活就像秋风卷起的落叶，漫无目标地飘荡，最后停在某处，干枯、腐烂。

为了促进个人的成长，达到个人的幸福，你必须学会驾驭生活。你必须自己选择服装、选择朋友、选择工作和奋斗目标。

很多人都会处于何去何从、前途未卜的十字路口，这是人生决定性的时刻。决定性的选择需要果断和勇气。这果断和勇气，有猜测和赌博的成分，但更多的来自知识和智慧的判断。

人人都会面临各种各样的危机，如信仰危机、事业危机、感情危机，等等。在危机当中，正确的选择和变动，会使我们积累起一种新的力量，重新面对世界。

在每个人的身上，都有一种十分强大的力量潜藏于体内，如果你无法发现它，它就永远处于冬眠状态，在人生的路途中你将无法发挥自身的创造力，更无法实现你的人生追求与梦想。

虽然选择的权利在你的手中，但许许多多的人并没有使用这一权利。也许这就是成千上万的人活得碌碌无为的最为直接的原因。

拿破仑选择了当时法国大革命以展示其军事指挥才干，才由一个科西嘉小子成为一代伟大的统帅；比尔·盖茨因为选择了开辟个人电脑时代，才由一名仅上过一年哈佛的大学生成为世界首富。

不是有才能就一定能成功，世界上许多有才干的人并不是成功人士。这是因为他们没有选对发挥自己才干的舞台。

如果你想实现自己的人生价值，千万别忘了选择，因为只有选择才会给你的生命不断注入激情；也只有选择才能使你拥有把握自己命运的伟大的力量；也只有选择才能把你人生的美好梦想变成辉煌的现实。

把握命运的伟大力量

选择是把握自身命运最伟大的力量。

谁掌握了选择的力量，谁就掌握了人生的命运。

人生的任何努力都会有结果，但不一定有预期的结果。

错误的选择往往使辛勤的努力付诸东流，甚至使人生招致灭顶之灾。

只有正确地选择了，所付出的努力才会有美好的结果。

或许你自己都没有意识到这点，只有当你面临困境的时候，你才会发现这种潜在的力量。

一群迁徙的野牛在行进途中，突遭数只凶猛猎豹的袭击。刚才还是悠然自得的牛群顿时像炸了窝的马蜂，惊恐着四处奔逃，躲避着猎豹，逃脱着死亡。一只只野牛在奔逃中被扑倒，没有搏斗，连挣扎也是那样有气无力，只是哀鸣了几声，就成了猎豹的食物。

突然，一只看似弱小的野牛，就在快被猎豹追上的刹那，突然转向，全身奋力后坐，努力将身体的重心后移，奔跑的四蹄成了四条铁杠，直直地斜撑在地上，身体周围腾起一股浓浓的尘土，如同爆响的炸弹掀起的浪。在这生与死的千钧一发之际，这只小小的野牛停住了。

急停下来的小野牛，不但没有被猎豹吓倒，反而是愤怒地沉下头，接着又仰起头顶上那一双尖尖的硬硬的牛角，猛抵向冲过来的猎豹。那只不可一世的猎豹，还没有看清眼前发生的一切，就被小野牛的尖角抵住了身体，扎进了肚子，被高高地捅起，抛向空中。

顿时，情况急转直下，奔逃的野牛们还在拼命地奔逃，而其他猎豹却惊呆了，先是顿立，继而掉头逃走了。

我们不知道为什么唯有那只小野牛不像它的父母兄弟姐妹以奔逃求生，而选择回首痛击，去战胜自己所面临的死亡。但它的行为却给了我们许许多多的启迪和联想。

生活中的困难多于幸福，人生中的磨难多于享乐。人不应在困难中倒下，而要努力在困难中挺起。因为当你重新作出选择的时候，你就会拥有一种连自己都不相信的力量，而这种力量会使你战胜困难，同时使你的人生像初升的太阳一样，突破云层，升起在蔚蓝的天空中。

很多时候，我们需要积聚起一种新的力量，重新面对世界。面临危机，你必须作出选择，这如同你不会游泳却被人推到河里一样，除了学会游上岸让自己不至于被淹死外，别无生路。

有时候，选择使人痛苦，尤其是当被选择的诸对象对你具有同等吸引力的时候。

人生的悲哀，莫过于自己不会选择，或者不去选择。只有依靠自己的选择，才能掌握自己的命运；只有正确的选择，才有成功的人生。

选择伴随着每个人的一生，并决定了每个人一生的成败和优劣。选择比性格更有力量，选择比努力更有力量，选择比才干更有力量，选择是人生最伟大的力量。

地图人生

地图上的路有千百条，但你找不到一条始终笔直平坦的路。人生的道路也是这样，充满崎岖坎坷。如果你想选择一条始终笔直平坦的路，那你将无路可走。生活是一条曲折漫长的征途——既有荒凉的大漠，也有深幽的峡谷；既有横亘的高山，也有断路的激流。只有矢志不渝地前进，才能赢得光辉的未来；只有顽强不息地攀越，才能登上理想的巅峰。人生道路，就是这么不平坦，坑坑洼洼，曲曲折折——既有得意者的欢欣，也有失败者的泪水；既有顺利者的喜悦，又有受挫者的苦恼。正是因人生像条曲线，生命才变得充实而有意义。当一个人走完了自己的坎坷旅程，蓦然回首时，他定会为自己留下的曲折而执著的印迹而欣慰，对大千世界报以满意的一瞥……人生的曲线，予人信心，给人希望，激人奋进，展示了人类奋斗的力量和过程的壮美。的确，人生是一条曲线，我们畏头缩颈又有何用？倒不如昂起头来，大踏步前进为好。

地球上的路有千百条，但每一条路都只能走向一个既定的目标。一个人，不可能同时向南又向北。路只能一步一步地走，目标只能一个一个地实现。你如果什么都想要，最终便什么也得不到。太多的幻想，往往使人不知如何选择。当你还在举棋不定时，别人或许已经到达目的地了。托尔斯泰说：“人生目标是指路明灯。没有人生目标，就没有坚定的方向；而没有方向，就没有生活。”在人生的竞赛场上，无论一个多么优秀、素质多么好的人，如果没有确立一个鲜明的人生目标，也很难取得事业上的成功。许多人并不缺乏信心、能力、智力，只是没有确立目标或没有选准目标，所以没有走上成功的道途。这道理很简单，正如一位百发百中的神射击手，如果他漫无目标地乱射，也不会在比赛中获胜。

在人生旅途，选择什么样的路，当量力而行。要学会选择，学会审时度势，学会扬长避短。只有量力而行的睿智选择才会拥有更辉煌的成功。

“成名成家”固然充满风光，但绝不是每一个人都可以实现，“心想事成”只不过是美好的愿望。有信心是重要的，但有信心不一定会赢，而没信心却一定会输。人生的学问，其实就是“量需而行，量力而行”。要想获得快乐的人生，你最好不要像过去那样行色匆匆，不妨停下脚步，暂时休息一会儿，想一想自己需要什么，需要多少。想一想有没有这样的情况：有些东西明明是需要的，你却误以为自己不需要；有些东西明明不需要，你却误以为自己需要；有些东西明明需要得不多，你却误以为需要很多；有些东西明明需要很多，你却误以为不怎么需要……

一张地图，一次人生，二者何其像也！

看清“气候”再决断

一个人很难有足够的预知能力来决定命运，你无法预知未来是朝哪个方向发展。但也并不是说，我们只能被动地随波逐流，任凭命运摆布。我们可以睁大眼睛看清时势，再作出有利自身的选择。既然环境不容易改变，不如先改变我们自己：看清周围的“气候”，然后灵活应对，只有这样才能明辨是非，趋利避害。

一般说来，社会“气候”是很难改变的。这种“大气候”一旦形成，通常几年、几十年乃至上百年都不会有太大的变化。一个人在这种社会气候中只能接受，而不会有太大的改动余地。不接受对你没有什么好处，如屈原，感叹自己生不逢时，“举世混浊而我独清，世人皆醉而我独醒”，可结果呢，却不为世道所容，怀石沉江。

“大气候”不易改变，“小气候”总是还有让人发挥的余地的。一个人在家庭、职场的活动中，只要努力追求，总是会有很大的空间。

分清自己所处的“大气候”和“小气候”，明白自己的位置，清楚活动的空间，辨别生活的利害，采取适当的手段，对于一个人来说，并不是很难的事情。

韩信，淮阴人，少时“贫无行”，不会谋生，“常寄食于人，人多厌之者”。曾有一恶少年侮辱他，让他钻裤裆，韩信就钻了，“市人皆笑（韩）信，以为怯（懦）”。但“其志与众异”，他是位“忍小愤而就大谋”的“盖世之才”。

韩信在拜将之前，就向刘邦提出“以天下城邑封功臣，何所不服”的建议，表明他胸怀大志，意在封王，他不懂得分封制度在当时已不合历史潮流。

韩信出身贫民，却满脑子分封思想。刘邦虽然曾“自以为得（韩）信晚”而任他为大将，但刘邦始终没有像相信萧何、张良那样把韩信作为心腹对待，因为韩信总热衷占据一方，封王封土，怎么能让刘邦放心呢？

刘邦坐稳了江山之后，看到韩信握有重权，并且深得军心，不由得十分担忧。他宴请群臣，面对臣下的恭贺，也忧心忡忡。张良察言观色，明白了是刘邦害怕功高之人今后难以控制，就私下对韩信说：“你是否记得勾践杀文种的故事？自古以来，只可与君主共患难，而不可与其同享富贵。前车之鉴，后车之师啊！我们要好自为之。”

韩信尽管认为张良的话有道理，但他对刘邦还是抱有幻想，他认为是自己帮助刘邦成就了帝业，刘邦怎么会忘恩负义呢？可是不久，便有奸佞之臣诬告韩信恃功自傲，不把皇帝放在眼里。刘邦更是不满于韩信的所作所为，不久，就设计解除了韩信的兵权。后来，韩信为吕后所拘杀。

韩信错就错在不看清“气候”、不识时务而作出了错误选择，即使才略满腹最终也成为一个悲剧人物。人处在一个复杂的社会里，人际关系错综复杂，世事诡变难以预料，只有顺应时势，伺机而动，才能在社会上立足扎根。

选择面前别固执

两个贫苦的猎人靠上山打猎为生。有一天他们在山里发现两大包棉花，两人喜出望外，山里猎物不好打，而将这两包棉花卖掉，足可让家人一个月衣食无虑。当下两人各自背了一包棉花，便赶路回家。

走着走着，其中一名猎人眼尖，看到山路有着一大捆布，走近细看，竟是上等的细麻布，足足有十多匹之多。他欣喜之余，和同伴商量，一同放下肩负的棉花，改背麻布回家。

他的同伴却有不同的想法，认为自己背着棉花已走了一大段路，到了这里又丢下棉花，岂不枉费自己先前的辛苦，坚持不愿换麻布。先前发现麻布的猎人屡劝同伴不听，只得自己竭尽所能地背起麻布，继续前行。

又走了一段路后，背麻布的猎人望见林中闪闪发光，待近前一看，地上竟然散落着数坛黄金，心想这下真的发财了，赶忙邀同伴放下肩头的麻布及棉花，背起黄金。

他的同伴仍是那套不愿丢下棉花以免枉费辛苦的想法，并且怀疑那些黄金不是真的，劝他不要白费力气，免得到头来空欢喜一场。

发现黄金的猎人只好自己背了两坛黄金，和背棉花的伙伴赶路回家。走到山下时，无缘无故下了一场大雨，两人在空旷处被淋了个透。更不幸的是，背棉花的猎人肩上的大包棉花，吸饱了雨水，重得完全背不动，不得已，他只能丢下一路辛苦舍不得放弃的棉花，空着手和挑金的同伴回家去。

面对机会的来临，人们常有许多不同的选择方式。有的人会单纯地接受；有的人抱持怀疑的态度，站在一旁观望；有的人则顽固得如同骡子一样，固执地不肯接受任何新的改变。而不同的选择，当然会导致迥异的结果。许多成功的契机，起初未必能让每个人都看得到深藏的潜力，但起初抉择的正确与否，往往就决定着成功与失败的分野。

在人生的每一个关键时刻，审慎地运用你的智慧，做最正确的判断，选择属于你的正确方向。同时别忘了随时检查自己选择的角度是否产生偏差，适时地加以调整，千万不能像背棉花的猎人一般，只凭一套哲学，便欲渡过人生所有的阶段。

成功既不是全盘接受，也不是全盘放弃，而是在情况发生变化时能够及时修正自己的目标和行动。放掉无谓的固执，冷静地用开放的心胸去做正确抉择。每次正确无误的选择将指引你永远走在通往成功的坦途上。

愿望与现实之间

1865年，美国南北战争结束了。一名记者去采访林肯，他们有这么一段对话：

记者："据我所知，上两届总统都曾想过废除农奴制，《解放黑奴宣言》也早在他们那个时期就已草就，可是他们都没拿起笔签署它。请问总统先生，他们是不是想把这一伟业留下来，让您去成就英名？"

林肯："可能有这个意思吧。不过，如果他们知道拿起笔需要的仅是一点勇气，我想他们一定非常懊丧。"

记者还没来得及问下去，林肯的马车就出发了，因此，他一直都没弄明白林肯的这句话到底是什么意思。

直到1914年，林肯去世50年了，记者才在林肯致朋友的一封信中找到答案。在信里，林肯谈到幼年的一段经历：

"我父亲在西雅图有一处农场，农场里有许多石头。正因如此，父亲才得以用较低价格买下它。有一天，母亲建议把上面的石头搬走。父亲说，如果可以搬走的话，主人就不会卖给我们了，它们是一座座小山头，都与大山连着。

"有一年，父亲去城里买马，母亲带我们到农场劳动。母亲说，让我们把这些碍事的东西搬走，好吗？于是我们开始挖那一块块石头。不长时间，就把它们弄走了，因为它们并不是父亲想象的山头，而是一块块孤零零的石块，只要往下挖一英尺，就可以把它们晃动。"

林肯在信的末尾说，有些事情人们之所以不去做，只是因为他们认为不可能。而许多不可能，只存在于人们的想象之中。

每个人都有一大堆的愿望，但他们却很难踏上实现的征程，影响他们作出选择的因素有时候很简单，那就是勇气。他们因为恐惧而害怕选择自己认为不可能的愿望，因此也错过了成功的机会。

如果你有一个不可战胜的灵魂，那么无论在你身上发生什么事，无论面前有多么大的困难，都无法影响到你。当你意识到自己从伟大的造物主那里获得源源不断的能量时，能真正影响到你的事情就少之又少了。因为，无论什么事情降临在你身上，你都可以保持内心的平静。

那些成功的人们，如果当初都在一个个"不可能"的面前，因恐惧失败而退却，而放弃尝试的机会，他们就不可能获得成功，他们也将平凡。没有勇敢的尝试，就无从得知事物的深刻内涵，而勇敢作出决断了，即使失败，也由于对实际痛苦的亲身体验，而获得宝贵的经验，从而在命运的挣扎中，愈发坚强，愈发有力，愈接近成功。

不甘平凡，勇敢地挑战自我、挑战潜能，下定决心，铁了心去做。你可能面对不同的局面，但必须要时刻记住：要为梦想去奋斗，你有信心获得成功，你就能成功，因为，你体内有一股巨大的潜能。你勇敢，困难便退却；你懦弱，困难就变本加厉地折磨你。你勇敢，就可能成功；你懦弱，则肯定会失败。

人生，不论到了哪一步境地，只要你还有勇气向成功挑战，你就还没有失败。所谓失败，都可以算作你的宝贵经验，是可以创造财富的。所以，只要勇气还在，你就有望赢得胜利，你就可以立于不败之地！

大胆地选择

20世纪初，有个爱尔兰家庭想移民美洲。他们非常穷困，于是辛苦工作，省吃俭用三年多，终于存够钱买了去美洲的船票。当他们被带到甲板下睡觉的地方时，全家人以为整个旅程中他们都得呆在甲板下，而他们也确实这么做了，仅吃着自己带上船的少量面包和饼干充饥。

一天又一天，他们以充满嫉妒的眼光看着头等舱的旅客在甲板上吃着奢华的大餐。最后，当船快要停靠爱丽丝岛的时候，这家其中一个小孩生病了。做父亲的找到服务人员说："先生，求求你，能不能赏我一些剩菜剩饭，好给我的小孩吃？"

服务人员回答："为什么这么问？这些餐点你们也可以吃啊。"

"是吗？"这人说，"你的意思是说，整个航程里我们都可以吃得很好？"

"当然！"服务人员以惊讶的口吻说，"在整个航程里，这些餐点也供应给你和你的家人，你的船票只是决定你睡觉的地方，并没有决定你的用餐地点。"

很多人也有相同的情况，他们以为他们"被带去看"的地方就是他们一辈子必须待的地方，他们不明白，他们可以和其他人一样，享受许多同样的权利。成功是要寻访、要共享、要想办法接近的。

过去的已经过去，现在你正在为灿烂的明天打基础。正如一位哲人所说："无论你身处何境都要有自己的选择。"只有大胆的选择才能将你从贫困带到富裕，从逆境带到顺境，从失败带到成功。

选择强者做对手

1996年世界爱鸟日这一天，芬兰维多利亚国家公园应广大市民的要求，放飞了一只在笼子里关了4年的秃鹰。事过三日，当那些爱鸟者们还在对自己的善举津津乐道时，一位游客在距公园不远处的一片小树林里发现了这只秃鹰的尸体。解剖发现，秃鹰死于饥饿。

秃鹰本来是一种十分凶悍的鸟，甚至可与美洲豹争食。然而它由于在笼子里关得太久，远离天敌，结果失去了生存能力。

无独有偶。

一位动物学家在观察生活于非洲奥兰治河两岸的动物时，注意到河东岸和河西岸的羚羊大不一样，河东岸羚羊奔跑的速度比河西岸羚羊每分钟平均要快 13 米。

他感到十分奇怪，既然环境和食物都相同，何以差别如此之大？为了解开其中之谜，动物学家和当地动物保护协会进行了一项实验：在两岸分别捉 10 只羚羊送到对岸生活。结果送到西岸的羚羊发展到 14 只，而送到东岸的羚羊只剩下了 3 只，另外 7 只被狼吃掉了。

谜底终于揭开了，原来东岸的羚羊之所以身体强健，只因为它们附近居住着一个狼群，这使羚羊天天处在“竞争氛围”中。为了生存下去，它们变得越来越有“战斗力”。而西岸的羚羊身体较弱，奔跑也不快，恰恰就是因为缺少天敌，没有生存压力。

上述现象对我们不无启迪，生活中出现一个对手、一些压力或一些磨难并不是坏事。一份研究资料说，一年中不患一次感冒的人，得癌症的概率是经常患感冒者的 6 倍。至于俗语“蚌病生珠”，则更说明问题。一粒沙子嵌入蚌的体内后，蚌将分泌出一种物质来疗伤，时间长了，便会逐渐形成一颗晶莹的珍珠。

什么样的对手将造就什么样的自己。

生活中有各种各样的笼子，不少人的处境和那只笼子里的秃鹰差不多。虽然它能让人乐而忘忧、流连忘返，但毕竟是笼子。可以设想，最后的结局和那只秃鹰没有什么两样，所以一定要选择一个强者做对手。

有所为有所不为

“有所为有所不为”，这是中国的一句哲理名言，“有所为”是主动选择，“有所不为”是敢于放弃。一个人能力再强，精力再多，也不可能无所不为，什么都想做只能是什么也做不好，选好自己应该做的才是最关键的。

譬如，世间上行业千千万万，哪行做好了都能赚钱。每天都有企业垮台、破产，每天同样也有新的企业诞生。经营任何一种行业的商人，都应熟悉自己的主业，把它研究深、研究透，方能成为该行业的老大。

作为一个成熟的商人，你要学会放弃，那些你不熟悉的行业，千万不要轻易进入。别人在赚钱，不要眼红心动，否则，今天的投资，意味着明天的垮台！

商人们千万不要有了点钱，就认为什么生意都可做，什么行业的钱都想赚！

作为领导也是这样，有些领导喜欢揽权，大事小事都要亲力亲为，结果人累得够呛，事情也没办好。

艾森豪威尔在他的《远征欧陆》一书中，说马歇尔“轻视那些事必躬亲的人，他认为那些埋头于琐细小事的人，没有能力处理战争中更重要的问题”。他讲美国的军事原则是：“为战区司令官指定一项任务，给他提供一定数量的兵力，在他执行计划的过程中，尽可能少加干涉。”如果他的战果不能令人满意，“那么，正当的办法不是对他进行劝说、警告和折磨，而是用另一个司令官替代他”。

艾森豪威尔在这里讲的“琐细小事”和“尽可能少加干涉”的内容都是有所不为的范畴。战区司令官对那些琐细小事有所不为，是为了集中精力研究整个战区的大事，要在全局上有所为；更高一级的统帅对战区的事情少加干涉，也正是要研究更大的战略问题，在更高的层次、更广泛的意义上有所为。因此，不妨说有所不为才能有所为。

很多人都梦想能拥有一份好工作，这份工作最好是能带来财富、名声、权势和地位，为人称羡。但事实上，在激烈的市场竞争中，已经没有哪一种工作是真正的热门行业，无论何种工作，都无法提供完全的保障。那么如何以不变应万变，取得一份较为实际，同时又富含理想色彩的工作呢？以下建议，您不妨一试：

首先，放长线钓大鱼。没有哪份职业会永远的热门。选择行业要充分考虑自己的兴趣、能力、就业磨合期以及这一职业的未来前景。

其次，以智能求生存。你需要不断充电，不仅要做个“专才”，更要做复合型人才。

再次，个人主导生活，选择有丰厚收入的工作原本无可厚非，但不能放弃其他的追求，如自由时间、健康和幸福的家庭等。一份相对自由、能充分发挥个人才智的工作将更受人的青睐。

有所为有所不为，有利于集中力量，把宝贵的有限的资源用在最急需的地方，争获最佳的效益；有利于集中人力、物力、财力办更大更重要的事情。

有所为有所不为需要胸有全局，高瞻远瞩。心中无数、虚浮懒散的人做不好有所为有所不为。胸有全局就能分清轻重缓急，做出正确取舍，科学规划，科学设计。高瞻远瞩是考虑得长远，并能以高度的责任感和使命感对待自己的选择。显然，短期行为、急功近利与此格格不入。

有所为有所不为需要有自觉的意识调动一切积极因素，解放智慧。如果无所不管、思想僵化，局面是不会改观的。

改变自己的生活方式

你的成功与否，决定于你所选择的生活方式。

有这样一个故事，一位知名记者正在进行一次采访，被采访者是一个贫困山区的小羊倌。

“你放羊干什么？”

“攒钱。”

“攒钱干什么。”

“娶媳妇。”

“娶媳妇干什么？”

“生娃。”

“生娃干什么。”

“放羊。”

羊倌的想法真是令人悲哀。羊倌的可悲不在于他的穷困，不在于他从事的职业，更不在于他攒钱的方式，而在他正陷入一种麻木的生存状况之中而不觉。

一位三十出头的女子，是一家皮尔·卡丹专卖店的老板。她来自贫穷的山区，大学毕业后放弃了回家乡工作的机会，毅然留在省城，当过记者，摆过地摊，开过服装店。一次偶然的机会，认识了一位皮尔·卡丹代理商，信心百倍的她东挪西借筹款，在省城闹市区租个门面撑起了一个专卖店。创业之初，她吃住在店里，为了付那里昂贵的租金，她有时一顿饭用一块大馍充饥。热情周到的服务终于让专卖店里有了络绎不绝的顾客，生意红火了，她没下过一次饭店，未买过时尚衣服，仍过着节俭的生活，渐渐地，她口袋里的钱像滚雪球一样一天天多起来。一年前，她把左右邻店兼并过来，同时还招聘了6名员工。已成款姐的她不无真诚地说：“都市里到处都能掘到黄金，关键是你要选择好自己的生活方式，如果你觉得自己现在命运不济，那你就应当改变一下目前的生活方式，而不应当整日只知道哀叹命运不济。”

其实，只要细心地观察一下四周，你就会发现：在都市的每个角落，确实生活着很多精力旺盛的乡下人，在高高的脚手架上、在酒店、在商场、在快餐店、在书摊……他们从事着或复杂或简单的工作，以乡下人的勤劳与质朴，以乡下人顽强的生存能力，挤进了钢筋水泥混凝土构筑的城堡，开拓一块哪怕是极小的天地，并且有滋有味地活着；而那些一生下来就有了城市户口的城里人，在失去了铁饭碗之后，却连一条求生存的路也找不到。比起进军都市的乡下人，一些城里人已经输了，并且输得很惨。

即使我们拥有骄人的文凭、城市的户口、住房，面对下岗或分流，我们唯有不断拓展生存空间，谋求适合自己的发展方式，不断地刷新自己，创新未来，才有可能处变不惊，才可以在繁华褪尽后重新镀亮人生。

一个人有无前途，不取决于拥有多少财富，而是取决于其是否具有发展观念。当你正津津乐道于已经拥有车子房子票子的时候，千万别忘了，你也许还是一个羊倌！

将欲取之，必先予之

春秋战国时候，魏国的信陵君为人忠厚仁义、善于成人之美。他的门客达到3000多人。其中有一位叫侯生的门客，本是屠户出身，才貌平庸，受到其他门客及家人的嘲弄与鄙视，而信陵君以士之礼待之，一视同仁，毫无嫌弃和厌恶之感。相反，还能尊重他的意见，满足他的要求。公元前248年，秦国围攻赵国都城邯郸，赵王数次遣使向魏求救。魏王怕引火烧身而不敢发兵，但是在各国一片合纵抗秦的呼声下，他只好派大将晋鄙率领10万人象征性地救援，虽大造声势，实则驻军于邺下，停滞不前。

信陵君多次请求魏王催促晋鄙进兵，魏王不听。他一怒之下，带领自己的一千多门客准备与秦军决一死战。临别找侯生，侯生却一反常态，对信陵君赴汤蹈火无动于衷。一怒之下，公子行出数里。可是越想越不对劲，于是就想回头问个明白。原来侯生使的是欲扬先抑之计，他故作冷淡，使信陵君诧异，然后再提出自己的意见。侯生指出这样行动无异于以孵击石，与其铤而走险，不如偷来兵符，操纵军队。最后在好友朱亥的帮助下，终于盗得了兵符并取得了晋鄙的兵权。信陵君传令全军：“父子俱在军中者，父归；兄弟俱在军中者，兄归；独子无兄弟者，回家赡养父母；有疾病者，留下治疗。”这一成人之美的命令深得人心，最后集合得8万精兵，加上千余门客，个个斗志昂扬，最后大败秦军。

从这里我们可以看到信陵君的成功并非偶然，他的仁义为人，成人之美的大度使他在遇到困难时，很多人都愿意帮助他，甚至为他拼死卖命。其中的道理，非庸人能知也。

从以上历史故事中我们得到启迪：要想获得，必须先给予，为了让别人归心于自己，首先要做到成人之美。成人之美，胜造七级浮屠。给予别人，就是给予自己。

自己给自己铺路

天才之路都是自己铺成的，这条路上有天才自己的一颗爱心。

在里约热内卢的一个贫民窟里，有一个男孩，他非常喜欢踢足球，可是家里穷，买不起足球，于是就踢塑料盒，踢汽水瓶，踢从垃圾箱拣来的椰子壳。他在巷口里踢，在能找到的任何一片空地上踢。

有一天，当他在一个干涸的水塘里踢一只猪膀胱时，被一位足球教练看见了，他发现这男孩踢得很是那么回事，就主动提出送给他一只足球。小男孩得到足球后踢得更卖劲了，不久，他就能准确地把球踢进远处的随意摆放的一只水桶里。

圣诞节到了，男孩的妈妈说："我们没有钱买圣诞礼物送给我们的恩人，就让我们为我们的恩人祈祷吧。"

小男孩跟妈妈祷告完毕，向妈妈要了一只铲子跑了出去，他来到教练住的别墅前的花圃里，开始挖坑。

就在他快挖好的时候，教练从别墅里走出来，问小男孩在干什么。小男孩抬起满是汗珠的脸蛋，说："教练，圣诞节到了，我没有礼物送给您，我愿给您的圣诞树挖一个树坑。"

教练把小男孩从树坑里拉上来，说："我今天得到了世界上最好的礼物。明天你到我训练场去吧。"

3年后，这位17岁的男孩在第六届世界杯足球赛上独进6球，为巴西第一次捧回金杯，一个原来不为世人所知的名字——贝利，随之传遍世界。

路是人走出来的，而要想走得好一点，你就要为自己铺路。

自己的思想

在清代乾隆年间，有两个书法家，翁方纲极认真地模仿古人，讲究每一笔每一划都要酷似某某，如某一横要像苏东坡的，某一捺要像赵孟頫的。自然，一旦练到了这一步，他便颇为得意。刘石庵则正好相反，不仅苦苦地练，还要求每一笔每一划都不同于古人，讲究自然，直到练到了这一步，才觉得心里踏实。

那么，究竟谁更高明呢？那个故事没说，只是交代了一个情节——有一天，翁方纲嘲讽刘石庵，说：“请问仁兄，您的字有哪一笔是古人的？”刘石庵并不生气，而是笑眯眯地反问了一句：“也请问仁兄一句，您的字，究竟哪一笔是您自己的？”翁方纲听了，顿时张口结舌。

从创造学的观点看，翁方纲毫无出息，除了没完没了地重复别人，实在是一无所有，可怜至极；刘石庵则孜孜不倦地钻研，造就自己独特的个性，做到了“我就是我”！

齐白石先生有一句名言：“学我者生，似我者死。”个性是区别大众的。正因为个性的差异，才构成人生万象的异彩纷呈，才谈得上相互学习、相互促进、相互吸引。因为个性，自身特点才有独立的价值。

佛招弟子，应试者3人：一个太监，一个嫖客，一个疯子。

佛首先考问太监：“诸色皆空，你知道吗？”

太监跪答：“知道。学生从不近女色。”

佛一摆手：“不近女色，怎知色空？”

佛又考问嫖客：“悟者不迷，你知道吗？”

嫖客笑答：“知道。学生享尽天下美色，可对哪个都不迷恋。”

佛一皱眉：“没有迷恋，哪来觉悟？”

最后轮到疯子了。佛微睁慧眼，并不发问，只是慈祥地看着他。

疯子捶胸顿足，凄声哭喊：“我爱！我爱！”

佛双手合十：“善哉，善哉。”

佛收留疯子做弟子，开启他的佛性，终成正果。

其实，成功者都是独立的思想者，没有自己思想的人混不出很大的名堂。跟着别人跑，跟着别人学，可能获得一点成功，但不能获得大成功。因此，要根据自己的思想，去思考自己的未来，设计出一条成功的路线和蓝图。

把握今天

大科学家爱因斯坦曾经说过：“我从不去想未来，因为它来得太快了。”而中国道家宣扬“无为以求心净”，这也是有其生活依据的。所谓“无为”并非什么事都不做，而是强调不去思考未来，尽力做好眼前的事。

乔治·麦克唐纳也说：“有道是，无人曾经沉陷于每日重负之下。唯有把明天的重负加在今天的重负之上时，那个重量才超过一个人所能忍受的限度。”

聪明的人，不会太多地停留在昨天，也不会太多地幻想明天，而是牢牢地把握住今天。因为他懂得时间不因为回忆而增加长度，时间也不因为人的幻想而增加厚度。时间是公平的，富人、穷人，在时间的面前都是平等的。所以，对于来去匆匆的人生，自己要有一个坚实的信念。

对于过去，不要过多地回忆，回忆有时会带来伤感，回忆太多会消磨人的意志。谁都知道，年轻人喜爱梦想未来，老年人都喜欢回忆自己的过去。对于未来，不要有太多想象，不要太过夸张，未来是人们最喜欢的，但又是最不实际的一种兴奋剂。以平常之心对待未来的人之所以活得很好，是他们并不夸饰未来。一加一从来不等于二，或者说，昨天的经验加上今天的奋斗，一定有一个光辉的明天。

只有把握今天，才是人生的绝对哲理！

往日的遗憾可以用今天的成绩来弥补，明日的风景可以用今天的匠心去栽培。今天，为你留下了恣意挥洒的空间，你可以努力想象，尽情发挥。今天，是你奋起直追的起跑线，你可以用冲刺的加速度改写昨日失败的懊悔。

请相信，只要你好好把握住了今天，你理想的天空就不会出现阴霾，你耕耘的田野就会硕果累累，你事业的航船就会一帆风顺，你成功的身后就会留下一座不朽的丰碑。当明日朝阳升起的时候，你就会心情舒畅，坦然面对。

所以，最重要的是把握今天，一步一个脚印，一步一步地前进。千里之行，始于足下，不要嫌弃小事，大事是从小事做起的。不要嫌弃走得慢，走得慢比不走要好。走自己的路，不要东张西望。不要回头，一直走下去。不要先问结果，要问自己的努力和付出。这样才有可能成为真正事业的成功者。

少留恋昨天，多把握今天，更要努力创造明天。

命运在自己的手中

有这样一则故事：

一个生活平庸的年轻人，对自己的人生没有信心，平时经常去找一些“赛半仙”算命，结果越算越没信心。他听说山上寺庙里有一位禅师很是了得，这天他便带着对命运的疑问去拜访禅师，他问禅师：“大师，请您告诉我，这个世界上真的有命运吗？”

“有的。”禅师回答。

“噢，这样是不是就说明我命中注定穷困一生呢？”他问。

禅师让这个年轻人伸出他的左手，指着手掌对年轻人说：“你看清楚了吗？这条横线叫做爱情线，这条斜线叫做事业线，另外一条竖线就是生命线。”

然后禅师让他自己做一个动作，把手慢慢地握起来，握得紧紧的。

禅师问：“你说这几根线在哪里？”

那人迷惑地说：“在我的手里啊！”

“命运呢？”

那人终于恍然大悟，原来命运是掌握在自己手里的。

不管别人怎么跟你说，记住，命运在自己的手里，而不是在别人的嘴里！当然，再看看自己的拳头，你还会发现，你的生命线有一部分还留在外面没有被抓住，它又能给你什么启示？命运大部分掌握在自己手里，但还有一部分掌握在“上天”的手里。古往今来，凡成大业者，他们“奋斗”的意义就在于用其一生的努力去换取在“上天”手里的那一部分“命运”。

俗话说：“天下没有免费的午餐。”你只有积极进取、努力争夺，才可能获得满意的结果。如果只是一味地等待机会，就如同躺在床上等待小鸟飞到你的手掌心，这样的话，伴随你的也只有一次次的失望甚至是绝望了。

那么，现在就握紧自己的手，对自己的内心大声说一句：命运掌握在我自己的手中，而不在别人的手里和嘴里！

改变自己才能改变世界

从前有个皇帝，很喜欢到自己的国土上四处巡视。每天这样走来走去，两只脚生了泡，痛得要死。他觉得很愤怒，就要求下属把自己的国土全铺上地毯。现织地毯是来不及了，就杀掉牛，剥了牛皮铺在地上，牛杀光了，还不够，然后就杀猪杀羊，最后连老鼠都杀了剥皮，也只能覆盖京城周围一带。皇帝更加愤怒，告诉大臣，如果不行就杀人剥人皮来铺。

一个大臣觉得这也不是办法，就小心翼翼地跟皇帝说：“您就是真的把国民通通杀光，估计也不够用的，您为什么不用一小块牛皮把自己的脚包起来呢？”皇帝觉得有道理，弄来一块牛皮试了一下，果然走再远的路，脚也不会再痛了。就这样，世界上诞生了第一双鞋。

有时候我们常常会抱怨这个世界不公平，其实往往是自身的原因。有时候我们常常幻想改变世界，结果却碰得头破血流，尝试一下改变自己，世界很可能就会变得美好起来。

在威斯敏斯特教堂地下室里，英国圣公会主教的墓碑上有一段话：

当我年轻自由的时候，我的想象力没有任何局限，我梦想改变这个世界。

当我渐渐成熟明智的时候，我发现这个世界是不可能改变的，于是我将眼光放得短浅了一些，那就只改变我的国家吧！

但我的国家似乎也是我无法改变的。

当我到了迟暮之年，抱着最后一丝努力的希望，我决定只改变我的家庭、我亲近的人——但是，唉！他们根本不接受改变。

现在在我临终之际，我才突然意识到：如果起初我只改变自己，接着我就可以依次改变我的家人；然后，在他们的激发和鼓励下，我也许就能改变我的国家。再接下来，谁又知道呢，也许我连整个世界都可以改变。

要想获得新生活，就必须改变自己，勇于突破，而不能总是原地踏步。当你抱着积极的心理态度时，世界在你面前便势必会低头。

第十四章

让一步山高水长，退一步海阔天空

为人处世以容人为上策

古人曾说："得饶人处且饶人。"在生活中，如果我们一旦有争强好胜、锱铢必较的心理，就可能给自己招来不必要的烦恼，嫉妒甚至是仇恨。

可见，包容是做人、处世的大智慧，也是和谐人际关系的一种润滑剂。尤其是在双方产生针锋相对的矛盾时，如果以硬碰硬，无论胜负都会有所损失，倘若能够互相包容，就不仅会避免损伤，还能够将问题处理得很好。

清康熙年间，内阁大学士张英（张廷玉的父亲）收到一封家书。信上说他们家正打算修围墙，本来根据地契，墙可以一直修到邻居叶秀才家的墙根下，但是叶秀才不让，并且还到官府里把张家给告了。家人非常生气，就给张英写了这封信，让他处理这件事。家人很快就收到了回信，但上面只有一首诗："千里捎书只为墙，让他三尺又何妨？万里长城今犹在，不见当年秦始皇。"张英的家人接到信后，明白了他的意思，马上就把墙拆了，并且后退三尺才重建。叶秀才一看张家如此大度，也把自己家的墙拆了，后移了三尺。由于两家都退让了三尺，因此留出了一条长百余米，宽六尺的巷子，后被当地人赞誉为"六尺巷"。

本来根据地契约定，张家根本没有错，而张英又贵为大学士，并且父子二人同在朝中任要职，只要知会当地官府一声，叶秀才家肯定会妥协，而张家的权利和尊严也会得到保障，但是他没有这样做，而是选择了包容，宁愿自己吃亏，让了叶秀才三尺，而叶秀才则觉得张英"宰相肚里能撑船"，不与自己计较，而自己本就理亏，感动之余也让了三尺，两家的关系也因此由剑拔弩张转为互相敬重，和睦相处。

在此我们可以想象一下，假如张英当时给当地官府打了个招呼，以他的权势，叶秀才肯定会被法办。不过，虽然他有理，但是当地百姓依然会认为他仗势欺人，以大压小。好在张英是一个宽宏大量的人，他主动使用了"包容"这一润滑剂，不仅解决了问题，还赢得了他人的敬重，并因此一小事而青史流芳，真可谓一举多得。

在生活和工作中，我们每个人都难免会遇到不如意的事情。如果因为一点小事情就闷闷不乐，甚至大动肝火，这不仅会影响自己，影响他人，可能还会招致更多的麻烦。所以，当我们在遇到不如意的事情时，一定要学会去适当地包容，不要与他人产生摩擦，而要以一种平和的态度对待。

人生在世，本就是苦多于乐，如果再过多地与人计较，甚至与自己计较，总在为得失算计，那就失去了生活的乐趣。生活过得不快乐，还有什么意义呢？所以要转变态度，去包容他人。

有一位高僧特别喜欢兰花，在平日修行讲佛之余总会花费很多的心力侍弄兰花。有一次他要出远门云游，临行前交代弟子要好好照顾他的兰花。但是有一天一个弟子在浇花时，不小心摔倒了，把花架撞倒了，所有的兰花盆都摔碎了，兰花也散落了一地，无法收拾。弟子们全都慌了，只好等着师父回来责罚。但是出乎意料的是，当师父回来之后，却没有责怪他们，而是召集齐了众弟子，跟他们说："我种兰花，一来是想要用它来供奉佛祖，二来是为了美化寺庙的环境，而不是为了生气而种的！"

"不是为了生气而种的！"得道高僧修养自然是高，兰花本为师父所好，也花费了很多时间来培养。一般人如果遇到这种情况肯定会很生气，很有可能会重重责罚把兰花弄坏的人，但是高僧没有。因为他明白自己种花的目的虽然没有达到，但是也不能为此而生气，况且弟子也是无心之过，所以就很容易地宽容了徒弟。

为人处世，如果以严厉的态度、倨傲的性格对待别人，就会招致别人的怨恨，引来不满。如此，于人于己都不利，何必呢？正所谓：利人就是利己，亏人就是亏己，容人就是容己，害人就是害己。所以说：君子以容人为上策。

宽容是一种修养，一种德行，一种度量。如果人人都有宽容忍让的心态，那么这个社会肯定会变得更美好，人与人之间的关系也肯定会变得更和谐。

留有余地是一种理智的人生策略

我国古代有个叫李密庵的学者，写过一首《半半歌》，诗云："饮酒半酣正好，花开半时偏妍，半帆张扇免翻颠，马放半鞭稳便。半少却饶滋味，半多反厌纠缠。百年苦乐半相掺，会占便宜只半。"用现代的话来说，就是凡事要留有余地，不要不给自己和别人留退路。

常留余地二三分，体现了人生的一种智慧。凡事留有余地，则自由度就增加。进也可、退也可，亲也可、疏也可，上也可、下也可，处于一种自由的境地，体现了一种立身处世的艺术。

阿朱小时候家里很穷。一天，有个客人到他家，难得的诱人的鱼香，令阿朱垂涎不已。阿朱当时才 6 岁，还不懂得掩饰自己，他吵着要吃鱼。母亲答应了，但是有个条件：等客人吃饱后方可上桌。

阿朱不听："等客人吃饱了，鱼不就被他吃光了吗？"母亲答道："知礼的客人绝对不会将鱼翻过面来吃，另外一面一定还是好好的。不信你去窗边看看……"

阿朱来到窗边，踮着脚尖往里看，眼睛盯着桌上的那条鱼。

忽然间，客人用筷子把鱼翻了个身……阿朱失望地跑回厨房，扑进母亲怀里大哭起来。母亲也哭了，她不知该如何安抚阿朱的心。

几十年过去了，生活水平提高了，阿朱也成了一名经理。但在所有的应酬宴请中，每当有鱼上桌时，阿朱就会回忆起儿时那伤心的一幕。每次，他总是不去把鱼翻身，因为他永远记住了母亲的那句话。

阿朱是聪明的，他没因那次没有吃到鱼而遗憾，相反的却明白了一个做人的道理："凡事留有余地。"

常留余地二三分，这是因为，世界上的事变幻不定，常常有许多意想不到的不利因素产生作用。人外有人，天外有天。人不要总是赢人，要留一些给别人赢；不要老想占上风，要给别人一些尊严。这样，自己才能不断进步，人际关系才能更和谐。一句话，为人处世还是谦虚谨慎些的好。如果目中无人，骄傲自满，就容易碰壁、栽跟头。

唐朝时代，有一位德山大师，精研律藏，而且通达诸经，其中尤以讲《金刚般若波罗蜜经》最为得意。因俗姓周，故得了个"周金刚"的美称。

当时，禅宗在南方很盛行，德山大师就大不以为然地说："出家沙门，千劫学佛的威仪，万劫学佛的细行，都不一定能学成佛道，南方这些禅宗的魔子魔孙，竟敢诳说：'直指人心，见性成佛。'我一定要直捣他们的巢窟，灭掉这些孽种，来报答佛恩。"

于是德山大师挑着自己所写的《青龙疏钞》，浩浩荡荡地出了四川，走向湖南的澧阳。

一日途中，突然觉得饥肠辘辘，看到前面有一家茶店，店里有位老婆婆正在卖烧饼，德山大师就到店里想买个饼充饥。老婆婆见德山大师挑着那一大担东西，便好奇地问道：

"这么大的担子，里面装的是什么东西？"

"是《青龙疏钞》。"

"《青龙疏钞》是什么？"

"是我为《金刚般若波罗蜜经》作的批注。"德山大师对于自己的著作，表现出很得意的神情。

“这么说，大师对于《金刚般若波罗蜜经》很有研究？”

“可以这么说！”

“那我有一个问题想请教您，您若能答得出来，我就供养您点心；若答不出来，对不起，请您赶快离开此地。”

德山大师心想：“讲解《金刚般若波罗蜜经》是我最擅长的，任你一位老太婆，怎么可能轻易就难倒我！”随即毫不在意地说：“有什么问题，你尽管提出来好了！”

老婆婆奉上了饼，说道：“在《金刚般若波罗蜜经》中说：‘过去心不可得，现在心不可得，未来心不可得。’不知大师您是要点哪一个心？”

德山大师经老婆婆这一问，呆立半晌，竟然答不出一句话来。他心中又惭愧又懊恼，只好挑起那一大担的《青龙疏钞》，怅然离去。

德山大师受到这次教训后，再也不敢轻视禅门中修行之人，后来来到龙潭，至诚参谒龙潭祖师，从此勇猛精进，最后大彻大悟。

世事无常，万事多留些余地，多些宽容。这是一条重要的做人准则。在你留有余地的同时，别人也会因此而受益匪浅。

待人对己都要留有余地。好朋友不要如影随形，如胶似漆，不妨保持一点距离。是冤家也不要把人说得全无是处。对崇拜的人不要说得完美无缺，对有错误的人不要以为一无是处。不要把自己看成像朵花，看别人都是豆腐渣。不要以为自己的判断绝对正确，宜常留一点余地。

一幅画上必须留有空白，有了空白才虚实相间，错落有致。有余地才更加符合实际，才更加充满希望。当然，留有余地不是一种立身处世的圆滑，不是有力不肯使，也不是逢人只说三分话，而是对世界、对自己抱一种知己知彼的理性态度，是对鉴于世界的复杂性和自身能力的有限性所采取的一种理智的人生策略。

忧他人之忧，乐他人之乐

宋代朱熹有一句话：“体谓设以身，处其地而察以心也。”一语道出了将他人的处境纳入思考范畴的境界，这是需要具有很高的自身修养才能体会到的乐趣，而我们平时熟稔于心的是“己所不欲，勿施于人”，其实，无论怎样表达，都说明了设身处地地为他人着想是一种人生必修的课程，它阐释着宽容、忍让、体谅等很多美好的东西。

人不是单靠吃米活着的动物，一生中会有很多美丽的邂逅，而每一次都是我们前世修来的果子，无论是擦肩而过还是结为金兰，我们都会永远存盘，深藏在心底。所以我们要珍惜每一次真挚的心跳，多为他人考虑一些，也好随着时间的推移，将尘封在心底的往事定格为最美的风景。

有人曾说：“人世间最纯净的友情只存在于孩童时代。”让人感到每个字眼里都透露着悲凉，谁能否认自己不渴望真情？其实，真情永远存在于人们的心中。不同的年龄对感情的态度不同，体悟感情的方式也不尽一样，但这过程里始终有一个不变的真理，那就是，如果你能把别人的处境纳入思考的范畴，那么你就会得到恒久的真情。

人与人的相处需要忘我的精神，你可曾发觉很多人说话的时候主语经常是“我”，如果我们都把对方当成主要的方面，事情定会是另一番景象。人是社会的动物，都需要一份温暖、一份关心、一份慰藉，当对方成功时我们为何不给予真诚的肯定，当对方偶有失误时我们为何不选择包容，多站在对方角度上考虑一下，这世界就不会再有嫉妒、责难，审视、也不会有人再感到真情需要千呼万唤，它将弥漫在我们身边。

爱因斯坦说：“对于我来说，生命的意义在于设身处地替人着想，忧他人之忧，乐他人之乐。”这是一种怎样宽广的胸怀，让他足以容纳他人的忧和乐，这本身就是一种慈悲，一种人生的大爱！

聪明的人遇事时为他人着想，因为他知道当心中只有自己的时候，也可能把麻烦留给了自己；当心中有他人的时候，他人也就为自己留出了一条宽敞的大道。他们往往从别人的角度出发，先考虑到别人的不方便之处，他们对自己要求很严格，却也有足够的涵养不苛责别人，他们把做人的哲理都赋予了行动。

人生就像春种秋收那样，随着四季的流转，不停地播种和收获。不一样的“播种”也将收获了不一样的人生。你把目光投向大海，你将得到整个的海洋；你把目光投向天空，你将得到整个的天空。你用目光穿透黑暗，你也就会收获黎明。你用目光温暖众人，你也将得到众生的恩宠。

愿你在生命中播种美好与幸福，在美丽的深秋收获金色的黄昏。愿你的生命中回荡着他者的声音，让人生的舞台像心胸那样海纳百川，收获整个天地间的温情。

律己宜严，待人宜宽

宽容，是胸襟博大者为人处世的一种人生态度。雨果曾说过：“世界上最宽阔的是海洋，比海洋更宽阔的是天空，比天空更宽阔的是人的心灵。”

总是对别人吹毛求疵的人，一定不是个受欢迎的人。

能容天下者，方能为天下人所容。据此看来，你若要彩虹，你就得宽容雨点，若是在雨点滴到身上的那一刻便勃然大怒，又怎么能在彩虹出现的刹那拥有一种怡然自得的心情来观赏那美丽的风景呢?

森林中有一条河流，河水湍急，不停地打着旋涡，奔向远方。河上有一座独木桥，窄得每次只能容一人通过。

某日，东山上的羊想到西山上去采草莓，而西山的羊想到东山上去采橡果，结果两只羊同时上了桥，到了桥中心，彼此碰到了，谁也走不过去。

东山的羊见僵持的时间已很长了，而西山的羊照样没有退让的意思，便冷冷地说道："喂，你长眼了没有，没见我要去西山吗？"

"我看是你自己没长眼吧，要不，怎么会挡我的道？"西山的羊反唇相讥。

于是，两只互不相让的羊开始了一场决斗。

"咔"——这是两只羊的犄角相碰撞的声音。

"扑通"——这是两只羊失足，同时落入河水中的声音。

森林里安静下来，两只羊跌入河心以后淹死了，尸体很快就被河水冲走了。

故事中的悲剧本来是可以避免的，只要有一只羊后退到桥头，等另一只过后再上桥，两只羊便都会平安无事。可悲的是，山羊们都固执地认为狭路相逢勇者胜，不肯宽容和忍让，最终都葬身河底。

"宽以待人"既是一种待人接物的态度，也是一种高尚的道德品质，它能够化解人和人之间的许多矛盾，增强人和人之间的友好情感。同时，一个人如果能够养成"宽以待人"的优良品德，就一定可以在同他人的相处中，严格要求自己，宽恕地善待他人，不断提高自己的思想境界，使自己成为一个道德高尚的人。

有人说，世上只要有人的地方就有纷争，尤其是有"我"有"你"再加个"他"，你、我、他之间的纷争就更多了。所以，若能秉持"你好他好我不好，你大他大我最小，你乐他乐我来苦，你有他有我没有"这四句偈语中含有的精神，人与人必能和谐相处，正如《易经》中所言："地势坤，君子以厚德载物。"

自我反省得到他人的尊敬

我们每个人都有必要学会自省，因为学会自省就可以少犯错误，使自己的道德品质日臻完善，使自己做人做事更加机智圆熟，使自己能正确认识自身的不足，并能客观、公正地评价自己。

我国古代思想家孔子的弟子曾子提出著名的“吾一日三省吾身”的自省修养方法。另外一位大思想家孟子则提出“自反”“反求诸己”，即经常反省自己的言行。《易传》把这称为“修省”的方法，以后的思想家进一步发展了这一思想，并提出“责己”的学说，相当于现在我们所说的“自我批评”。可见，我们要想成为一个有道德有修养的人，就需要经常反省自己的思想和行为。

前苏联文学家高尔基认为：“自我批评是最严格的批评，而且也是最有益的。”所以，我们应善于辨察自我意识和言行中的善恶是非，严于自我批评，及时改正自己的过错，更要敢于公开承认自己的错误，勇于揭露自己的不足。就像闻一多先生所说的那样：“我们倒不怕承认自身的‘弱点’，愈知道自身弱在哪里，愈好在各人自己的岗位上来尽力加强它。”

“我的确时时解剖别人，然而更多的是更无情面地解剖我自己”。鲁迅先生的这句话，人们是最熟悉不过的了。它体现的是一种宽阔的胸怀，一种高尚的修养境界。时隔半个多世纪，一个为中国电影事业辛勤耕耘、默默奉献多年，创作了一大批脍炙人口的精品力作的老艺术家谢晋，在颂扬之声不绝于耳的庆贺活动之时，当众宣读了给自己的一封信。这封严于解剖人生的信，写下了这样发人深省的话语：

“你可以有一点兴奋，但不要过于兴奋。从影50年，拍片35部，这固然是一种积累，也确实值得高兴。你一直在说自己最好的影片还没有拍出来，现在，留给你有力气拍片的时间还有多少呢？3年？5年？总之是不会再有50年了！所以，你不要过于兴奋，相反，你倒是需要有一点忧患意识，需要更强烈的只争朝夕的紧迫感。

“你可以有一点满足，但不要过于满足。你这50年，不也有许许多多的遗憾吗？你的电影业留下种种遗憾，这里有你自己的局限，也有种种无可奈何。所以，你不要过于满足，你应当看到这些遗憾，抓紧剩下时间，拍出不遗憾或者少遗憾的新电影来。

“你可以有一点骄傲，但不要过于骄傲。有一点成就，也不是你一个人的。你要感谢几十年来你的老师、老领导、老朋友对你的关心、帮助和支持！你还要感谢时代，特别是十一届三中全会以来的20年，小平同志率领中国人民走上了改革开放的康庄大道，你才有了放开手脚真正施展的天地！这些，你不能忘记，你要珍惜！”

从谢晋给自己的这封信中，我们深深感受到一名老艺术家对祖国文化艺术事业的拳拳之心，字里行间，渗透着这位老艺术家对自身艺术生命高度负责的严肃态度。但在现实生活中，却有很多人会因光阴易逝而及时享乐，不求进取。但是，年过七旬，到了所谓“随心所欲，不逾矩”的年龄的谢晋，却在功成名就引来无数赞美喝彩之际，依然如此清醒地严厉地审视自己，并面向未来执著地进取和追求，这种精神是值得我们所有人学习的。

遗憾的是在生活中，很多人在遭遇损失或是遇到不顺心的事情时，从来不反省自己，从来不想问题的根源就在自己身上，总是喜欢责怪他人，当然，这样的人是不会获得好的人缘的，更不会受到别人的尊重。

事实上，自省的过程就是一个自我检讨、自我反思、自我监督、自我提高的过程。通过这个过程认识自己，打扫洗涤自己大脑中的“污垢”和“灰尘”。只有学会自省，才能静下心来客观公正地评价自己，从而清楚地认识到自己的缺点与不足，认识到自己的愚昧与无知，从而得到人们更崇高的尊重。

指责只会招来对方更多的不满

动物王国的某公司里，狮子经理上任的第一天，便把前任经理的秘书斑马小姐叫到办公室，说：“你本身就够胖的，还成天穿着花条纹衣服，一点气质都没有，这样下去有损我们公司的形象。如果你还想当办公室秘书，就得换身衣服来上班。”

“可是，我……”斑马小姐刚开口解释，狮子经理便恼怒地一挥手，斑马小姐只好含泪离开了办公室。

狮子又叫来业务员黄鼠狼，并对它说：“你是业务骨干，为了体面地面对客户，从今天起，你不准放臭屁。”

“可是，我……”黄鼠狼刚要解释，狮子经理不耐烦地一挥手，黄鼠狼只好委屈地离开了办公室。

狮子又叫来会计野猪，嫌它獠牙太长。

第二天，狮子刚走进公司大门，发现公司里冷冷清清，原来公司的员工集体辞职不干了。

狮子经理的无端指责，不但没有获得它所想象的效果，反而因树敌太多，大家都离开了它，使它成了“孤家寡人”。我们要记住狮子的教训，无论是在学校里还是在工作中，都不要轻易地指责他人。俗话说：“多个朋友多条道，多个敌人多堵墙。”你树敌过多，就会寸步难行。即使是正常的工作，也会遇到种种不应有的麻烦。要避免树敌，你首先得养成一个好习惯，那就是绝不要去指责别人。指责是对别人自尊心的一种伤害，它只能促使对方起来维护他的自尊，为自己辩解。即使当时不能，他也会记下你这一箭之仇，日后寻机报复。

人往往有这样一个特点，无论他多么不对，他都宁愿自责而不希望别人去指责他。绝大多数人都是如此。在你想要指责别人的时候，首先你得记住，指责就像放出的信鸽一样，它总要飞回来的。指责不仅会使你得罪对方，而且对方也必然会在一定的时候指责你。

在生活中，凡是无关紧要的是非之争，要多给对方以取胜的机会，这样不仅可以避免树敌，而且还会使对方的某种“报复”得到满足，可以“以爱消恨”。

学会接纳他人，容忍他人的缺点，是人生的一门重要课程，它有助于提高你的人格魅力。因此，树敌不如交友，批评不如赞扬，只要你不到处树敌，他人就乐于与你交往。懂得了这一点，对你成功做事、做人是很重要的。

迁怒是不负责任者的选择

不迁怒出自于孔子对其弟子颜回的评价。有一次，哀公问：“弟子孰为好学？”子对曰：“有颜回者好学，不迁怒，不贰过。”值得我们注意的是，孔子说颜回好学，并没有说他学习的成果，而是“不迁怒，不贰过”，既不迁怒别人，也不两次犯同样的错误，在我们看来原本是品德上的问题，孔子把它归为好学的标准，其实，在古代德育也是人们需要学习的主要内容。不迁怒，这也是今天我们每个人都应好好学习的品质，它是一个人成熟与否的标志之一，是成大事者获得人心必备的修养，是家庭幸福、朋友合欢的必要条件。

“人有悲欢离合，月有阴晴圆缺，此事古难全。”生活中总免不了磕磕绊绊，不顺心的时候，很多人就会不自觉地迁怒于他人，自己受气或不如意时拿别人出气。倘若某个同伴有些缺点这时暴露出来，就更可能成为被迁怒的对象。你可知道同伴是你朝夕相处、陪你欢乐悲伤的人，你们一路并进、一起承担，甚至利害攸关。你可知道，身为家人、朋友、同事，谁都有责任为对方分忧解难，无怨相伴，但无论自己的境遇如何，我们都不应该迁怒于对方。迁怒，是用害别人为自己找出口，是对自身的逃避，是对别人的苛责，是无自制不成熟的表现；迁怒，是阻碍成长的绊脚石，是冲动魔鬼的助手，却永远不会为你赢得摆脱不顺心的方法。有一则这样的寓言：

一只狐狸在跨越篱笆时，不小心被篱笆上蔷薇的刺扎伤了，流了许多血。受伤的狐狸见到自己流血了，就非常生气，便埋怨蔷薇说：“我本是翻篱笆墙，你为何要刺伤我？”蔷薇回答道：“狐狸！我的本性就带刺，是你自己不小心，才被我刺到的啊！怎么会反过来埋怨我呢？”

在现实生活中，有很多类似于狐狸这样的人，遭遇挫折时不反躬自省，反而责怪或迁怒别人，他们抱怨老板太苛刻，抱怨公交车太挤，抱怨菜市场上的秩序太乱，同伴在场时就开始迁怒，他们迁怒于家人、迁怒于同事迁怒于朋友，甚至连孩子都成了他们迁怒的对象。

仔细分析一下经常迁怒的人，你会发现他们很少躬身自省，一出现不顺心的事时就想从别人身上找缺点，从而发泄自己的情绪。其实，除了让自己显得更无修养，是无济于事的，倒不如躬身自省，也好“不贰过”。

不要迁怒于你的同伴了，作为朝夕相处的同伴，因为彼此很了解，缺点自然也很了解，然而，金无足赤，人无完人，你的迁怒，只会给同伴留下被否定的阴影。聪明的人，不会拿同伴的缺点发泄自己情绪，他们会以他人为镜提醒自己祛除缺点，最终趋近完美。

尊重他人就是理解和包容他人

根据马斯洛的需求层次理论，尊重和自我实现的需要是人最高层次的需要。人们都有一种“身份”意识，希望得到他人的认可和尊重。更何况，照顾他人的面子是中国的传统。只有尊重他人，才能赢得他人的尊重，别人才会跟你交朋友、做生意。

尊重他人将使我们变得更加宽容、乐观，与人更好地接触交流、精诚合作。相反，如果你自视甚高，目中无人，不顾及他人面子，总有一天会吃苦头。

小田和小方在同一单位工作，在工作能力上小田比小方稍胜一筹，这让小方生出一些嫉妒。

工作中，小田经常获得奖励，小方最喜欢对他说：“脑袋那么好使，叫咱这样的笨蛋脸往哪儿搁呀？”在背后，小方好像开玩笑似的对其他同事说：“小田拍马屁的功夫了不得，弄得领导们服服帖帖……”

在一次讨论方案的会议上，小田刚刚说完自己的设想，请大家发表意见，小方就用不阴不阳的口气说：“你下了这么大的功夫，搞了这么一堆材料，一定很辛苦，我怎么一句也没听懂呢？是不是我的水平太低，需要小田给我再来一点启蒙教育？”

顿时，小田的脸就气红了，说：“有意见可以提，你用这种口气是什么意思？”显然，小方的话太刺激人了。

后来，小田升级的速度比小方快，当上了小方的上司。终于有一天，小田逮住小方的错误，借机将他调到单位下属的一个小厂接受锻炼去了。

小方就是吃了不尊重人的苦头。如果他不改掉这个毛病，恐怕以后还会得罪更多的人，更不用说跟人友好相处、紧密合作了。

美国诗人惠特曼说过："对人不尊敬，首先就是对自己的不尊敬。"你希望别人怎样对待你，你就应该怎样对待别人。你尊重人家，人家尊重你。不尊重别人就会深深地刺伤别人的自尊心，并且让别人翻脸，这样对自己也没有什么好处。与其如此，为什么不让我们换一种眼光，站在对方的位置上想问题，给别人一点尊重呢？要知道，尊重是人际关系的润滑剂，它将使许多问题变得更加容易解决。

克洛里是纽约泰勒木材公司的推销员。他承认，多年来，他总是尖刻地指责那些大发脾气的木材检验人员的错误，他也赢得了辩论，可这一点好处也没有。因为那些检验人员和"棒球裁判"一样，一旦判决下去，他们绝不肯更改。

克洛里虽然在口舌上获胜，却使公司损失了成千上万的金钱。他决定改掉这种习惯，不再抬杠了。他说：

"有一天早上，我办公室的电话响了。一位愤怒的主顾在电话那头抱怨我们运去的一车木材完全不符合他们的要求。他的公司已经下令停止卸货，请我们立刻把木材运回去。因为在木材卸下25%后，他们的木材检验员报告说，55%的木材不合格。在这种情况下，他们拒绝接受。

"挂了电话，我立刻赶去对方的工厂。在途中，我一直在思考着一个解决问题的最佳办法。通常，在那种情形下，我会以我的工作经验和知识来说服检验员。然而，我又想，还是把在课堂上学到的为人处世原则运用一番看看。

"到了工厂，我见购料主任和检验员正闷闷不乐，一副等着抬杠的姿态。我走到卸货的卡车前面，要他们继续卸货，让我看看木材的情况。我请检验员继续把不合格的木料挑出来，把合格的放到另一边。

"看了一会儿，我才知道他们的检查太严格了，而且把检验规格也搞错了。那批木材是白松。虽然我知道那位检验员对硬木的知识很丰富，但检验白松却不够格，经验也不够，而白松碰巧是我最在行的。我能以此来指责对方检验员评定白松等级的方式吗？不行，绝对不能！我继续观看着，慢慢地开始问他某些木料不合格的理由是什么，我一点也没有暗示他检查错了。我强调，我请教他是希望以后送货时，能确实满足他们公司的要求。

"以一种非常友好而合作的语气请教，并且坚持把他们不满意的部分挑出来，使他们感到高兴。于是，我们之间剑拔弩张的气氛松弛消散了。偶尔，我小心地提问几句，让他自己觉得有些不能接受的木料可能是合格的，但是，我非常小心，不让他认为我是有意为难他。他的整个态度渐渐地改变了。他最后向我承认，他对白松的经验不多，而且问我有关白松的问题，我就对他解释为什么那些白松都是合格的，但是我仍然坚持：如果他们认为不合格，我们不要他收下。他终于到了每挑出一根不合格的木材就有一种罪过感的地步。最后他终于明白，错误在于他们自己没有指明他们所需要的是什么等级的木材。

“结果，在我走之后，他把卸下的木料又重新检验一遍，全部接受了，于是我们收到了一张全额支票。

“就这件事来说，讲究一点技巧，尽量控制自己对别人的指责，尊重别人的意见，就可以使我们的公司减少损失，而我们所获得的则非金钱所能衡量的。”

你看，解决问题的办法就是这么简单，只要少一点抱怨，多一分尊重，事情就变得简单了。在这里，尊重并不是一种谄媚，而是理解与包容，是一种高明的解决之道，一种自尊自爱的表现。因为只有你尊重别人了，别人才会尊重你，才会觉得你有解决问题的诚意，愿意跟你商谈合作。

面对别人的批评，我们要用诚恳的态度来接受；面对别人的过失，我们不妨多一些理解与宽容；面对别人的疑惑，我们不妨热情地伸出我们的双手。别人就是一面镜子，在尊重他人的言行里，我们可以照出自己的人格，也能照出自己的锦绣前程。

用刀剑去攻打，不如用微笑去征服

卡耐基训练班的一位学员说：“我已经结婚18年多了，在这段时间里，从我早上起来，到要上班的时候，我很少对太太微笑，或对她说上几句话。我是最闷闷不乐的人。

“既然你要我对微笑也发表一段谈话，我就决定试一个礼拜看看。因此，第二天早上梳头的时候，我就看着镜子对自己说：‘威尔森，你今天要把脸上的愁容一扫而空。你要微笑起来。现在就开始微笑。’当我坐下来吃早餐的时候，我以‘早安，亲爱的’跟太太打招呼，同时对她微笑。

“现在，我要去上班的时候，就会对大楼的电梯管理员微笑着说一声‘早安’。我以微笑跟大楼门口的警卫打招呼。我对地铁的出纳小姐微笑，当我跟她换零钱的时候。当我到达公司，我对那些以前从没见过我微笑的人微笑。

“我很快就发现，每一个人也对我报以微笑。我以一种愉悦的态度，来对待那些满肚子牢骚的人。我一面听着他们的牢骚，一面微笑着，于是问题就更容易解决了。我发现微笑带给我更多的收入，每天都带来更多的钞票。”

微笑是人的宝贵财富，微笑是自信的标志，也是礼貌的象征。人们往往依据你的微笑来获取对你的印象，从而决定对你所要办的事的态度。只要人人都献出一份微笑，办事将不再感到为难，人与人之间的沟通将变得十分容易。

现实的工作、生活中，一个人对你满面冰霜、横眉冷对，另一个人对你面带笑容、温暖如春，他们同时向你请教一个工作上的问题，你更欢迎哪一个？显然是后者，你会毫不犹豫地对他知无不言，言无不尽；而对前者，恐怕就恰恰相反了。

一个人面带微笑，远比他穿着一套高档、华丽的衣服更吸引人注意，也更容易受人欢迎。因为微笑是一种宽容、一种接纳，它缩短了彼此的距离，使人与人之间心心相通。喜欢微笑着面对他人的人，往往更容易走入对方的天地。难怪学者们强调："微笑是成功者的先锋。"的确，如果说行动比语言更具有力量，那么微笑就是无声的行动，它所表示的是："你使我快乐，我很高兴见到你。"笑容是结束说话的最佳"句号"，这话真是不假。

有微笑面孔的人，就会有希望。因为一个人的笑容就是他传递好意的信使，他的笑容可以照亮所有看到它的人。没有人喜欢帮助那些整天愁容满面的人，更不会信任他们；很多人在社会上站住脚是从微笑开始的，还有很多人在社会上获得了极好的人缘也是从微笑开始的。

任何一个人都希望自己能给别人留下好感，这种好感可以创造出一种轻松愉快的气氛，可以使彼此结成友善的联系。一个人在社会上就是要靠这种关系才可立足，而微笑正是打开愉快之门的金钥匙。

有人做了一个有趣的实验，以证明微笑的魅力。

他给两个人分别戴上一模一样的面具，上面没有任何表情，然后，他问观众最喜欢哪一个人，答案几乎一样：一个也不喜欢，因为那两个面具都没有表情，他们无从选择。

然后，他要求两个模特儿把面具拿开，现在舞台上有两张不同的脸，他要其中一个人把手盘在胸前，愁眉不展并且一句话也不说，另一个人则面带微笑。

他再问每一位观众："现在，你们对哪一个人最有兴趣？"答案也是一样的，他们选择了那个面带微笑的人。

如果微笑能够真正地伴随着你生命的整个过程，这会使我们超越很多自身的局限，使我们的生命自始至终生机勃发。

用你的笑脸去欢迎每一个人，那么你会成为最受欢迎的人。

悦纳别人的与众不同

圣诞节临近，美国芝加哥西北郊的帕克里奇镇到处洋溢着喜庆、热闹的节日气氛。

正在读中学的谢丽拿着一叠不久前收到的圣诞贺卡，打算在好朋友希拉里面前炫耀一番。谁知希拉里却拿出了比她多十倍的圣诞贺卡，这令她羡慕不已。

“你怎么有这么多的朋友？这中间有什么诀窍吗？”谢丽惊奇地问。

希拉里给谢丽讲了自己两年前的一段经历：

“一个暖洋洋的中午，我和爸爸在郊区公园散步。在那儿，我看见一个很滑稽的老太太。天气那么暖和，她却紧裹着一件厚厚的羊绒大衣，脖子上围着一条毛皮围巾，仿佛正下着鹅毛大雪。我轻轻地拽了一下爸爸的胳膊说：‘爸爸，你看那位老太太的样子多可笑呀！’

“当时爸爸的表情特别严肃。他沉默了一会儿说：‘希拉里，我突然发现你缺少一种本领，你不会欣赏别人。这证明你在与别人的交往时少了一份真诚和友善。’

“爸爸接着说：‘那位老太太穿着大衣，围着围巾，也许是生病初愈，身体还不太舒服。但你看她的表情，她注视着树枝上一朵清香、漂亮的丁香花，表情是那么生动，你不认为很可爱吗？她渴望春天，喜欢美好的大自然。我觉得这老太太令人感动！’

“爸爸领着我走到那位老太太面前，微笑着说：‘夫人，您欣赏春天时的神情真的令人感动，您使春天变得更美好了！’

“那位老太太似乎很激动：‘谢谢，谢谢您！先生。’她说着，便从提包里取出一小袋甜饼递给了我，‘你真漂亮……’

“事后，爸爸对我说：‘一定要学会真诚地欣赏别人，因为每个人都有值得我们欣赏的优点。当你这样做了，你就会获得很多朋友。’”

你可能会觉得别人与众不同，并觉得很诧异，但只要换种眼光去捕捉他们身上的这些闪光点，学会真诚地欣赏，你就会惊喜地发现你的周围有很多伙伴，好朋友也越来越多，生活也越来越丰富。

如何接纳别人的与众不同呢，不妨参考以下几点：

1. 虚心学习朋友的长处。

2. 不勉强别人做他们不愿意做的事。

3. 真诚对待周围的每一个人。

4. 在与别人的交谈中不要轻易说不喜欢谁。

5. 与人交往要态度温和，不要动不动就发脾气。

帮助曾经伤害过你的人

用宽广的胸怀去包容曾经伤害过自己的人，能够不计前嫌，给他以帮助与关怀，才是为人之大德。

从前有一个富翁，他有三个儿子，在他年事已高的时候，富翁决定把自己的财产全部留给三个儿子中的一个。可是，到底要把财产留给哪一个儿子呢？富翁想出了一个办法：他要三个儿子都花一年时间去游历世界，回来之后看谁做了最高尚的事情，谁就是财产的继承者。一年时间很快就过去了，三个儿子陆续回到家中，富翁要三个人都讲一讲自己的经历。大儿子得意地说："我在游历世界的时候，遇到了一个陌生人，他十分信任我，把一袋金币交给我保管，可是那个人却意外去世了，我就把那袋金币原封不动地交还给了他的家人。"二儿子自信地说："当我旅行到一个贫穷落后的村落时，看到一个可怜的小乞丐不幸掉到湖里了，我立即跳下马，从河里把他救了起来，并留给他一笔钱。"三儿子犹豫地说："我，我没有遇到两个哥哥碰到的那种事，在我旅行的时候遇到了一个人，他很想得到我的钱袋，一路上千方百计地害我，我差点死在他手上。可是有一天我经过悬崖边，看到那个人正在悬崖边的一棵树下睡觉，当时我只要抬一抬脚就可以轻松地把他踢到悬崖下，但我想了想，觉得不能这么做，正打算走，又担心他一翻身掉下悬崖，就叫醒了他，然后继续赶路了。这实在算不了什么有意义的经历。"富翁听完三个儿子的话，点了点头说道："诚实、见义勇为是一个人应有的品质，称不上是高尚。有机会报仇却放弃，反而帮助自己的仇人脱离危险的宽容之心才是最高尚的。我的全部财产都是老三的了。"

宽容是一笔巨额的财富，是至善人性达到的一种境界，是人性之花历经沧桑之后依然盛开的那份通透与恬然。

活在仇恨里的人是愚蠢的。你在憎恨别人时，心里总是愤愤不平，希望别人遭到不幸、惩罚，却又往往不能如愿，失望、莫名的烦躁之后，你便失去了往日那轻松的心境和欢快的情绪，从而心理失衡；另一方面，在憎恨别人时，由于疏远别人，只看到别人的短处，在言语上贬低别人、在行动上敌视别人，结果使人际关系越来越僵，以致树敌为仇。宽容地帮助曾经伤害过你的人才不失为人生大智慧，以德化怨，春风化雨，是成熟人性臻至化境的象征，宽容的人生收获的必是满城桃李。

得理也要让三分

生活中总有一些人，得理不让人，就算无理也要争三分，总怕自己会吃亏；与之相反，还有一些人，真理在握也会让人三分，显得绰约柔顺，颇有君子风度。

前者，往往是生活中的不安定因素，后者则具有一种天然的向心力；一个活得叽叽喳喳，一个活得自然潇洒。有理，没理，饶人不饶人，一般都是在是非场上，论辩之中。假如是重大的或重要的是非问题，自然应该不失原则地论个青红皂白，甚至为追求真理而献身也值得。但日常生活中，也包括工作中，往往会因为一些非原则问题、皮毛问题争得不亦乐乎，谁也不肯甘拜下风，说着论着就较起真心来，以至于非得决一雌雄才算罢休，结果严重到大打出手，或者闹个不欢而散、鸡飞狗跳的结局而影响了团结，而且越是这样的人越对甘拜下风的人瞧不顺眼。争强好胜者未必掌握真理，而谦下的人，原本就把出人头地看得很淡，更不消说一点小是小非的争论了。越是你有理，越表现得谦下，往往越能显示出一个人的胸襟之坦荡、修养之深厚。

春秋时期，楚庄王是个既能用人之长又能容人之短的人。

在一次庆功会上，楚庄王的爱妾许姬为客人们倒酒。忽然一阵风吹来，把点燃的蜡烛吹灭了，大厅里一片漆黑。黑暗中有人拉了一下许姬的衣袖。聪明的许姬便趁势摘下了那个人的帽缨，接着便大声请求庄王掌灯追查。大度的庄王没多做考虑马上原谅了这个人。庄王对许姬说："武将们是一群粗人，喝多了酒，见了你这样的美人，谁能不动心？如果查出来治罪，那就没趣了。"他立即宣布，此事不必追查。还让在座的人都在黑暗中取下帽缨，并为这次宴会取名为"摘缨会"。

后来，吴国攻打楚国。有个叫唐狡的将军作战英勇，屡立战功。事后，他找到庄王，当面认罪说："臣乃先殿上被取缨者也！"

实际上在生活中，人都会有难堪的时候、做错事的时候、有求于人的时候，如果这时你处在评判的一方，尤其是他们的那些错处或什么事情牵涉到你的利益时，甚或他们与你有深仇大恨时，你会怎样做呢？不同的人可能有不同的做法。一般来说，愚昧的人或心胸狭窄的人爱为难别人，他们不愿意帮助人，不为人遮掩难堪，不包容或原谅人。他们甚至会乘人之危，鸡蛋里头挑骨头，抓住把柄不放，且洋洋自得。这种不良行为正是他们愚昧阴暗心理的下意识表露。至于和他们有深仇大恨的人，就更不可能息事宁人了。但是在生活中，你也会经常处在难堪、有错、有求于人的位置上，比如，你不巧弄脏了别人的衣裤，违反了交通规则，为讲义气与别人结了仇，等等。在这种情况下，你极需要他人的包容。将心比心，同情他人，宽容他人，不为难他人是一种美德。这种美德能够感化人，巩固人们之间的互助亲善关系，让社会形成一种宽厚的向善风气，小人就可能不会产生，阴暗的东西就会更少一些，自己有了不幸的时候，也更容易得到他人的帮助。

不要抓住他人的错误或缺点不放，得饶人处且饶人。这样不仅可以减少矛盾，也会提升自己谦卑善良的品质。这种与人为善的品德，正是人类生存所需要的美德。

要私下指出别人的缺点

如果你想让自己的说话方式讨人喜欢，那么私下指出别人的缺点是采取行动的第一步。但有的人却常常要么容忍别人的缺点，要么就直接对外宣扬，让别人下不来台。这里的教训实在值得我们思考。

做人要拥有一颗宽容的心。“金无足赤，人无完人”，记得有人说过，不要苛求别人的完美，宽容让你自己不断完美起来。在别人的某些缺点比较严重时，我们应该以私下谈心的方式委婉指出，急风暴雨不如和风细雨，当场训斥不如私下平心静气、施以爱心。只有我们拥有了一颗宽容的心，别人才能感受到我们的真诚，在我们指出他们缺点的时候他们才能心悦诚服地接受。

在朋友之间，指出缺点总是要担负伤和气的风险的，但作为朋友应该承担这种风险。风险有大有小，关键是用的方法适当与否。从小处说，就是在私底下指出别人的缺点。人总是要讲点面子的，指出缺点更应该顾及对方的面子，说话尽可能婉转一些，尤其不要当众给朋友生硬“挑刺”。即使在私下场合指出缺点和错误，也应充分考虑如何让对方愉快接受，最好先聊聊其他事情，以便在沟通感情、融洽气氛的基础上再婉转地指出问题。

指出缺点更多时候是发生在角色地位并不平等的人之间，比如上司对下属，老师对学生。这些情况下可以公开指出缺点吗？当然不应该，照样应该维护下属和学生的面子。当员工违背明确的规章制度时，当然应当众指出其过错，在让他认识到缺点错误的同时，也可对其他人起到警示作用。假若员工在工作上出现小小的失误，而且不是有意的行为，可在私下为其指出来，或以含蓄、暗示的方式使其意识到自己的缺点。这样既能维护他的面子，又能达到帮他改正缺点的目的。

要时常反问自己："处理这件事最合乎人性的方法是什么？"当员工因为某些缺点把事情弄糟了，有的领导者会把犯错误的员工当着其他员工甚至是这个员工的下属一通训斥。而人性化的领导者会在私下里跟员工谈心，指出缺点，并且帮助他们找出适当的方法去做好事情，并且会肯定他们已经做得很好的部分，以免让这些员工丧失信心。

所以作为上司，假如说下属真的表现出了比较严重的缺点，一般应私下单个找他谈话，指出来，引导他今后如何正确处理类似的问题及注意事项，避免再犯同样的错误。只有这样，下属有问题才愿找上司反映或沟通谈心。这样一来就会在员工中树立一个良好的形象。

作为老师，对学生的缺点也要有一些"春秋笔法"。

刘老师班上有个女生很优秀，一段时间看到别人比自己成绩好，心里有些不平衡。刘老师通过网上聊天工具和她聊天，直言不讳。这个女生很感激，情绪理顺了。对其他有缺点的学生，刘老师也尽量采取类似方法。"刘老师照顾我们的面子，我们也尽力改正。"一位教育专家这样评价刘老师的：刘老师这样做是讲策略，育人工程最艰深，关键要用心！有一次，刘老师经过教室，听到一位同学用粗话骂老师，他装着没听见，事后私下把那同学请到办公室，告诉他老师已经听到他说的那句话，但不想当着全班人的面来批评，是为了尊重他。这样他很诚恳地承认了并向老师道歉，后来变得很有礼貌了。试想，如果刘老师当时走进教室狠批他一顿，有可能换来学生第二次更难听的粗话。

因此，面对别人的缺点，私下里指出而不是当面批评或宣扬，不仅会让他感受到你的礼貌，而且也会让他更加尊重你。

放大镜看人优点，缩微镜看人缺点

在现实生活中，不难发现很多人因为一些磕磕碰碰便和他人吵架斗嘴，甚至大打出手的现象。很多人甚至认为，对于别人的冒犯就应该"以牙还牙，以血还血"。他们容不得别人对自己的一丁点侵犯。在与他人交往的过程中，他们把别人身上的缺点无限扩大，动不动就责怪他人。对于别人身上的优点呢？则以"这有什么了不起"来加以嗤之以鼻。这种现象其实是非常可悲的。因为当一个人以刻薄小气的胸襟为人处世时，他绝不可能有什么出息。一个用“缩微镜看人优点，放大镜看人缺点”的人，绝对不会获得美好的友谊和得到别人的帮助。

生活中，我们要善于发现别人身上的优点而不是缺点，努力学习别人的优点，这才是正确的行为。也只有以这种“放大镜看人优点，缩微镜看人缺点”的心态，才能有宽广的胸襟，才能赢得别人的敬重和取得成功。

蔡元培先生就是一个有着大胸襟的人。在他担任北京大学校长时，曾有这么两个“另类”的教授。一个是“持复辟论者”和“主张一夫多妻制”的辜鸿铭。辜鸿铭当时应蔡元培先生之请来讲授英国文学。辜鸿铭的学问十分宽广而驳杂，他上课时，竟带一童仆为之装烟、倒茶，他自己则是“一会儿吸烟，一会儿喝茶”，学生焦急地等着他上课，他也不管，“摆架子，玩臭格”成了当时一些北大学生对辜鸿铭的印象。很快，就有人把这事反映到蔡元培那儿。然而蔡元培并不生气。他对前来反映情况的人解释说：“辜鸿铭是通晓中西学问和多种外国语言的难得人才，他上课时展现的陋习固然不好，但这并不会给他的教授工作带来实质性的损害，所以他生活中的这些习惯我们应该宽容不较。”经过一段时间后，再也没有人来告状了，因为辜鸿铭的课堂里挤满了北大的学子。很多学生为他渊博的知识、学贯中西的见解而折服。辜鸿铭讲课从来不拘一格，天马行空的方式更是大受学生欢迎。

另一个人，则是受蔡元培先生的聘请，教《中国古代文学》的刘师培。根据冯友兰、周作人等人回忆，刘师培给学生上课时，“既不带书，也不带卡片，随便谈起来”，且他的“字写得实在可怕，几乎像小孩描红相似，而且不讲笔顺”，“所以简直不成字样”，这种情况很快也被一些学生、老师反映到蔡元培那儿。然而蔡元培却微微一笑，说：“刘师培讲课带不带书都一样啊，书都在他脑袋里装着，至于写字不好也没什么大碍啊。”后来学生们发现刘师培讲课是“头头是道，援引资料，都是随口背诵”，而且文章没有做不好的。

从蔡元培对辜鸿铭和刘师培两位教授的处理方法，我们可见蔡元培量用人才的胸怀是何等求实、豁达而又准确。他把对师生个性尊重与宽容发挥到了一种极高明的地步。为了实现改革北大的办学理想，迅速壮大北大实力，他极善于抓住主要矛盾和解决问题的关键，把尊重人才个性选择与用人所长理智地结合起来。他曾精辟地解释道：“对于教员，以学诣为主。在校讲授，以无悖于第一种之主张（循思想自由原则，取兼容并包主义）为界限。其在校外之言动，悉听自由，本校从不过问，亦不能代负责任。夫人才至为难得，若求全责备，则学校殆难成立。”

正是这种博大的胸襟，才使蔡元培能够发现真正的人才，也才使当时的北京大学有了长足的发展。美国著名的人际关系学家卡耐基和许多人都是朋友，其中包括若干被认为是孤僻、不好接近的人。有人很奇怪地问卡耐基：“我真搞不懂，你怎么能忍受那些老怪物呢？他们的生活与我们一点都不一样。”卡耐基回答道：“他们的本性和我们是一样的，只是生活细节上难以一致罢了。但是，我们为什么要戴着放大镜去看这些细枝末节呢？难道一个不喜欢笑的人，他的过错就比一个受人欢迎的夸夸其谈者更大吗？只要他们是好人，我们不必如此苛求小处。”

朋友们，在现实生活里，我们就应该学会以一种大胸襟来对待别人的缺点和过错。学会“容人之长”，因为人各有所长，取人之长补己之短，才能相互促进，学习才能进步；学会“容人之短”，因为金无足赤，人无完人。人的短处是客观存在的，容不得别人的短处就只会成为“孤家寡人”；学会“容人之过”，因为“人非圣贤，孰能无过”。历史上凡是有所作为的伟人，都能容人之过。

朋友们，当我们拥有“以放大镜看人优点，以缩微镜看人缺点”的大胸襟时，我们便拥有了众多的朋友，拥有了无尽的帮助，也拥有了通向成功的门票。

对自己的对手“投之以木桃”

《诗经·卫风》中有云：“投我以木桃，报之以琼瑶。”就是说，你对我好，我对你更好。普通的朋友之间尚且如此，倘若胸怀宽广，对自己的对手也能“投以木桃”，那你的对手也一定感激涕零，视你为恩人一般。日后定会选择时机报答你，给予你帮助，让你获得更大的成功。

一位名叫卡尔的卖砖商人，由于另一位对手的竞争而陷入困境之中。对方在他的经销区域内定期走访建筑师与承包商，告诉他们卡尔的公司不可靠，他的砖块不好，生意也即将面临歇业。卡尔对别人解释说他并不认为对手会严重伤害到他的生意。但是这件麻烦事使他心中生出无名之火，真想“用一块砖来敲碎那人肥胖的脑袋作为发泄”。

“有一个星期天早晨，”卡尔说，“牧师布道时的主题是：要施恩给那些故意为难你的人。我把每一个字都吸收下来。就在上个星期五，我的竞争者使我失去了一份25万块砖的订单。但是，牧师教我们要善待对手，而且他举了很多例子来证明他的理论。当天下午，我在安排下周日程表时，发现住在弗吉尼亚州的一位我的顾客，正因为盖一间办公大楼需要一批砖，而所指定的砖的型号不是我们公司制造供应的，却与我竞争对手出售的产品很类似。同时，我也确定那位满嘴胡言的竞争者完全不知道有这笔生意机会。”

这使卡尔感到为难，是遵从牧师的忠告，告诉给对手这项生意的机会，还是按自己的意思去做，让对方永远也得不到这笔生意呢？

那么到底该怎样做呢？卡尔的内心挣扎了一段时间，牧师的忠告一直在他心中。最后，也许是因为很想证实牧师是错的，他拿起电话拨到竞争对手家里。接电话的人正是那个对手本人，当时他拿着电话，难堪得一句话也说不出来。卡尔还是礼貌地直接地告诉他有关弗吉尼亚州的那笔生意。结果，那个对手很感激卡尔。

卡尔说：“我得到了惊人的结果，他不但停止散布有关我的谎言，而且还把他无法处理的一些生意转给我做。”

没有永久的敌人，也没有永久的朋友，只有永久的利益。对于昔日的对手，打击报复只能为自己埋下更多的祸根，而善待我们的对手，不但能够感化他们，还会为我们自己的事业扫除一定的障碍。

以德报怨，善待对手。英国前首相丘吉尔一生都奉行这句话，在用人方面更是如此。

丘吉尔作为保守党的一名议员，历来非常敌视工党的政策纲领，但他执政时却重用了工党领袖艾礼，自由党也有一批人士进入了内阁。更令人称道的是，他在保守党内部，对待前首相张伯伦也没有以个人恩怨去处理他们之间的关系。他不计前嫌，很好地团结了众多对手，显示了他宽阔的胸怀和高明的用人之术。

张伯伦在担任英首相期间，曾再三阻碍丘吉尔进入内阁，他们的政见不合，特别是在对外政策上，张伯伦和丘吉尔存在很大的分歧。后来张伯伦在对政府的信任投票中惨败，社会舆论赞成丘吉尔领导政府。出人意料的是，丘吉尔在组建政府的过程中，坚持让张伯伦担任下院领袖兼枢密院院长。这是因为他认识到保守党在下院占绝大多数席位，张伯伦是他们的领袖，在自己对他进行了多年的批评和严厉的谴责之后，取张伯伦而代之，会令保守党内许多人感到不愉快。为了国家的最高利益，丘吉尔决定留用张伯伦，以赢得这些人的支持。

后来的事实证明，丘吉尔的决策很英明。当张伯伦意识到自己的绥靖政策给国家带来巨大灾难时，他并没有利用自己在保守党的领袖地位来给昔日的对手丘吉尔找麻烦，而是以反法西斯的大局为重，竭尽全力做好自己分内之事，对丘吉尔起到了较好的配合作用。

由此可见，如果你能够以一颗宽容的心来公平对待你的对手，善待你的对手，与对手冰释前嫌，就能赢得对手的尊重和友谊，同时也为自己找到了强有力的靠山。

尊重他人的生活习惯也是一种包容

生活中有各种各样的人，而这些人会有不同的思想性格、兴趣爱好与生活习惯。有的人热情开朗，有的人沉静稳重，有的人性子急躁，有的人心胸狭窄……面对这么多不同性格的人，我们应该怎样使他们乐于按照你的意愿行事呢？要想改变他，首先就要悦纳他！悦纳他人，就要满怀热忱地和他们相处，容忍并且诚心地尊重别人与己不同的性格、兴趣和生活方式，还要主动地了解别人的性格特征，熟悉别人的生活习惯，在这个基础上创造和谐融洽的人际环境。

对别人的生活习惯横加指责的人，就像肩负沉重的包袱，这只能使他变得苍老，步态蹒跚。

曾经有这样一个故事：

老王曾经到乡下的母校去听课。在中午吃饭的时候，他发现其中有一位老教师在喝完稀饭后，伸长了舌头，低下头，捧着碗“滋滋”有声地把碗底的残留稀饭舔得干干净净。如今的生活已经不是饿肚子的时代了，竟然还会有这样的老师。看到他这个样子，大家都禁不住笑了出来。那位老教师听到笑声，现出惊异的目光，且不由得红了脸，极为羞愧地走出了吃饭的地方。一个下午，老王没有看见老教师的身影。

临走的时候，老王终于看到了这位老教师的身影。他连忙走过去对老教师说了一些比较委婉的道歉的话。老教师抬起头说：“这是我保持了几十年的坏习惯了。过去家里穷，吃不饱，经常要求家里的三个孩子这样做，我自己久而久之形成了习惯，到现在还是改不掉，丢脸了。”

听了老教师的话，周围的人深深地为刚才的笑感到惭愧。

面对别人的习惯，如果我们没有真正的领会，只是浅薄的嘲笑，这本身说明我们对生活的理解是多么的浅薄和无知。在我们笑出声的时候，谁又会知道他的这个习惯是多么的令人尊敬呀！

在很多人的生活习惯中，我们都可以看到蕴涵在这些习惯中的每一个人的个性。当然，有一些不好的习惯，我们不会学习和效仿，但是我们没有理由去嘲弄和取笑。在生活中，我们每一个人都会拥有自己的生活习惯和思维方式，当然我们无法保证所有的思维和习惯都是对的，但是我们应该用谅解和尊重去面对别人的习惯。

我们应该用广阔的心灵去包容别人的举止，用尊重的心灵去感悟别人的行为，用开阔的胸襟去对待别人的言行。这样在尊重他人的时候，我们也会获得一些生命之中最美好的东西。

容人小过，不念旧恶

古人说，“水至清则无鱼，人至察则无徒”，如果一个人要求与他交往的人都像天使一样纯洁，那他就要与上帝一起生活了。有句话说得好，人无完人，孰能无过？过而能改，善莫大焉。人不是圣人，谁都会犯错，只要不是一些原则性的大错，我们就没有必要太过计较。何必因为一些鸡毛蒜皮的小事而生气烦心呢？糊涂点才是真聪明。

西汉宣帝时的丞相叫丙吉，他有一个车夫很好喝酒，醉酒后常有不检点的地方。有一次酒后为丙吉驾车，结果呕吐起来，弄脏了车子。丞相的属官为此骂了车夫一顿，并要求丙吉将此人撵走。丙吉说：“何必呢！他本是一个不错的驭手，现在因为酣酒的过失被撵走了，谁还会再雇用他呢！那叫他以后怎么办！就容忍了吧，况且，也不过就是弄脏了我这个当丞相的车垫子罢了。”于是继续让他驾车。

这个车夫的家在边疆地区，经常有关于边疆情况的消息。一次他外出，正巧碰上驿站上来了个从边郡往京城送紧急文件的使者，他就跟随到皇宫正门负责警卫传达的公车令那里去打听，知道是匈奴侵犯云中郡和代郡等地。他马上赶回相府，将情况报告给丙吉，并建议道：“恐怕在匈奴进犯的边境地区，有一些太守和长吏已经老病缠身，难以胜任用兵打仗之事了，丞相是否预先查验一遍，也好临事有个措置。”丙吉听了觉得车夫的想法很对，到底家在边境的人对这些事就考虑得特别细致，于是就召来属吏有司，让他们立即统计有关人员情况，做到对边境官员有个比较充分的了解。

不久，汉宣帝召见丞相和御史大夫，询问遭匈奴侵犯的边境守将情况，丙吉当下一一对答如流，而御史大夫仓促间哪能回答得出，皇帝见他那副一言不发的窘态，大为生气，狠狠加以责备，而对丙吉则大加赞扬，称许他能时时忧虑边境事务，忠于职守。其实，皇帝哪里知道这全是车夫的提醒之功啊！

军国大事本不是车夫所长，丙吉在朝也难以想到边区的具体状况。只因容人小过，却意外收到了如此有利的效果。看来，关键就在于在车夫身上所表现出来的化短为长的力量的作用。

可见，容忍别人的小过失，他必将以自己的一技之长来酬答；宽大自己的仇人，他有可能会尽力相报你。只因为要报答恩人的感情激荡在胸中，所以他的长处一遇触发的机会就跃跃欲试，他的才干一受到激励，就会尽量发挥。

郭进任山西巡检时，有个军校到朝廷控告他，宋太祖召见了那人，审讯后知道是诬告，就将他押送回山西，交给郭进，让郭进亲自杀了他。当时正赶上北汉国入侵，郭进就对那人说："你竟敢诬告我，确实还有点胆量。现在我赦免你的罪过，如果你能出其不意，消灭敌人，我将向朝廷推荐你。如果你被打败了，就自己去投河，不要弄脏了我的剑。"那个军校在战斗中奋不顾身，英勇杀敌，居然打了大胜仗，郭进就向朝廷推荐了他，使他得到提升。

容人小过，不仅因为多数人或迟或早会有这样那样的过失、短处，而且还因为除了不可救药的人，都可以做到"过而能改"，并不自甘堕落。换言之，容人小过，也是在为"过而能改"的人创造改过的条件。这样才能获得别人的尊重。容人小过，不念旧恶，这就我们每个人都应该遵守的一条社交法则。

要成人之美，不成人恶

《论语·颜渊》篇说："君子成人之美，不成人之恶，小人反是。"这体现了浓厚的"仁者爱人"和"与人为善"的宽容气度。同时也显示了儒家思想中非常鲜明的是非观：好的就去鼓励，坏的就要制止。更显示了儒家"己欲立，先立人，己欲达，先达人"的博大胸怀。

生活中，大凡是好事情，好愿望，如果你有能力帮助，就应该伸出热情的手，给予支持，使之功成事就。这种帮助可以说是"成人之美"，而"成人之美"的"君子"行为，都是得人心，受欢迎的。因为这是一种高尚的行为，是助人为乐、利人利众的表现。

黄先生是某厂的厂长，由于他善于成人之美，厂里的职工大都喊他美厂长，其意思不是指他的外表美，而是指他的行为美和心灵美。厂里的职员小胡，因工伤而断了一条腿，在家里休养了半年之久，小胡说：

"有一天，厂里的司机开车到我家里来，帮我收拾行李，说是要出一趟远门，我问到哪儿去？司机说到我想去的地方去！回到厂里，我的心里好一阵热乎！由司机扶进黄厂长的办公室，黄厂长立刻停下手头上的活计，坐过来一边问我的腿伤，一边让秘书给我沏茶。我问黄厂长为啥把我接到厂部？黄厂长说我为了这个厂，贡献出了一条腿，作为厂长，应该资助我完成曾经的心愿——坐飞机，看海！还说这次由厂秘书负责陪我去实现这个愿望，其实是照顾我的生活起居！的确，坐飞机和到海边去，曾经的确是我的愿望，没想到厂长还记得，而且还把属于自己的疗养名额让给了我，说真的，当我由厂秘书陪着飞在天上的那一刻，当我由厂秘书扶着站在大海边的那一刻，我的泪流了下来！这样的厂长，这样的朋友，我的心里会永远装着的……”

在人际交往中，要真正做到成人之美、就要关心他人，重视他人、帮助他人，为别人提供方便，使他人得到心理上的满足。成就别人也等于成就自己，成人之美，不仅使他人受益，同样也受益自己。

科学家达尔文与华莱士的《进化论》创始人之“让”可谓是君子之风的充分体现。

1842 年，达尔文开始着手写他的鸿篇巨制《进化论》。由于他是一个非常严谨的人，所以直到 1858 年他还在写这部书。他的朋友赖尔和虎克提醒他要加快速度，否则会有别人捷足先登的，达尔文一笑置之。他是一个非常严肃认真的科学家，他要使自己的理论尽可能的完善、严谨。

后来事情的发展果然被朋友言中了。1858 年夏天，达尔文收到一位叫华莱士的年轻人寄来的一篇论文，年轻人在论文中提出了与达尔文的进化论完全相同的观点。在附言中，华莱士请他所尊敬和信赖的科学家（达尔文）将论文推荐给赖尔，赖尔正是提醒过达尔文的朋友。尽管达尔文比华莱士提前十年研究这个问题，而且也早已写出了完全可以表达他观点的大纲，但他还是热情地将论文推荐给了他的朋友，并且放弃了自己的大规模写作。他的朋友认为这不公平，但他不以为意。当华莱士知道事情的真相后，非常感动，甘愿让出进化论创始人的位置。

两位科学家的胸襟不能不让人折服，他们是君子。

成人之美的举动，是值得颂扬和赞美的。不过，成人之美者，要有一双明辨是非的眼睛。别人的愿望是正确且有益于人的，我们就应该帮其实现，而别人的愿望只是为了其自己获名获利并在此同时又损人损公时，我们就得坚决阻止并劝其放弃，继而改过从善。

学会包容他人

“处处绿杨堪系马，家家有路到长安。”宽厚待人，容纳非议，是事业成功、家庭幸福美满之道。事事斤斤计较、患得患失，活得也累，难得人世走一遭，潇洒最重要。因此说，宽容就是潇洒。

世界由矛盾组成，任何人或事都不会尽善尽美。无论是“患难之交”“亲朋好友”，还是“金玉良缘” “模范丈夫”，都是相对而言。他们的矛盾、苦恼常被掩饰在成功的光环下，而掩盖的工具恰恰是宽容。不必羡慕别人，更不要苛求自己，常用宽容的眼光看世界，事业、家庭和友谊才能稳固和长久。因此说，宽容就是洞察。

同事的批评、朋友的误解，过多的争辩和“反击”实不足取，惟有冷静、忍耐、谅解最重要。相信这句名言：“宽容是在荆棘丛中长出来的谷粒。”能退一步，天地自然宽。因此说，宽容就是忍耐。

人人都有痛苦，都有伤疤，动辄去揭，便添新伤，旧痕新伤难愈合。忘记昨日的是非，忘记别人先前对自己的指责和谩骂，时间是良好的止痛剂。学会忘却，生活才有阳光，才有欢乐。因此说，宽容就是忘却。

“小不忍，致大灾”；“忍一时之气，免百日之忧”。古往今来，人世间多少憾事、多少不幸、多少悲剧、多少恐怖都是因为人与人之间争强斗逞，不能相互宽容而发生。

一个人的胸怀能容下多少人，就能赢得多少人的尊重和喜爱。“忍人之所不能忍，方能为人所不能为”；“大肚能容，容天下难容之事；笑口常开，笑天下可笑之人”，弥勒佛之所以能日进万金，全仗他心理功夫炼到家了。用宏大的气量去感受那一笑泯恩仇的快乐。智者总会用宽容这把智慧之剑去斩断冤冤相报这扯不完的长线。

生活中，常常会发现这样的事情：有的同学总在抱怨没有朋友，总在抱怨别人对自己的不友好。其实，你有没有想到，如果你以一颗宽容博爱的心去对待别人，是否会有意想不到的收获呢？善待别人，就是善待自己。就如一本书上说的，我们的心如同一个容器，当爱越来越多的时候，烦恼就会被挤出去。我们学会了让他人快乐就是让自己快乐，学会了善待他人就是善待自己。生活就是一幅画，当我们把思想的调色板用心的画笔勾出每一道风景时，爱是最美丽的一笔。

把自己的聪明才智，用在有价值的事情上面。集中自己的智力，去进行有益的思考；集中自己的体力，去进行有益的工作。不要总是企图论证自己的优秀，别人的拙劣；自己正确，别人错误。不要事事、时时、处处总是惟我独尊、固执己见。在非原则的问题和无关大局的事情上，善于沟通和理解，善于体谅和包涵，善于妥协和让步，既有助于保持心境的安宁与平静，也有利于人际关系的和谐和社会环境的稳定。

宽容不仅产生和谐，而且产生凝聚力。宽容的前提，是宽广的胸怀。所谓海纳百川，首先就是有了大海那样的胸怀，这才能够百川并蓄。人人需要宽容这一可贵的品格。

常有一些所谓的厄运，只是因为对他人一时的狭隘和刻薄，而在自己前进的路上自设的一块绊脚石罢了；而一些所谓的幸运，也是因为无意中对他人一时的恩惠和帮助，而拓宽了自己的道路。

人与人之间总有差异，所以有时摩擦、争吵不可避免，这些本是很正常的事情。如果多些理解，学会包容，能够设身处地地为他人着想，就不会因他人与己见不同而生出隔阂，进而产生矛盾。

正是由于人与人之间存在不同的见解，才使得我们这个世界有朝气，从而产生了许多新生事物。从另一个方面来说，与他人有不同见解存在，也才会使得自己去从另一个角度思考问题。也许自己固有的见解原本就是错的，不科学的。正是由于他人的不同见解使自己反省，从而纠正自己错误的认识与观点，并获得新的进步。因此，正确对待不同见解，不仅不是理亏，反而是一种理智的态度。而要做到这点，所需要的就是“理解”。理解他人，理解环境，理解我们所处时代的方方面面；不固执，不偏激，不斤斤计较，更莫为小事而与别人打“肚皮官司”，弄得自己心神不安，伤神又伤心。

设身处地为别人着想的理解是一缕精神阳光，借助这缕“阳光”，可以澄清我们的思路，净化我们的心灵，使我们在工作、学习和生活中显得更充实，更自在，更快乐。

肯尼斯·库第在他的著作《如何使人们变得高贵》中说：“暂停一分钟，把你对自己事情的高度关注，跟你对其他事情的漠不关心，互相做个比较。那么，你就会明白，世界上其他人也正是抱着这种态度！这就是，要想与人相处，成功与否全在于你能不能以同情的心理，理解别人的观点。”

法国作家伏尔泰在遗言中说：“包容是什么？它是人性的特点，就让我们原谅彼此自身的愚蠢吧！”人与人的相处，难免会发生矛盾，出现这样或那样的失误与差错。在这时，如果你不让我，我不让你，就很容易引发争斗。这时我们就需要学会宽容，懂得宽容待人的好处。包容是一门做人的艺术。包容待人，首先是要在心理上接纳别人，理解别人，体谅别人，在接受别人的长处时，也接受别人的短处。其次，当你遇到事情打算用愤恨去实现或解决时，不妨试着去包容，或许它更能帮你实现目标，解决矛盾，化干戈为玉帛。

把自己当成别人，站在对方的角度去感受对方的情感；把别人当成自己，感同身受，用亲身去体验别人的感受；把别人当成别人，我们无法强求别人改变，只能去理解体会别人；把自己当成自己，我们的一切理解和包容并非为了别人，而是为了自己，设身处地地包容别人，其实也是在包容我们自己！

第十五章

当提起时提起，当放下时放下

舍弃旧我，接纳新我

我们一定有过年前大扫除的经历吧。当你一箱又一箱地打包时，一定会很惊讶自己在过去短短一年内，竟然累积了这么多的东西。然后懊悔自己为何事前不花些时间整理，淘汰一些不再需要的东西，如果那么做了，今天就不会累得你连脊背都直不起来。

大扫除的懊恼经验，让很多人懂得一个道理：人一定要随时清扫、淘汰不必要的东西，日后才不会变成沉重的负担。

人生又何尝不是如此！在人生路上，每个人不都是在不断地累积东西？这些东西包括你的名誉、地位、财宝、亲情、人际关系、健康等，当然也包括了烦恼、苦闷、挫折、沮丧、压力等。这些东西，有的早该丢弃而未丢弃，有的则是早该储存而未储存。

在人生道路上，我们几乎随时随地都得做自我“清扫”。念书、出国、就业、结婚、离婚、生子、换工作、退休……每一次挫折，都迫使我们不得不“丢掉旧我，接纳新我”，把自己重新“扫”一遍。

不过，有时候某些因素也会阻碍我们放手进行扫除。譬如：太忙、太累，或者担心扫完之后，必须面对一个未知的开始，而你又不能确定哪些是你想要的。万一现在丢掉了，将来又捡不回来怎么办？

的确，心灵清扫原本就是一种挣扎与奋斗的过程。不过，你可以告诉自己：每一次的清扫，并不表示这就是最后一次。而且，没有人规定你必须一次全部扫干净。你可以每次扫一点，但你至少应该丢弃那些会拖累你的东西。

洛威尔是美国著名的心理学家。有一年他和一群好友到东非赛伦盖蒂平原去探险。在旅途中，洛威尔随身带了一个厚重的背包，里面塞满了食具、切割工具、挖掘工具、衣服、指南针、观星仪、护理药品等。洛威尔对自己携带的物品非常满意。

一天，当地的一位土著向导检视完洛威尔的背包之后，突然问了一句：“这些东西让你感到快乐吗？”洛威尔愣住了，这是他从未想过的问题。洛威尔开始问自己，结果发现，有些东西的确让他很快乐，但是，有些东西实在不值得他背着它们，走那么远的路。

洛威尔决定取出一些不必要的东西送给当地村民。接下来，因为背包变轻了，他感到自己不再有束缚，旅行得十分愉快。

生命就如同一次旅行，背负的东西越少，越能发挥自己的潜能。你可以列出清单，决定背包里该装些什么才能帮助你到达目的地。但是，记住，在每一次停泊时都要清理自己的口袋，什么该丢，什么该留，把更多的位置空出来，让自己轻松起来。

蜕变获得重生

有歌词云：“不经历风雨，怎能见彩虹？”确实，美好的获得需要付出代价，正如老鹰的重生需要经历常人难以想象的蜕变过程一样，处在人生的十字路口，我们需要正确地选择，更需要具有为赢得新生活而敢于冒险、敢于经受磨炼的勇气。

老鹰是世界上寿命最长的鸟类，它的寿命可达70岁。但是如果想要活那么久，它就必须在40岁时作出困难却重要的抉择。

当老鹰活到40岁时，它的爪子开始老化，不能够牢牢地抓住猎物；它的喙变得又长又弯，几乎能碰到它的胸膛；它的翅膀也会变得十分沉重，因为它的羽毛长得又浓又厚，使它在飞翔的时候十分吃力。在这个时候，它是不会选择等死的，而是选择经过一个十分痛苦的过程来蜕变和更新，以便继续活下去。

这是一个漫长的过程：它需要经过150天的漫长锤炼，而且必须努力地飞到山顶，在悬崖的顶端筑巢，然后停留在那里不再飞翔。

首先，它要做的是用它的喙不断地击打岩石，直到旧喙完全脱落，然后经过一个漫长的过程，静静地等候新的喙长出来。之后，还要经历更为痛苦的过程：用新长出的喙把旧指甲一根一根地拔出来，当新的指甲长出来后，它们再把旧的羽毛一根一根地拔掉，等待5个月后长出新的羽毛。

这时候，老鹰才能重新开始飞翔，从此可以再过30年的岁月！

对于老鹰来说，这无疑是一段痛苦的经历，但正是因为不愿在安逸中死去，正是对30年新生岁月的向往，正是对脱胎换骨后得以重新翱翔于天际的憧憬，燃起了它对新生活的渴望和改变自己的决心。要想延长自己的生命，获得重生的机会，它选择了经受几个月的痛苦。我们不能不为老鹰的这种勇于改变的勇气所折服。

人生又何尝不是如此？面对癌症，是草草地结束自己的生命以避免遭受肉体和精神的折磨，还是积极地治疗，创造生命的奇迹？陷入困境，是听天由命，等待命运的宣判，还是放手一搏，冒险寻求可能的转机？工作平淡无奇，碌碌无为，是安于现状，享受现有的安逸，还是勇于改变，寻求属于自己的一片天地？

人生需要选择，生命需要蜕变，每当面临困难和挫折，面临选择和放弃，我们都要有足够的勇气，改变自己，只有这样才能获得重生，才能创造另一个辉煌！

为失去而感恩

在人的一生中，要经历无数的失去，学会为失去感恩，勇于承受失去的事实，是走出失去的阴影、获得重新生活的勇气的关键。当我们失去了曾经拥有的美好时光，我们总是会更加感叹人生路的难走。其实大可不必如此，不管人生的得与失，我们都应致力于让自己的生命充满亮丽与光彩。不再为过去掉眼泪，笑对明天的生活，努力活出自己的精彩，前途也会是一片光明。

一个商人在翻越一座山时，遭遇了一个拦路抢劫的山匪。商人立即逃跑，但山匪穷追不舍。走投无路时，商人钻进了一个山洞里。山匪也追进了山洞里。

在洞的深处，商人未能逃过山匪的追逐。黑暗中，他被山匪逮住了，遭到了一顿毒打，身上所有钱财，包括一把准备夜间照明用的火把，都被山匪掳去了。

“幸好山匪并没有要我的命！”商人为失去钱财和火把沮丧了一阵之后，突然想开了。

之后，两个人各自寻找着山洞的出口。

这山洞极深极黑且洞中有洞，纵横交错。两个人置身于洞里，像置身于一个地下迷宫。

山匪庆幸自己从商人那里抢来了火把，于是他将火把点燃，借着火把的亮光在洞中行走。火把给他的行走带来了方便，他能看清脚下的石块，能看清周围的石壁，因而他不会碰壁，不会被石块绊倒。但是，他走来走去，就是走不出这个洞。最终，他力竭而死。

商人失去了火把，没有了照明，但是他想：“我还有眼睛呢。”于是，他在黑暗中摸索着，行走得十分艰辛。他不时碰壁，不时被石块绊倒，跌得鼻青脸肿。但是，正因为没有了火把的照明，使他置身于一片黑暗之中，这样他的眼睛就能够敏锐地感受到洞口透进来的微光，他迎着这缕微光摸索爬行，最终逃离了山洞。

后来，商人还暗自庆幸山匪抢走了他的火把，否则他也会像山匪那样困死在洞中。

塞翁失马，焉知非福。很多人因为失去才有了更好的获得，比如断臂而有维纳斯的不朽，失明而有《二泉映月》，瘫痪而有《钢铁是怎样炼成的》……这些故事都告诉我们，生活中其实没有什么东西是不能放手的。昨日渐远，你会发现，曾经以为不可放手的东西，只是生命中的一块跳板而已，跳过了，你的人生就会变得更精彩。人在跳板上，最艰难的不是跳下来的那一刻，而是在跳下来之前，心里的犹豫、挣扎、无助和患得患失，那种感觉只有自己才能体会得到。同样，没有什么东西是不可或缺的，学会为所失去的感恩，幸福的阳光就会洒满你的心扉。

等待下一次

人生最怕失去的不是已经拥有的东西，而是失去对未来的希望。爱情如果只是一个过程，那么失恋正是人生应当经历的，如果要承担结果，谁也不愿意把悲痛留给自己。

记住：下一个他(她)更适合你。

有一个女孩，一向保守，但由于一时冲动，和男朋友有了婚前性行为。之后，她恼怒、悔恨，却也安慰自己："没关系，他是爱我的！"

后来，男友对她实在是不好，她天天找人诉苦，却又不离开他。妹妹劝她："别再傻了，快些离开他吧！别再和自己过不去。"

她说："不可以，他是我的第一个男人，也是我的初恋！"

现在，她仍和她的男朋友在一起，偶尔流着眼泪诉苦，偶尔安慰自己："他总会知道我是真心对他好的！"

也许，女孩想要的只是自我安慰而已。她很会劝别人分手，最会讲的便是："别傻了，快离开那个男人，别再白白受苦。"这么会劝别人的人，最后却劝不了自己，终究也只能令自己受苦。

为什么有些人失恋时，悲痛欲绝，甚至踏上自毁之路？为什么有些恋人在遭遇挫折，不能长厢厮守时，会有双双殉情自杀的行为呢？

爱情对于某些人来说，是生命的一部分，是一种人生的经验，有顺境有逆境，有欢笑有悲哀。所以，当和喜欢的人相爱时，会觉得快乐，觉得幸福。当分手时，或者遇上障碍时，会自我安慰："这是人生难免，合久必分，也许前面有更好、更适合我的人哩！"于是他们会勇敢地、冷静地处理自己伤心失落的情绪，重新发展另一段感情。

而另有一些人，会觉得一生里最爱的就是这个人，不相信世界上有更完美、更值得他们去爱的人。所以当这段恋情变化时，他们就会失去所有的希望，也对自己的自信心和运气产生怀疑。这段关系遭受外界的阻力，就等于“天亡我也”。如此，他们就会变得消极，产生比较极端的想法，极有可能会选择自杀的道路。

其实，现实人生里，没有人是像电影小说、流行歌曲所形容的那样幸福地可以恋爱一次就成功，永远不分开的。大多数人都是经历过无数的失败挫折才可以找到一个可长相厮守的人。

所以当你失恋时，当你们不可能永远在一起时，你应该告诉自己：“还有下一次，何必去计较呢？”无论你这次跌得多痛，也要鼓励自己，坚强起来，重拾那破碎的心，去等待你的“下一次”。

人生是个漫长的旅程。在这个旅程中，人们大都要经历若干级人生阶梯。这种人生阶梯的更换不只是职业的变换或年龄的递进，更重要的是自身价值及其价值观念的变化。在“又升高了一级”的人生阶梯上，人们也许会以一种全新的观念来看待生活，选择生活，并用全新的审美观念来判断爱情，因为他们对爱情的感受已然完全不同了。

这种人生的“阶梯性”与爱情心理中的审美效应的关系在许多历史名人的生活中，也可看到。比如歌德、拜伦、雨果等，他们更换钟情对象“往往表现了他们对理想的痛苦探求，同现实发生冲突所引起的失望，和试图通过不同的人来实现自己的理想形象的某些特点的结合”。

虽然更换钟情对象有时是可以理解的，但是，这种选择给人们带来的痛苦也是显而易见的。因而人们应该尽可能在较成熟的阶梯上做一次新的选择。那种小小年纪便将自己缚在某一个异性身上的做法，显然是不可取的。所以，有一天当失恋的痛苦降临到我们身上时，也不必以为整个世界都变得灰暗，理智的做法应是给对方一些宽容，给自己一点心灵的缓冲，及时进行调整，用新的姿态迎接明天。

经历了许多的人、许多的事，历尽沧桑之后，你就会明白：这个世界上，没有什么是不可以改变的。美好、快乐的事情会改变，痛苦、烦恼的事情也会改变，曾经以为不可改变的，许多年后，你就会发现，其实很多事情都改变了。而改变最多的，竟是自己。不变的，只是小孩子美好天真的愿望罢了！所以当一份感情不再属于你的时候，就果断地放弃它，然后乐观等待你的下一次！

接受不可避免的现实

生活中，我们会遇到许多不公平的经历，而且许多都是我们所无法逃避的，也是无所选择的，我们只能接受已经存在的事实并进行自我调整。抗拒不但可能毁了自己的生活，而且也会使自己精神崩溃。因此，人在无法改变不公和不幸的厄运时，要学会接受它、适应它。

荷兰阿姆斯特丹有一座15世纪的教堂遗迹，里面有这样一句让人过目不忘的题词："事必如此，别无选择。"

命运中总是充满了不可捉摸的变数，如果它给我们带来了快乐，当然是很好的，我们也很容易接受。但事情却往往并非如此，有时，它带给我们的会是可怕的灾难，这时如果我们不能学会接受它，就会让灾难主宰了我们的心灵，生活也会永远地失去阳光。

小时候，琼斯和几个朋友在密苏里州的老木屋顶上玩，琼斯爬下屋顶时，在窗沿上歇了一会，然后跳下来，他的左食指戴着一枚戒指，往下跳时，戒指钩在钉子上，扯断了他的手指。

琼斯疼得尖声大叫，且非常惊恐，他想他可能会死掉。但等到手指的伤好后，琼斯就再也没有为它操过一点儿心。他已经接受了不可改变的事实。

英格兰的妇女运动名人格丽·富勒曾将一句话奉为真理，这句话是："我接受整个宇宙。"是的，我们都应该学会接受不可避免的事实。即使我们不接受命运的安排，也不能改变事实分毫，我们唯一能改变的，只有自己的心态。

成功学大师卡耐基也说："有一次我拒不接受我遇到的一种不可改变的情况。我像个蠢蛋，不断作无谓的反抗，结果给自己带来无眠的夜晚，我把自己整得很惨。终于，经过一年的自我折磨，我不得不接受我无法改变的事实。"

面对现实，并不等于束手接受所有的不幸。只要有一些可以挽救的机会，我们就应该奋斗！但是，当我们发现情势已不能挽回时，我们最好就不要再思前想后，拒绝面对，要接受不可避免的事实，唯有如此，才能在人生的道路上掌握好平衡。

没有什么不能承受

他是一个天性多愁善感的王子，就是死了一只蚂蚁，他都会流泪。每当左右的人向他禀报天灾人祸的消息，他就流着泪叹息道："天啊，太可怕了！这事落到我头上，我可受不了。"

人有旦夕祸福，一年之后，灾难降临到他身上。在一场突如其来的战争中，他的父母被杀，他自己也被敌人掳去当了奴隶，受尽非人的折磨。他最终逃出虎口时，已经是只有一条腿了，他沦为一个可怜的乞丐。

当人们得知他的身世，都流下同情的眼泪，继而发出他曾经发过的同样的叹息：“天啊，太可怕了！这事落到我头上，我可受不了。”

此时的他慢慢地说道：“先生，请别说这话，凡是人间的灾难，无论落到谁头上，谁都得受着，而且都受得了——只要他不死。”

每一个人一生都会遭受一些非难折磨、挫折打击，乐观、坚强的人坦然接受，并在以后的人生历程中谨慎行事，从而避免了重蹈覆辙，最终取得丰硕的成果；悲观、懦弱的人在经受挫折苦难打击后一蹶不振，变得浑浑噩噩，以致潦倒一生。生命中没有什么不能承受，勇于承受非难，从失败中吸取教训下不为例，就一定能够东山再起，重建辉煌。

在欣赏中忘却

从前在山中的庙里，有一个小和尚被要求去买食用油。在离开前，庙里的厨师交给他一个大碗，并严厉地警告他说：“你一定要小心，千万别把油洒出来。”

小和尚答应后就下山到厨师指定的店里买油。在上山回庙的路上，他想到厨师凶恶的表情及严重的告诫，愈想愈觉得紧张。小和尚小心翼翼地端着装满油的大碗，一步一步地走在山路上，丝毫不敢左顾右盼。

很不幸的是，他在快到庙门口时，由于没有向前看路，结果踩到了一个坑。虽然没有摔跤，可是却洒掉了1/3的油。小和尚非常懊恼，而且紧张得手都开始发抖，无法把碗端稳。终于回到庙里时，碗中的油就只剩一半了。厨师拿到装油的碗时，当然非常生气，他指着小和尚大骂：“你这个笨蛋！我不是说要小心吗？为什么还是浪费这么多油？真是气死我了！”

小和尚听了很难过，开始掉眼泪。另外一位老和尚听到了，就跑来问是怎么一回事。了解以后，他就去安抚厨师的情绪，并私下对小和尚说：“我再派你去买一次油。这次我要你在回来的途中，多观察你看到的人和事物，并且需要跟我作一个报告。”

小和尚想要推脱这个任务，强调自己油都端不好，根本不可能既要端油，还要看风景、作报告。

不过在老和尚的坚持下，他还是勉强上路了。在回来的途中，小和尚发现其实山路上的风景真是美。远方看得到雄伟的山峰，又有农夫在梯田上耕种。走不久，又看到一群小孩子在路边的空地上玩得很开心，而且还有两位老先生在下棋。

这样边走边看风景，不知不觉就回到庙里了。当小和尚把油交给厨师时，发现碗里的油装得满满的，一点都没有洒。

真正懂得从生活中体验人生乐趣的人，才不会觉得自己的日子充满压力及忧虑。生活中有逆境也有顺境，无论处在哪种环境，都不能忘记发现生活中美好的一面，因为很多的压力和烦恼都是在欣赏中忘却的。

生命在，希望就在

有一个阿拉伯的富翁，在一次大生意中亏光了所有的钱，并且还欠下了债，他卖掉房子、汽车，还清了债务。

此刻，他已孤独一人，无儿无女，穷困潦倒，唯有一只心爱的猎狗和一本书与他相依为命，相依相随。在一个大雪纷飞的夜晚，他来到一座荒僻的村庄，找到一个避风的茅棚。他看到里面有一盏油灯，于是用身上仅存的一根火柴点燃了油灯，拿出书来准备读书。但是一阵风忽然把灯吹灭了，四周立刻漆黑一片。这位孤独的老人陷入了黑暗之中，对人生感到痛彻的绝望，他甚至想到了结束自己的生命。但是，立在身边的猎狗给了他一丝慰藉，他无奈地叹了一口气沉沉睡去。

第二天醒来，他忽然发现心爱的猎狗也被人杀死在门外。抚摸着这只相依为命的猎狗，他突然决定要结束自己的生命，世间再没有什么值得留恋的了。于是，他最后扫视了一眼周围的一切。这时，他发现整个村庄都沉寂在一片可怕的寂静之中。他不由急步向前，啊，太可怕了，尸体，到处是尸体，一片狼藉。显然，这个村庄昨夜遭到了匪徒的洗劫，连一个活口也没留下来。

看到这可怕的场面，他不由心念急转，啊！我是这里唯一幸存的人，我一定要坚强地活下去。此时，一轮红日冉冉升起，照得四周一片光亮，他欣慰地想，我是这个世界上唯一的幸存者，我没有理由不珍惜自己。虽然我失去了心爱的猎狗，但是，我得到了生命，这才是人生最宝贵的。

老人怀着坚定的信念，迎着灿烂的太阳又出发。

人生总有得意和失意的时候，一时的得意并不代表永久的得意；在一时失意的情况下，如果你不能把心态调整过来，就很难再有得意之时。

故事中的老人，在失意甚至绝望的状态下，重新寻回了希望，赶走了悲伤。这不能不说是他人生中的又一大转折。

联想到我们日常的生活和学习，遇到失意或悲伤的事情时，我们一样要学会调整自己的心态。

如果你的演讲、你的考试和你的愿望没有获得成功；如果你曾经因为鲁莽而犯过错误；如果你曾经尴尬；如果你曾经失足；如果你被训斥和谩骂……那么请不要耿耿于怀。对这些事念念不忘，不但于事无补，还会占据你的快乐时光。抛弃它吧！把它们彻底赶出你的心灵。如果你的声誉遭到了毁坏，不要以为你永远得不到清白，怀着坚定的信念勇敢地走向前吧！

让担忧和焦虑、沉重和自私远离你；更要避免与愚蠢、虚假、错误、虚荣和肤浅为伍；还要勇敢地抵制使你失败的恶习和使你堕落的念头，你会惊奇地发现，你人生之旅是多么地轻松、自由！

走出阴影，沐浴在明媚的阳光中。不管过去的一切多么痛苦，多么顽固，把它们抛到九霄云外。不要让担忧、恐惧、焦虑和遗憾消耗你的精力。把你的精力投入到未来的创造中去吧！

主宰自己，做自己的主人。沮丧的面容、苦闷的表情、恐惧的思想和焦虑的态度是你缺乏自制力的表现，是你弱点的表现，是你不能控制环境的表现。它们是你的敌人，坚决拒绝它们！

请记住：生命在，希望就在！

此路不通绕个圈

任何事物的发展都不是一条直线，聪明人能看到直中之曲和曲中之直，并不失时机地把握事物迂回发展的规律，通过迂回应变，达到既定的目标。

顺治元年（公元1644年），清王朝迁都北京以后，摄政王多尔衮便着手进行武力统一全国的战略部署。当时的军事形势是：农民军李自成部和张献忠部共有兵力40余万；刚建立起来的南明弘光政权，汇集江淮以南各镇兵力，也不下50万人，并雄踞长江天险；而清军不过20万人。如果在辽阔的中原腹地同诸多对手作战，清军兵力明显不足。况且迁都之初，人心不稳，弄不好会造成顾此失彼的局面。

多尔衮审时度势，机智灵活地采取了以迂为直的策略，先怀柔南明政权，然后集中力量攻击农民军。南明当局果然放松了对清的警惕，不但不再抵抗清兵，反而派使臣携带大量金银财物，到北京与清廷谈判，向清求和。这样一来，多尔衮在政治上、军事上都取得了主动地位。

顺治元年七月，多尔衮对农民军的进攻取得了很大进展，后方亦趋稳固。此时，多尔衮认为最后消灭明朝的时机已经到来，于是发起了对南明的进攻。当清军在南方的高压政策和暴行受阻时，多尔衮又施以迂为直之术，派明朝降将、汉人大学士洪承畴招抚江南。顺治五年，多尔衮以他的谋略和气魄，基本上完成了清朝在全国的统治。

绕圈的策略，十分讲究迂回的手段。特别是在与强劲的对手交锋时，迂回的手段高明、精到与否，往往是能否在较短的时间内由被动转为主动的关键。

美国当代著名企业家李·艾柯卡在担任克莱斯勒汽车公司总裁时，为了争取到10亿美元的国家贷款来解公司之困，他在正面进攻的同时，采用了迂回包抄的办法。一方面，他向政府提出了一个现实的问题，即如果克莱斯勒公司破产，将有60万左右的人失业，第一年政府就要为这些人支出27亿美元的失业保险金和社会福利开销，政府到底是愿意支出这27亿呢，还是愿意借出10亿极有可能收回的贷款?另一方面，对那些可能投反对票的国会议员们，艾柯卡吩咐手下为每个议员开列一份清单，单上列出该议员所在选区所有同克莱斯勒有经济往来的代销商、供应商的名字，并附有一份万一克莱斯勒公司倒闭，将在其选区产生的经济后果的分析报告，以此暗示议员们，若他们投反对票，因克莱斯勒公司倒闭而失业的选民将怨恨他们，由此也将危及他们的议员席位。这一招果然很灵，一些原先激烈反对向克莱斯勒公司贷款的议员闭了口。最后，国会通过了由政府支持克莱斯勒公司15亿美元的提案，比原来要求的多了5亿美元。

善待失败，善待人生

美国《生活》周刊曾评出过去1000年中100位最有影响力的人物，其中，托马斯·阿尔沃·爱迪生名列第一。

爱迪生出身低微，他的“学历”是一生只上过3个月的小学，老师因为总被他古怪的问题问得张口结舌，竟然当着他母亲的面说他是个傻瓜，将来不会有什么出息。母亲一气之下让他退学，由她亲自教育。此后，爱迪生的天资得以充分地展露。在母亲的指导下，他阅读了大量的书籍，并在家中自己建了一个小实验室。为筹措实验室的必要开支，他只得外出打工，当报童卖报纸。最后用积攒的钱在火车的行李车厢建了个小实验室，继续做化学实验研究。有一天，化学药品起火，几乎把这个车厢烧掉。暴怒的列车长把爱迪生的实验设备都扔下车去，还打了他几记耳光，爱迪生因此终生耳聋。

爱迪生虽未受过良好的学校教育，但凭个人奋斗和非凡才智获得巨大成功。他以坚韧不拔的毅力、罕有的热情和精力从千万次的失败中站了起来，克服了数不清的困难，成为发明家和企业家。仅从1869年到1901年，就取得了1328项发明专利。在他的一生中，平均每15天就有一项新发明，他因此而被誉为“发明大王”。

爱迪生献身科学、淡泊名利。在研制电灯时，记者对他说：“如果你真能造出电灯来取代煤气灯，那你一定会赚大钱。”爱迪生回答说：“一个人如果仅仅为积攒金钱而工作，他就很难得到一点别的东西——甚至连金钱也得不到！”他一直被称做现代电影之父，可是在电影界人士为他举行的77岁寿辰盛大宴会上，他说：“对于电影的发展，我只是在技术上出了点力，其他的都是别人的功劳。”

爱迪生胸襟开阔、善处逆境。针对自己的耳聋不便，他说：“走在百老汇的人群中，我可以像幽居森林深处的人那样平静。耳聋从来就是我的福气，它使我免去了许多干扰和精神痛苦。”

1914年12月的一个夜晚，一场大火烧毁了爱迪生的研制工厂，他因此而损失了价值近百万美元的财产。爱迪生安慰伤心至极的妻子说：“不要紧，别看我已67岁了，可我并不老。从明天早晨起，一切都将重新开始，我相信没有一个人会老得不能重新开始工作的。灾祸也能给人带来价值，我们所有的错误都被烧掉了，现在我们又可以一切重新开始。”第二天，爱迪生不但开始动工建造新车间，而且又开始发明一种新的灯——一种帮助消防队员在黑暗中前进的便携式探照灯。火灾对爱迪生而言只是一段小小的插曲而已。

大风大浪才能显示人的能力；大起大落才能磨炼人的意志；大悲大喜才能提高人的境界；大羞大耻才能洗涤人的灵魂。人活在世界上，不可能一帆风顺，每个成功的故事里都写满了辛酸失败。敢于正视失败，能以正确的态度面对失败，不退缩，不消沉，不困惑，不脆弱，才能有成功的希望。

善待失败，善待人生！

世界的颜色是靠心情漂染的

生活的现实对于我们每个人本来都是一样的。但一经各人不同“心态”的诠释后，便代表了不同的意义，因而形成了不同的事实、环境和世界。心态改变，则事实就会改变；心中是什么，则世界就是什么。心里装着哀愁，眼里看到的就全是黑暗，抛弃已经发生的令人不痛快的事情或经历，才会迎来新心情下的乐趣。

有一天，詹姆斯忘记关上餐厅的后门，结果早上 3 个武装歹徒闯入抢劫，他们要挟詹姆斯打开保险箱。由于过度紧张，詹姆斯弄错了一个号码，造成抢匪的惊慌，开枪射击詹姆斯。幸运的是，詹姆斯很快被邻居发现了，紧急送到医院抢救，经过 18 小时的外科手术以及长时间的悉心照顾，詹姆斯终于出院了，但还有块子弹留在他身上……

事件发生 6 个月之后我遇到詹姆斯，问起当抢匪闯入时，他的心路历程。詹姆斯答道："当他们击中我之后，我躺在地板上，还记得我有两个选择：我可以选择生，或选择死。我选择活下去。"

"你不害怕吗？"我问他。詹姆斯继续说："医护人员真了不起，他们一直告诉我没事，放心。但是在他们将我推入紧急手术间的路上，我看到医生跟护士脸上忧虑的神情，我真的被吓到了，他们的脸上好像写着——他已经是个死人了！我知道我需要采取行动。"

"当时你做了什么？"我问。

詹姆斯说："当时有个护士用吼叫的音量问我一个问题，她问我是否会对什么东西过敏。我回答：'有。'这时，医生跟护士都停下来等待我的回答。我深深地吸了一口气喊着：'子弹！'等他们笑完之后，我告诉他们：'我现在选择活下去，请把我当做一个活生生的人来开刀，不是一个活死人。'"

詹姆斯能活下来当然要归功于医生的精湛医术，但同时也由于他令人惊异的态度。我从他身上学到，每天你都能选择享受你的生命，或是憎恨它。这是唯一一件真正属于你的权利。没有人能够控制或夺去的东西，就是你的态度。如果你能时时注意这件事实，你生命中的其他事情都会变得容易许多。

心情的颜色会影响世界的颜色。如果一个人，对生活抱一种达观的态度，就不会稍有不如意，就自怨自艾，只看到生活中不完美的一面。在我们的身边，大部分终日苦恼的人，实际上并不是遭受了多大的不幸，而是自己的内心素质存在着某种缺陷，对生活的认识存在偏差。事实上，生活中有很多坚强的人，即使遭受挫折，承受着来自于生活的各种各样的折磨，他们在精神上也会岿然不动。充满着欢乐与战斗精神的人们，永远不会为困难所打倒，在他们的心中始终承载着欢乐，不管是雷霆与阳光，他们都会给予同样的欢迎和珍视。

走出幸福的冬季

一样的事情，可以选择不同的态度对待。选择往积极的方面，并作出积极努力，就一定会看到前方美好的风景。

两只小桶一同被吊在井口上。其中一个对另一个说："你看起来似乎闷闷不乐，有什么不愉快的事吗？"

另一个回答："我常在想，这真是一场徒劳，没什么意思。常常是这样，装得满满地上去，又空着下来。"

第一个小桶说："我倒不觉得如此。我一直这样想：我们空空地来，装得满满地回去！"

很多事情，站在不同的立场，便有不同的看法，正面的想法带来积极的效果，负面的想法带来消极的效果。乐观的人，在每一个忧患中看到机会；悲观的人，在每一个机会中看到忧患。

1985年，美国女孩辛蒂还在医科大学念书，有一次，她到山上散步，带回一些蚜虫。她拿起杀虫剂想为蚜虫去除化学污染，却感觉到一阵痉挛，原以为那只是暂时性的症状，谁料她的后半生从此陷入不幸。

杀虫剂内所含的某种化学物质使辛蒂的免疫系统遭到破坏，使她对香水、洗发水以及日常生活中接触的一切化学物质一律过敏，连空气也可能使她的支气管发炎。这种"多重化学物质过敏症"，到目前为止仍无药可医。

起初几年，她一直流口水，尿液变成绿色，有毒的汗水刺激背部形成了一块块疤痕。她甚至不能睡在经过防火处理的床垫上；否则就会引发心悸和四肢抽搐。后来，她的丈夫用钢和玻璃为她盖了一所无毒房间，一个足以逃避所有威胁的"世外桃源"。辛蒂所有吃的、喝的都得经过选择与处理，她平时只能喝蒸馏水，食物中不能含有任何化学成分。

很多年过去了，辛蒂没有见到过一棵花草，听不见一声悠扬的歌声，感觉不到阳光、流水和风。她躲在没有任何饰物的小屋里，饱尝孤独之余，甚至不能哭泣，因为她的眼泪跟汗液一样也是有毒的物质。

然而，坚强的辛蒂并没有在痛苦中自暴自弃，她一直在为自己，同时更为所有化学污染物的牺牲者争取权益。1986年，她创立了"环境接触研究网"，以便为那些致力于此类病症研究的人士提供一个窗口。1994年辛蒂又与另一组织合作，创建了“化学物质伤害资讯网”，保证人们免受威胁。目前这一资讯网已有来自32个国家的5000多名会员，不仅发行了刊物，还得到美国、欧盟及联合国的大力支持。

她说：“在这寂静的世界里，我感到很充实。因为我不能流泪，所以我选择了微笑。”当我们选择了微笑地面对生活的时候，我们也就走出了人生的冬季。

你知道汽车轮胎为什么能在路上跑那么久，能忍受那么多的颠簸吗？起初，制造轮胎的人想要制造一种轮胎，能够抗拒路上的颠簸，结果轮胎不久就被切成了碎条。然后他们又做出一种轮胎来，吸收了路上新碰到的各种压力，这样的轮胎可以“接受一切”。在曲折的人生旅途上，如果我们也能够承受所有的挫折和颠簸，能够化解与消除所有的困难与不幸，我们就能够活得更加长久，我们的人生之旅就会更加顺畅、更加开阔。

留住心中希望的种子

世事无常，我们随时都会遇到困厄和挫折。遇见生命中突如其来的困难时，你都是怎么看待的呢？不要把自己禁锢在眼前的困苦中，眼光放远一点，当你看得见成功的未来远景时，便能走出困境，达到你梦想的目标。

当我们处于厄运的时候，当我们面对失败的时候，当我们面对重大灾难的时候，只要我们仍能在自己的生命之杯中盛满希望之水，那么，无论遭遇什么样坎坷不幸之事，我们都能永葆快乐心情，我们的生命才不会枯萎。

在一座偏僻遥远的山谷里的断崖上，不知何时，长出了一株小小的百合。它刚诞生的时候，长得和野草一模一样，但是，它心里知道自己并不是一株野草。它的内心深处，有一个纯洁的念头：“我是一株百合，不是一株野草。唯一能证明我是百合的方法，就是开出美丽的花朵。”它努力地吸收水分和阳光，深深地扎根，直直地挺着胸膛，对附近的杂草置之不理。

在野草和蜂蝶的鄙夷下，百合努力地释放内心的能量。百合说：“我要开花，是因为知道自己有美丽的花；我要开花，是为了完成作为一株花的庄严使命；我要开花，是由于自己喜欢以花来证明自己的存在。不管你们怎样看我，我都要开花！”

终于，它开花了。它那灵性的白和秀挺的风姿，成为断崖上最美丽的风景。年年春天，百合努力地开花、结籽，最后，这里被称为“百合谷地”。因为这里到处是洁白的百合。

我们生活在一个竞争十分激烈的社会，有时在某方面一时落后，有时困难重重，有时失败连连，甚至有时被人嘲笑……无论什么时候，我们都不能放弃努力；无论什么时候，我们都应该像那株百合一样，为自己播下希望的种子。

内心充满希望，它可以为你增添一分勇气和力量，它可以支撑起你一身的傲骨。当莱特兄弟研究飞机的时候，许多人都讥笑他们是异想天开，当时甚至有句俗语说：“上帝如果有意让人飞，早就使他们长出翅膀。”但是莱特兄弟毫不理会外界的说法，终于发明了飞机。当伽利略以望远镜观察天体，发现地球绕太阳而行时，教皇曾将他下狱，命令他改变主张，但是伽利略依然继续研究，并著书阐明自己的学说，终于在后来获得了证实。最伟大的成就，常属于那些在大家都认为不可能的情况下，却能坚持到底的人。坚持就是胜利，这是成功的一条秘诀。

暂时的落后一点都不可怕，自卑的心理才是可怕的。人生的不如意、挫折、失败对人是一种考验，是一种学习，是一种财富。我们要牢记“勤能补拙”，既能正确认识自己的不足，又能放下包袱，以最大的决心和最顽强的毅力克服这些不足，弥补这些缺陷。人的缺陷不是不能改变，而是看你愿不愿意改变。只要下定决心，讲究方法，就可以弥补自己的不足。

在不断前进的人生中，凡是看得见未来的人，也一定能掌握现在，因为明天的方向他已经规划好了，知道自己的人生将走向何方。留住心中的“希望种子”，相信自己会有一个无可限量的未来，心存希望，任何艰难都不会成为我们的阻碍。只要怀抱希望，生命自然会充满激情与活力。

明天又是新的一天

“After all，tomorrow is another day”，相信每一个读过美国作家玛格丽特·米切尔的《飘》的人，都会记得主人公思嘉丽在小说中多次说过的话。在面临生活困境与各种难题的时候，她都会用这句话来安慰和开脱自己，“无论如何，明天又是新的一天”，并从中获取巨大的力量。

和小说中思嘉丽颠沛流离的命运一样，我们一生中也会遇到各种各样的困难和挫折。面对这些一时难以解决的问题，逃避和消沉是解决不了问题的，唯有以阳光的心态去迎接，才有可能最终解决。阳光的人每天都拥有一个全新的太阳，积极向上，并能从生活中不断汲取前进的动力。

1937年薛尔德先生死了，薛尔德太太觉得非常颓丧——而且几乎一文不名。她写信给她以前的老板李奥罗区先生，请他让她回去做她以前的老工作。她以前靠推销世界百科全书过活。两年前她丈夫生病的时候，她把汽车卖了。于是她勉强凑足钱，分期付款才买了一部旧车，又开始出去卖书。

她原想，再回去做事或许可以帮她解脱她的颓丧。可是要一个人驾车，一个人吃饭，几乎令她无法忍受。有些区域简直就做不出什么成绩来，虽然分期付款买车的数目不大，却很难付清。

1938 年的春天，她在密苏里州的维沙里市，见那儿的学校都很穷，路很坏，很难找到客户。她一个人又孤独又沮丧，有一次甚至想要自杀。她觉得成功是不可能的，活着也没有什么希望。每天早上她都很怕起床面对生活。她什么都怕，怕付不出分期付款的车钱，怕付不出房租，怕没有足够的东西吃，怕她的健康情形变坏而没有钱看医生。让她没有自杀的唯一理由是，她担心她的姐姐会因此而觉得很难过，而且她姐姐也没有足够的钱来支付自己的丧葬费用。

然而有一天，她读到一篇文章，使她从消沉中振作起来，使她有勇气继续活下去。她永远感激那篇文章里那一句令人振奋的话："对一个聪明人来说，太阳每天都是新的。"她用打字机把这句话打下来，贴在她的车子前面的挡风玻璃上，这样，在她开车的时候，每一分钟都能看见这句话。她发现每次只活一天并不困难，她学会忘记过去，每天早上都对自己说："今天又是一个新的生命。"

她成功地克服了对孤寂的恐惧和她对需要的恐惧。她现在很快活，也还算成功，并对生命抱着热忱和爱。她现在知道，不论在生活上碰到什么事情，都不要害怕；她现在知道，不必怕未来；她现在知道，每次只要活一天——而"对一个聪明人来说，太阳每天都是新的"。

在日常生活中可能会碰到极令人兴奋的事情，也同样会碰到令人消极的、悲观的事情，这本来应属正常。如果我们的思维总是围着那些不如意的事情转动的话，也就相当于往下看，那么，终究会摔下去的。因此，我们应尽量做到脑海想的、眼睛看的，以及口中说的都应该是光明的、乐观的、积极的，相信每天的太阳都是新的，明天又是新的一天，发扬往上看的精神才能在我们的事业中获得成功。